Modellexperimente für den Biologieunterricht

Arbeitsmaterialien Sek. I & Sek. II

Christiane Högermann
Marion Wiedmann
Matthias Gemsa

Aulis Verlag

Bibliografische Information der Deutschen Nationalbibliothek
Die Deutsche Nationalbibliothek verzeichnet diese Publikation in der Deutschen Nationalbibliografie; detaillierte bibliografische Daten sind im Internet über http://dnb.d-nb.de abrufbar.

Best.-Nr. A302927

Layout und Satz: Grafisches Atelier Wolfgang Felber, Ottobrunn
Illustrationen: Wolfgang Felber, Ottobrunn; Brigitte Karnath, Wiesbaden
ISBN 978-3-7614-2927-3

Inhalt

Vorwort

Nach den Bildungsstandards der Kultusministerkonferenz (2005) wird für das Fach Biologie Modellkompetenz gefordert, d. h. die Fähigkeit zur Modellbildung sowie der reflektierende Umgang mit Modellen. Und das zu Recht: Führt doch diese Art der Anwendung bei Schülerinnen und Schülern zu einem differenzierten Verständnis einer naturwissenschaftlichen Denk- und Arbeitsweise. Die o. g. Forderung sowie die Ziele der Verwendung beziehen sich ebenso auf Modellexperimente. Diese sollen als Ergänzung oder Ersatz vereinfacht ein Realexperiment oder diejenigen Komponenten daraus veranschaulichen, die charakteristisch für den gezeigten Ablauf sind. Auch Modellversuche sind nur ein Teil eines multimedialen Verbundsystems. Sie eignen sich insbesondere zum Erlernen und Anwenden der wissenschaftspropädeutischen Arbeitsweise.
Modellexperimente sind methodisch-didaktisch sinnvoll, wenn das Realexperiment einen zu großen apparativen Aufwand, einen für die Unterrichtszeit zu langen Zeitraum verlangt oder ein zu hohes Abstraktionsniveau hat. Entscheidend ist die Abgrenzung Modellversuch – Funktionsmodell. Während ein Funktionsmodell wesentliche Merkmale oder auch Teilprozesse eines Ganzen zeigt, wobei in der Regel seine Einzelteile beweglich zu handhaben sind, zeigt ein Modellexperiment einen Ablauf ohne zwischenzeitliche Veränderung von Parametern. Natürlich können mehrere Modellexperimente in Folge mit einem dann veränderten Faktor ablaufen. Oftmals ist die Abgrenzung zwischen Funktionsmodell und Modellexperiment nicht eindeutig zu vollziehen, da die Übergänge fließend sind.
Vom Aufbau her muss ein solches Experiment dem typischen Aufbau eines biologischen bzw. chemischen Versuchs folgen: Material und Geräte, Aufbau bzw. Anordnung, Durchführung, Ergebnis – so auch in Form von Daten –, dessen Beobachtung und Beschreibung sowie der Erklärung im Sinne einer Auswertung. Vor allem die Modellkritik ist ein wesentlicher Aspekt, der dazu beiträgt, über den Weg der Erkenntnisvermittlung und -gewinnung kritisch-reflektorisch mit naturwissenschaftlichen Forschungsergebnissen umzugehen.
Als Modellteile für Modellexperimente sind grundsätzlich alle Materialien geeignet, die zur Veranschaulichung beitragen und mit geringem apparativen Aufwand aus der Sammlung oder aus dem Alltag beschafft und entsprechend zusammengebaut werden können.
Bei der Auswahl, Planung und Durchführung von Modellversuchen muss der Entwicklungsstand der jeweiligen Lerngruppe berücksichtigt werden. Sie sollen sukzessive mit einer entsprechenden Progression in thematischer und arbeitstechnischer Hinsicht an die naturwissenschaftliche Arbeitsweise herangeführt werden. Dabei ist es wichtig, dass die Schülerinnen und Schüler wissen, in welchen Eigenschaften sich Modellexperimente von Realexperimenten unterscheiden. Nach den genannten Kriterien sind Auswahl und unterrichtlicher Zugang der im Werk aufgeführten Modellexperimente konzipiert. Ausgehend von phänomenologisch orientiertem Arbeitsmaterial mit Aufgaben unterschiedlicher Anforderungsbereiche werden Schülerinnen und Schüler mit dem Sachzusammenhang konfrontiert, der mit dem Modellversuch im Kontext steht und zu diesem hinführt. In manchen Beiträgen arbeiten die Lernenden in verschiedenen Sozialformen. In Einzelfällen können die Modellexperimente sogar als Hausaufgabe durchgeführt werden. Grundsätzlich sind die Arbeitsmaterialien mit dem Aufgabenblock separat einsetzbar, so beispielsweise auch in Lernzielkontrollen. Da die Analogisierung und Modellkritik für jedes Modellexperiment im Lehrerteil steht, hielten wir es nicht für notwendig, dazu durchgängig eine Aufgabenstellung zu formulieren. Es bleibt der Lehrkraft überlassen, bei Bedarf ihre Arbeitsaufträge um diese beiden Punkte zu erweitern.
Als übergeordnete Themen der Gliederung wurden diejenigen Themenbereiche gewählt, die in der gymnasialen Oberstufe üblich sind. Darunter wurden dann je nach Sekundarbereich die einzelnen Modellversuche aufgeführt. Manche der Modellexperimente für den Sekundarbereich I können mit entsprechender Adaption auch im Sekundarbereich II einsetzt werden, beispielsweise, wenn es um die festigende Wiederholung von Themen des Sekundarbereichs I geht.
Noch eine Bitte: kein Autor und kein Verlag sind gegen Fehler unterschiedlicher Art sowie subjektive Betrachtung und Unzulänglichkeiten gefeit. Insbesondere bei Modellexperimenten kann es sein, dass sich bei der Entwicklung und Erprobung durch die Autoren manche Parameter situativ bedingt anders gestalteten als im Unterricht der Kollegin/des Kollegen. Daher bitten wir alle Benutzer dieses Bandes um Kritik, entsprechende Hinweise werden dankbar aufgenommen.

Die Autoren

Zellbiologie
1 Energieumwandlung durch Osmose

Arbeitsmaterial

Reife Kirschen platzen im Spätsommer nach heftigen Regengüssen.

Aufgaben

1. Entwickeln Sie in kleinen Gruppen ein Modellexperiment, welches das Platzen von reifen Kirschen nach Regengüssen veranschaulicht. Es stehen Ihnen folgende Materialien und Chemikalien zur Verfügung: Standzylinder (Höhe: 10 cm), Glastrichter mit langem Glasstiel, Stativ mit Klemme und Muffe, pneumatische Wanne, Gummiringe, transparentes Klebeband, Kirschsirup (100 ml), destilliertes Wasser, Becherglas, Einmachhaut, Plastikverschlusskappe mit einer Öffnung und ein Glasröhrchen mit 6 mm Durchmesser. Wählen Sie in Ihrer Gruppe die Materialien für mindestens ein Modellexperiment aus und führen Sie es durch. Für alle Experimente gilt, dass die Einmachhaut vor der Durchführung ca. 5 Minuten in ein Becherglas mit Leitungswasser gelegt wird.
2. Fertigen Sie ein Protokoll an.
3. Stellen Sie Ihre Beobachtungen auf Teilchenebene dar, indem Sie die Stoffströme in Ihre Versuchsapparatur einzeichnen.
4. Führen Sie ein Kontrollexperiment durch, an dem Sie zeigen, wie das Platzen der Kirschen verhindert werden kann.
5. Übertragen Sie Ihre Beobachtung aus dem Modellexperiment auf das Phänomen, dass reife Kirschen nach Regenfällen platzen und erklären Sie dieses.
6. Analogisieren Sie die Versuchselemente in dem Modellexperiment mit der Realität und üben Sie Modellkritik.
7. In Tofte am Oslofjord in Norwegen wurde 2009 der Prototyp eines Osmosekraftwerks in Betrieb genommen.

Erläutern Sie das Prinzip des Osmosekraftwerks und stellen Sie den Bezug zu den platzenden Kirschen her.

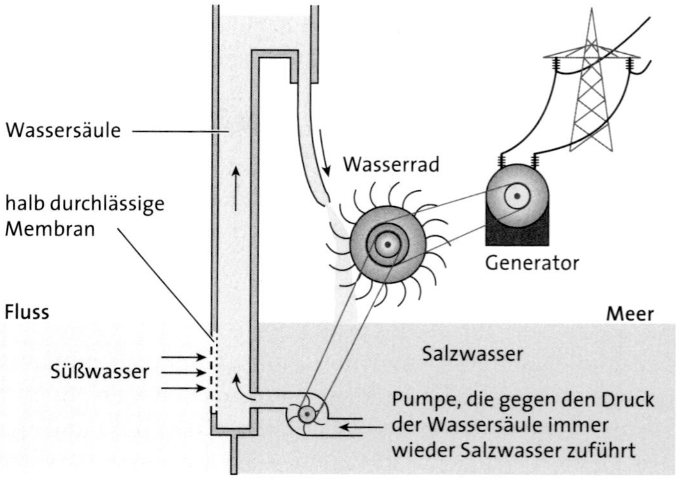

I Lernvoraussetzungen

- Diffusion
- grundlegende Abläufe der Osmose
- experimentelle Erarbeitung der Osmose

II Erwartete Leistungen

1. Folgende Aufbauten sind möglich:

a)

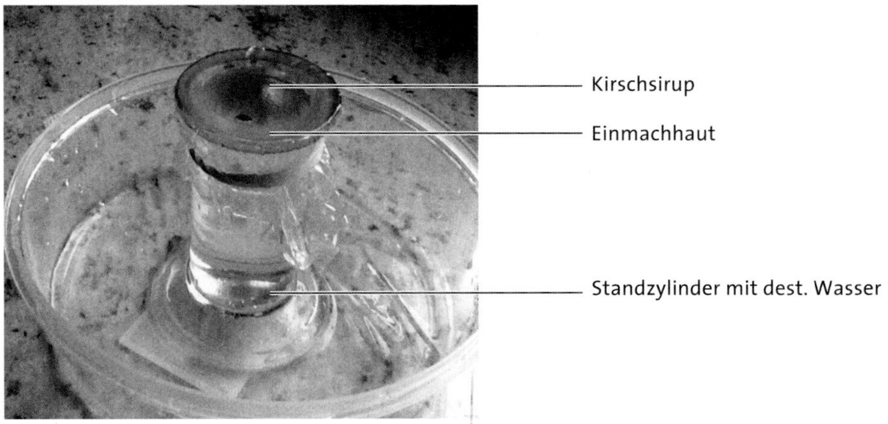

b)

c)

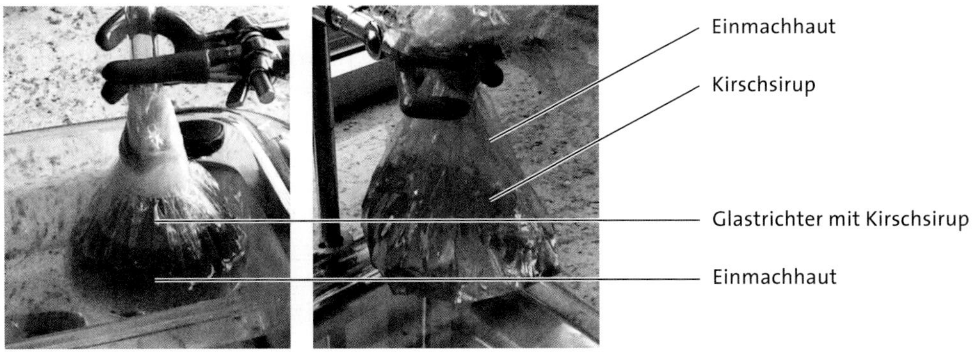

2. Unabhängig vom gewählten Versuchsaufbau beobachtet man eine Zunahme der Wassermenge in der stark zuckerhaltigen Lösung (Kirschsirup): Anstieg der Wassersäule.

Deutung: Osmose tritt auf, wenn zwei unterschiedlich konzentrierte Lösungen durch eine selektiv permeable Membran getrennt sind. Die Einmachhaut lässt nur Wassermoleküle durch und ist nicht durchlässig für Zuckermoleküle. Daher diffundieren Wassermoleküle von der hypotonen Lösung durch die selektiv permeable Membran in die hypertonische Lösung (hier: Kirschsirup als stark zuckerhaltige Lösung). Da sich hierdurch auf der Seite mit der zuckerhaltigen Lösung die Wassermenge erhöht, steigt der Druck auf dieser Seite an (Zunahme des hydrostatischen Drucks). Die Diffusion von Wassermolekülen durch die selektiv permeable Membran hält so lange an, bis sich auf beiden Membranseiten ein gleich großes chemisches Potenzial eingestellt hat.

3.

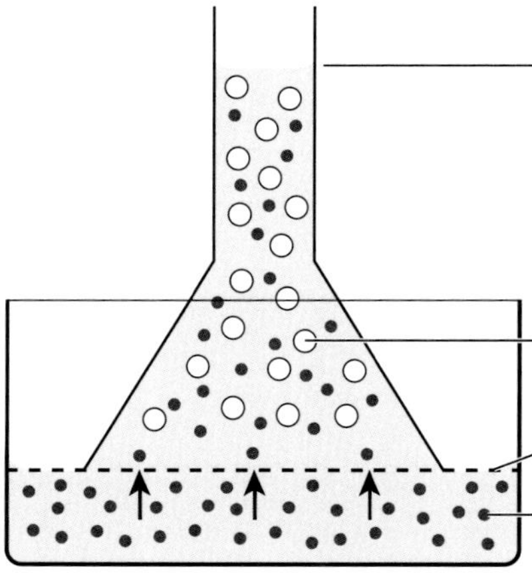

4. Gleicher Experimentalaufbau wie in Aufgabe 1, nur mit dem Unterschied, dass statt dest. Wasser nun Kirschsirup verwendet wird. Da beide Lösungen gleich konzentriert (isotonisch) sind, fehlt durch den nicht vorhandenen Konzentrationsgradienten die Triebkraft zur gerichteten Diffusion von Wassermolekülen. Es finden somit keine Veränderungen der Wassermengen auf beiden Seiten statt.
5. Im Inneren der Zellen der Kirsche herrscht eine hohe Konzentration an gelösten Stoffen. Das Plasmalemma der Kirschzellen ist selektiv permeabel und lässt daher keine gelösten Stoffe hindurch. Nach starken Regenfällen diffundieren aufgrund des Konzentrationsgradienten Wassermoleküle von außen in das Zellinnere der Kirsche. Das Wasservolumen steigt und der osmotische Druck nimmt zu. Die Zellwände der äußeren Hautzellen der Kirsche können dem Druck von innen nicht mehr standhalten und platzen auf.

6. Analogisierung

Versuchselemente	**Realität**
• Anstieg des Wasservolumens: – auf der Einmachhaut über dem Standzylinder (Versuch a) – im Steigrohr (Versuch b) – in der Einmachhaut (Versuch c)	• osmotischer Druck
• Einmachhaut	• selektiv permeable Membran (Hautzellen der Kirsche)
• Kirschsirup (= Zuckerlösung)	• konzentrierte Lösung von organischen und anorganischen Stoffen im Cytoplasma der Kirsche
• destilliertes Wasser	• Regenwasser außerhalb der Kirsche

Modellkritik

Veranschaulichung durch das Modell	**Realität**
• Vorgang der Osmose • Anstieg der Wassersäule durch Zunahme des osmotischen Drucks • ohne Konzentrationsgradient keine Osmose (Kontrollexperiment)	• künstliche Membran • Zuckergehalt in der Kirsche ist wesentlich kleiner als der im Kirschsirup • keine Berücksichtigung weiterer Transportvorgänge in der pflanzlichen Zelle • Pflanzenzelle ist kein starres Gebilde • Fehlen weiterer Zellbestandteile

7. Ein Osmosekraftwerk nutzt den Konzentrationsunterschied an gelösten Ionen im Salz- und im Süßwasser. Durch die Osmose dringt Wasser aus dem Süßwasser durch die selektiv permeable Membran in das Salzwasser. Der entstehende osmotische Druck hebt die Wassersäule an und bringt sie dadurch auf ein höheres Energieniveau.

Wenn die Wassersäule soweit angehoben ist, dass sie durch einen Abfluss ablaufen kann, kommt es zur Energieumwandlung: Der entstehende Wasserstrahl treibt über ein Wasserrad einen Generator zur Stromerzeugung an. Zusätzlich wird ein Pumpenrad angetrieben, wodurch ständig frisches Salzwasser zugeführt wird.
Das Platzen reifer Kirschen nach Regengüssen basiert auf der Zunahme des osmotischen Drucks, der zur Zerstörung der Hautzellen führt, in einem Osmosekraftwerk hingegen wird dieser Druck zur Stromerzeugung genutzt.

Anleitung zum Modellexperiment

III Einsatzmöglichkeiten

Die Modellexperimente dienen grundsätzlich zur Vertiefung des erworbenen Wissens über Osmose. Dieses Fachwissen wird hierbei in einem neuen Kontext angewandt und damit im Sinne eines nachhaltigen Lernens gefestigt.
Je nach Schwerpunktsetzung des Themas auf den Ablauf der Osmose oder auf die Anwendung der Osmose in der Technik können die Modellexperimente sowohl in der Sek. I als auch in der Sek. II durchgeführt werden.
Die Experimente zur Veranschaulichung der Osmose sind anwendungsorientiert und können mit wenig Aufwand von allen Schülerinnen und Schülern durchgeführt werden. Durch die Darbietung verschiedener Geräte und Materialien können die Lernenden in ihrer Gruppe eigenständig experimentieren. Das fördert ihre Kreativität und gleichzeitig auch die Kommunikationsfähigkeit innerhalb der Gruppe. Je nach Kenntnisstand und Leistungsfähigkeit der Schüler/-innen können sie sich für ein bekanntes Beispiel aus dem Unterricht (s. Lernvoraussetzung) oder für eine Variation des Modellexperiments entscheiden. Somit lässt sich hier differenziert arbeiten.
Eine Analogisierung und eine sich anschließende Modellkritik schärfen das Verständnis für den Gültigkeitsbereich des durchgeführten Modellexperiments.
Der geringe apparative Aufwand und der Rückgriff auf Küchenutensilien ermöglicht auch ein experimentelles Arbeiten zu Hause. Eine solche Hausaufgabe ist für viele Schüler/-innen sehr motivierend und erzeugt Neugierde.
Der Transfer des biologischen Phänomens „Reife Kirschen platzen nach starken Regenfällen" auf die Energieerzeugung in einem Osmosekraftwerk unterstreicht die Relevanz dieser Thematik. Da das erste Osmosekraftwerk erst 2009 in Norwegen gebaut wurde, ist diese Technik noch relativ neu. Somit wirft sie Fragen auf, die fächerübergreifend besprochen werden können, z. B. bezüglich des Standortes (Erdkunde), der Wirtschaftlichkeit (Politik) und des chemischen Aufbaus der Membran (Chemie). Diese Themen fördern das vernetzte Denken der Schüler/-innen und bieten zudem eine breite Basis für Referate und das Einüben von Präsentationstechniken.

IV Thema des Modellexperiments

Energieumwandlung durch Osmose

V Vorbereitungszeit

Versuch a: 10 Minuten
Versuch b: 15 Minuten
Versuch c: 3 bis 7 Stunden

VI Material und Geräte (pro Gruppe)

- Glastrichter (möglichst breite Stielöffnung)
- Becherglas/Plastikbecher
- Standzylinder (100 ml)
- Einmachhaut
- Kirschsirup (ca. 100 ml)
- destilliertes Wasser
- Gummiringe
- durchsichtiges Paketklebeband oder Isolierband
- Stativmaterial
- Plastikverschlusskappe von einem Flüssigwaschmittel
- langer Nagel mit 5,5 mm Durchmesser
- Feuerzeug
- Glasröhrchen mit 6 mm Durchmesser

VII Durchführung

Aus den vorliegenden Materialien und Geräten wird der Versuch b zur Osmose in Form eines „Miniosmometers" aufgebaut.
Bei der Herstellung muss man dafür Sorge tragen, dass die Diffusionsfläche möglichst groß ist. Als Materialien bieten sich kleine Plastikbecher mit breiter Öffnung aus Polypropylen und Verschlusskappen von Flüssigwaschmitteln an. In diese lassen sich problemlos und schnell Glasröhrchen einsetzen, indem man in die Mitte der Plastikbecher bzw. -kappen mit einem durch ein Feuerzeug erwärmten Eisennagel ein Loch mit dem entsprechenden Glasröhrchendurchmesser einbrennt. Diese Osmometer können entweder von der Lehrkraft vor der Durchführung des Experiments fertiggestellt oder von den Schüler/-innen selbst gebaut werden. Der Bau dieser Osmometer ist sehr günstig. Sie lassen sich mit geringem zeitlichen Aufwand herstellen.
Zur Befüllung des Plastikbehälters wird das Glasröhrchen mit Isolierband abgedichtet und dann randvoll mit Kirschsirup versetzt. Dieser wird mit der Einmachhaut möglichst straff abgedeckt, mit Gummibändern fest fixiert und schließlich in dest. Wasser oder Leitungswasser getaucht. Bereits nach wenigen Minuten ist ein deutlicher Anstieg der Wassersäule in dem Glasröhrchen sichtbar.
In Versuch a wird der mit dest. Wasser gefüllte Standzylinder mit der Einmachhaut abgedeckt und diese mit den Gummibändern an dem Zylinderrand fixiert.
Ein leichtes Antippen mit dem Finger auf die Einmachhaut zeigt die zunehmende Wassermenge an.
Für die Modellexperimente in Versuch c verschließt man einen Trichter mit der Einmachhaut, füllt ca. 20 ml Kirschsirup hinein und taucht ihn in eine pneumatische Wanne, die mit Wasser gefüllt ist. Alternativ kann auch eine geringe Menge Sirup in einen großen Bogen Einmachhaut gefüllt und mit Gummibändern fest verschlossen werden. Nach einigen Stunden im Wasser sieht man eine beeindruckende Volumenzunahme des Wassers in dem mit Kirschsirup gefüllten Trichter bzw. in dem Einmachhautbeutel.

VIII Beobachtung

Zunahme der Wassermenge im Modellexperiment
- auf der Einmachhaut in Versuch a: Antippen mit dem Finger;
- in dem Glasröhrchen in Versuch b;
- in dem Einmachbeutel in Versuch c.

IX Analogisierung

Siehe Erwartete Leistungen, Aufgabe 6.

X Kritik

Siehe Erwartete Leistungen, Aufgabe 6.

Tipp für den Unterricht
Folgende Themen zur Energieumwandlung in einem Osmosekraftwerk können fächerübergreifend (aus Physik, Chemie, Erdkunde und Politik) z. B. in Form von Referaten behandelt werden:
- Effizienz eines Osmosekraftwerks/Leistung
- Standortfrage Europa/Standortfrage Deutschland
- Membranfrage
- Zukunftsaussichten/Vor- und Nachteile des Osmosekraftwerks
- Energieträger im Vergleich

Zellbiologie
2 Osmose in der Kugel

Arbeitsmaterial

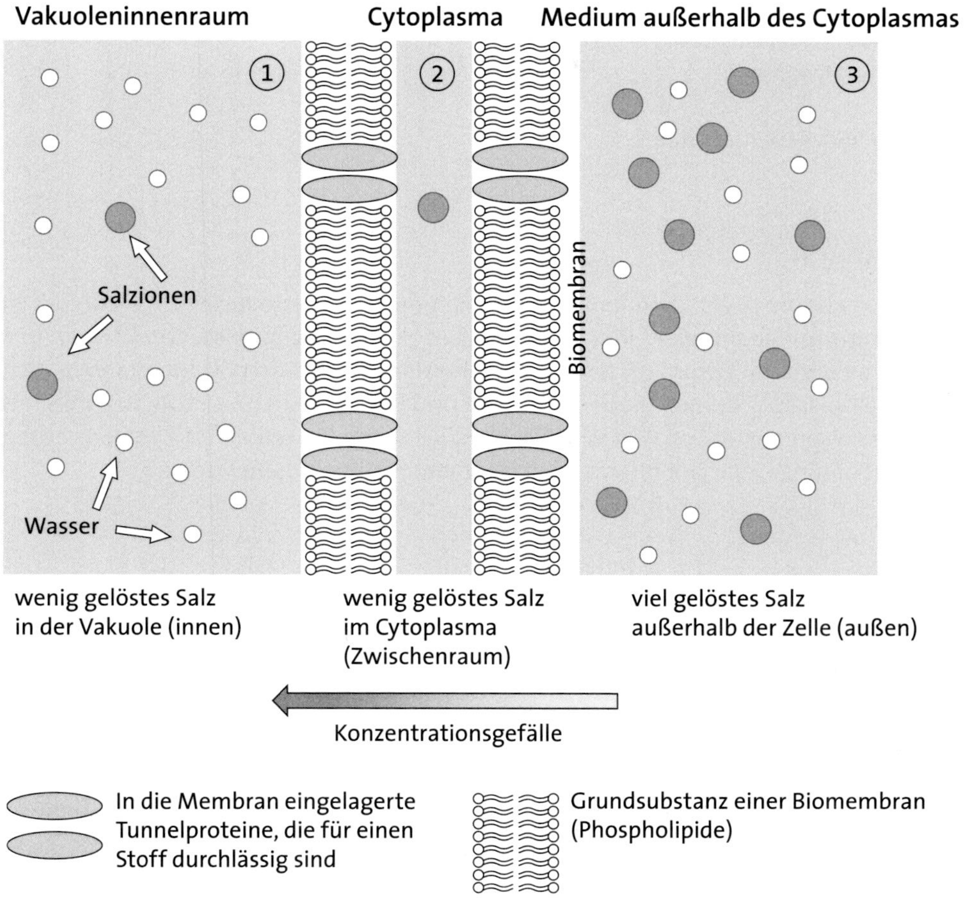

Aufgaben

1. Stellen Sie Vermutungen darüber an, welche Folgen das Konzentrationsgefälle zwischen dem extrazellulären Raum und dem Cytoplasma bzw. Vakuolensaft für die Zelle hat. Stellen Sie Ihre Vorstellung bzgl. der Wanderbewegung der Teilchen *(z. B. mit Pfeilen)* zeichnerisch dar und erläutern Sie Ihre Darstellungsweise fachsprachlich angemessen.
2. Arbeiten Sie nun mit dem Modell. Schütteln Sie die Hohlkugel ca. 60 Sekunden lang waagerecht, sodass die Membran bei dem Schütteln senkrecht stehenbleibt. Zählen Sie im Anschluss die roten Kugeln aus der Hälfte, in welcher weniger sind. Tragen Sie die Anzahl der Kugeln beider Hälften in eine Tabelle ein und leiten Sie aus den Ergebnissen die grundsätzliche Tendenz ab, die sich anhand der Schüttelversuche ablesen lässt.
3. Ermitteln Sie die Durchschnittswerte der Kugeln vor und nach den vier Versuchen und tragen Sie diese in eine Tabelle ein. Berechnen Sie die relative Kugelanzahl a) im Verhältnis zu den anderen Kugeln in der einen Hälfte der Plastikkugel (weiß zu rot in z. B. der linken Hälfte) und b) im Verhältnis zu den gleichen Kugeln in der anderen Hälfte (rot linke Hälfte zu rot rechte Hälfte). Präzisieren Sie Ihre Ergebnisse aus Aufgabe 2.

I Lernvoraussetzungen

- Begriffsdefinition für Moleküle
- selektive Permeabilität der Membran
- Brownsche Molekularbewegung
- Diffusion
- Osmose (z. B. an einer Zwiebelhautzelle)
- Kompartimentierung

II Erwartete Leistungen

1. Da das extrazelluläre Medium gegenüber dem Cytoplasma und dem Vakuolensaft hypertonisch ist, die Membran aber eine selektive Permeabilität aufweist, sodass nur Wasser die Membran passieren kann, kommt es zu einem Konzentrationsausgleich durch das Lösungsmittel. Das Wasser diffundiert durch die Membran in Richtung des hypotonischen Mediums (Cytoplasma, Vakuolensaft), sodass die drei Medien durch Osmose isotonisch werden.
Die Pfeile müssten dementsprechend von den Wassermolekülen des extrazellulären Mediums ausgehen und durch die Tunnelproteine in Richtung des Cytoplasmas und des Vakuoleninnenraumes zeigen.

zu **2.** Beispiel:

1. Versuch

Links	Rechts
23 rot	12 rot
29 weiß	6 weiß

2. Versuch

Links	Rechts
29 rot	6 rot
29 weiß	6 weiß

3. Versuch

Links	Rechts
20 rot	15 rot
29 weiß	6 weiß

4. Versuch

Links	Rechts
21 rot	14 rot
29 weiß	6 weiß

Es ist festzustellen, dass die weißen Kugeln die Membran nicht passieren können, eine Veränderung ihrer Kugelanzahl ist dementsprechend zwischen den Hälften der Hohlkugel nicht zu beobachten. Lediglich die roten Kugeln können die Lochplatte passieren, sodass es hier zu einer Veränderung zwischen den Hälften der Hohlkugel bzgl. der Anzahl an roten Kugeln kommt. Dabei wandern die roten Kugeln von der Hälfte, in der sie vorher ausschließlich gewesen sind, in die Hälfte, die vorher keine dieser roten Kugeln enthalten hatte.

zu 3. Beispiel

Schnitt absolut *(relativ weiß zu rot in einer Hälfte)* (relativ rot zu rot usw. in beiden Hälften) vor dem Versuch

Links	Rechts
35 rot *(55%)* (100%)	0 rot *(0%)* (0%)
29 weiß *(45%)* (83%)	6 weiß *(100%)* (17%)

Schnitt absolut *(relativ weiß zu rot in einer Hälfte)* (relativ rot zu rot usw. in beiden Hälften) nach dem Versuch

Links	Rechts
23,25 rot *(44%)* (66%)	11,75 rot *(66%)* (34%)
29 weiß *(56%)* (83%)	6 weiß *(34%)* (17%)

Während sich die Anzahl der roten Kugeln in den Hälften immer weiter aneinander annähert und im Verhältnis zu den weißen Kugeln die Anzahl der roten Kugeln immer weiter zu- (rechts) bzw. abnimmt (links), bleibt die Anzahl der weißen Kugeln konstant.

III Einsatzmöglichkeiten

Der Modellversuch lässt sich gut nach dem Mikroskopieren z. B. von Zwiebelzellen und der Beobachtung von osmotischen Vorgängen an diesen durchführen. Die Erläuterung der Osmose kann mithilfe des Modells effektiv geübt werden, da die abstrakten Vorgänge besser verständlich werden (z. B. selektive Permeabilität der Membran und ihre Folgen für die Diffusion). Es bietet sich an, die Schüler/-innen nach dem Versuch mit der Zwiebelzelle zunächst Hypothesen aufstellen zu lassen, die dann anhand des Modellexperiments überprüft werden können.

IV Thema des Modellexperiments

Osmose in Abhängigkeit von unterschiedlich stark konzentrierten Lösungen

V Vorbereitungszeit

Für die Herstellung der Hohlkugel (Erstellen einer selektiv permeablen Membran in der richtigen Größe, Einfüllen der Kugeln und Zukleben der Hohlkugel) sollte mindestens eine Stunde eingeplant werden. Sollen mehrere Kugeln hergestellt werden, sollte man entsprechend mehr Zeit vorsehen. Ggf. müssen die Wattekugeln zunächst farblich unterschiedlich markiert werden. Es empfiehlt sich, den Ausgangszustand der Wattekugelverteilung durch bloßes Schütteln wiederherzustellen, da der Zusammenbau der geöffneten Kugel sehr aufwändig ist.

VI Material und Geräte

- aufklappbare Hohlkugeln (Plastik z. B. 17 cm) aus einem Geschäft für Bastelbedarf
- Wattekugeln in verschiedenen Größen (z. B. 1,5 cm und 1 cm) und Farben (z. B. weiß und rot)
- dickes Papier (z. B. schweres Fotopapier für einen Tintenstrahldrucker)
- Schere
- ggf. dicke Klebestreifen zum Verschließen der Hohlkugel

VII Durchführung

In das Fotopapier werden mit einer Schere kreisrunde Löcher geschnitten, die dem Durchmesser der kleineren Kugeln entsprechen, sodass die größeren Kugeln nicht durch diese Löcher gelangen können. Die Lochscheibe muss genau so groß sein, dass sie in die Falz der Kugelhälften der Plastikkugel gespannt werden kann.
Die verschieden großen Wattekugeln werden farblich unterschiedlich markiert, sodass man sie gut voneinander unterscheiden kann.

Die Plastikkugel wird beiderseits der Lochscheibe willkürlich mit roten und weißen Kugeln bestückt und deren jeweilige Anzahl notiert. Die roten Kugeln werden nach dem Schütteln auf der Seite gezählt, auf welcher sich weniger davon befinden.

VIII Beobachtung

Es ist deutlich zu sehen, dass die roten Kugeln bei dem Schüttelvorgang in die Hälfte fallen, in welcher vorher wenig oder keine roten Kugeln vorhanden waren. In dieser Hälfte werden nach Versuchsende mehr rote Kugeln liegen als vorher.

Siehe II. Erwartete Leistung.

IX Auswertung

Die Möglichkeit der Kugeln, die Lochscheibe zu passieren, hängt eindeutig von der Eigenschaft der Lochscheibe ab und nicht von der Kugelbewegung infolge des Schüttelns, weswegen sich die Anzahl der roten Kugeln verschiebt. Das Schütteln selbst setzt die Kugeln lediglich in Bewegung, sodass die Wahrscheinlichkeit, dass eine rote Kugel die Lochscheibe passiert, dann besonders hoch ist, wenn diese stark ungleich verteilt sind.

X Analogisierung

Versuchselemente	Realität
• gelochtes Papier	• selektiv permeable Membran
• Hälften der Hohlkugel	• durch eine selektiv permeable Membran getrennte Kompartimente
• rote Kugeln	• Lösungsmittel/Wasser
• weiße Kugeln	• gelöster Stoff/Zucker, Salz o. ä.
• Bewegung der Kugeln durch Schütteln	• Brownsche Molekularbewegung

XI Kritik

Veranschaulichung durch den Modellversuch	Grenzen des Modellversuchs
• Aufbau einer Biomembran • Wanderung der kleineren Moleküle durch die Membran • nur einseitig gerichtete Teilchenbewegung	• willkürliche Wahl der gelösten Teilchen als runde Elemente • zelluläres Milieu fehlt • Teilchen sind nicht zählbar • im zellulären Milieu gibt es keine Teilchenbewegung durch mechanische Einflüsse • flüssiges Milieu fehlt • Vorstellung, wodurch die Molekularbewegung eigentlich zustande kommt, wird nicht deutlich • keine weiteren Transportmöglichkeiten durch die Membran deutlich • durch den Schüttelvorgang wird dieser Vorgang nur simuliert, es müsste bei der Auszählung auch nach mehreren Versuchen zu einem Konzentrationsausgleich kommen

Zellbiologie
3 Osmosevorgänge

Arbeitsmaterial

Die Abbildung zeigt stark vereinfacht eine Pflanzenzelle, deren Wasserhaushalt verändert wurde.

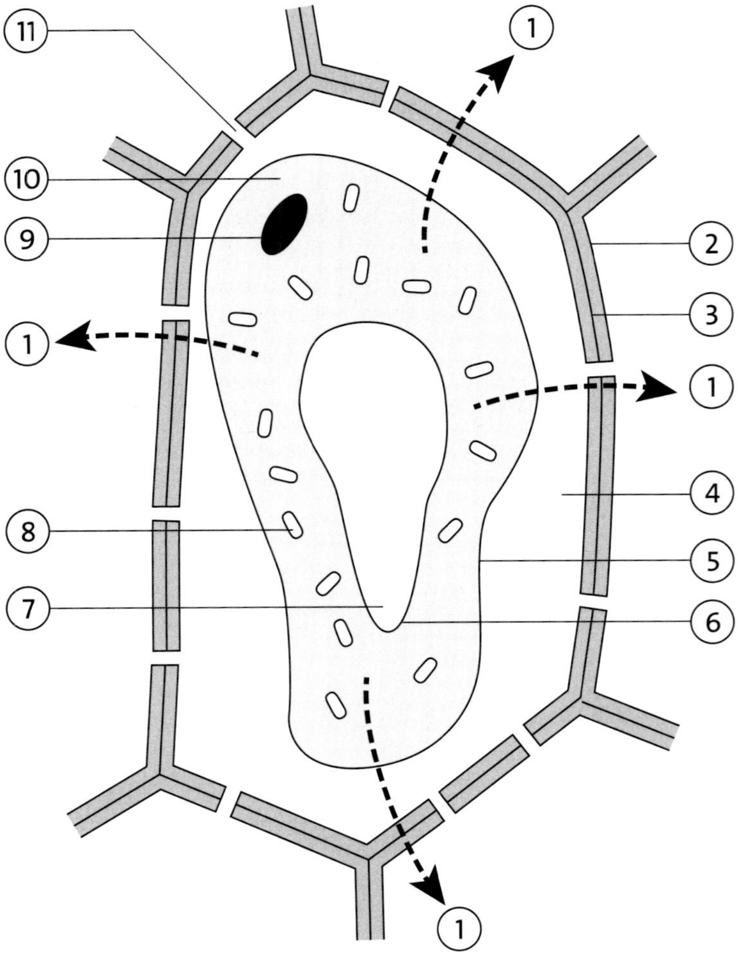

Diuretika:
Diuretika sind Arzneimittel, die dem menschlichen Körper Wasser entziehen. Sie werden zum Beispiel eingesetzt, wenn die Nieren ihre Ausscheidungsfunktion nicht mehr ausreichend wahrnehmen können. Zumeist ist dabei die Nierenfunktion der Rückresorption von Natrium-, Chlorid- und Hydrogenkarbonat-Ionen gestört. Diuretika sorgen dafür, dass diese Ionen verstärkt aktiv ausgeschieden werden. Damit verbunden ist ein Wasserentzug.

Aufgaben

1. Beschriften Sie alle an der Veränderung des Wasserhaushaltes beteiligten Zellbestandteile und erläutern Sie den Vorgang.
2. Entwickeln Sie ein Experiment zur dargestellten Veränderung des Wasserhaushaltes.
3. Prüfen Sie, ob Diuretika auch eine solche Veränderung des Wasserhaushaltes bewirken.
4. Simulieren Sie am gefertigten Modell (gegebenenfalls auf dem Arbeitsprojektor) eine Plasmolyse und kommentieren Sie Ihre Vorgehensweise, indem Sie Modellteile sowie die Einzelschritte des Vorgangs analogisieren.
5. Verändern Sie den Versuchsaufbau so, dass auch eine Deplasmolyse gezeigt werden kann. Erläutern Sie ihren Ablauf.

I Lernvoraussetzungen

- Bau einer Pflanzenzelle
- Funktionsweise von Biomembranen
- Brown'sche Molekularbewegung, Diffusion, Osmose
- Plasmolyse, Deplasmolyse
- Turgeszenz einer Pflanzenzelle

II Erwartete Leistungen

1. 1: Wasser, 2: Zellwand, 3: Mittellamelle, 4: hypertonisches Medium, 5: Plasmalemma, 6: Tonoplast, 7: Vakuoleninhalt (verdichtet, da Vakuole verkleinert), 8: Chloroplast (verdichtet, da verkleinert), 9: Zellkern (verkleinert), 10: Cytoplasma (verdichtet), 11: Plasmodesmos

Bei der Veränderung des Wasserhaushaltes handelt es sich um eine Plasmolyse. Wenn man eine Pflanzenzelle in ein hypertonisches Medium einbringt, entzieht die stärker konzentrierte Lösung dem Cytoplasma und nachfolgend der Vakuole sowie den anderen Zellbestandteilen Wasser. Der Protoplast löst sich daraufhin von der Zellwand ab und die Vakuole sowie die anderen Zellbestandteile schrumpfen. Da die Membranen der Zellbestandteile für Wasser selektiv durchlässig sind, erfolgt durch sie hindurch nur der Wasserentzug, jedoch nicht der von Zellinhaltsstoffen wie z. B. Farbstoffen.
2. Man bereitet zum Beispiel Zellen der Roten Küchenzwiebel als Frischpräparat auf und prüft ihr Aussehen unter dem Mikroskop. Dann saugt man mithilfe eines Filtrierpapierstreifens konzentrierte Kochsalz- oder Zuckerlösung von einer Seite unter dem Deckglas durch. Die Vakuole zeigt bei einer erneuten Kontrolle eine mehr oder weniger erhebliche Schrumpfung. (Weitere Plasmolyseversuche s. Jaenicke, J., Hrsg.: Materialien-Handbuch Kursunterricht Biologie, Bd. 1, Zellbiologie, 2. Aufl., Aulis Verlag, 1997.)
3. Da Diuretika zur aktiven Abgabe von Natrium-, Chlorid- und Hydrogenkarbonat-Ionen führen und damit Wasser nur passiv nachströmt, handelt es sich nicht um eine Plasmolyse, denn diese ist ein dem Konzentrationsgefälle folgender Diffusionsvorgang durch selektiv durchlässige Membransysteme (Osmose), bei dem die Wassermoleküle passiv zur höher konzentrierten Lösung wandern. Hinzu kommt, dass der Begriff Plasmolyse bei Pflanzenzellen verwendet wird (= Lösen des Plasmas von der Zellwand).
4. Viele große Holzperlen und einige kleine werden außerhalb des äußeren Rahmens angeordnet. Eine umgekehrte Verteilung erfolgt im gesamten Innenbereich.

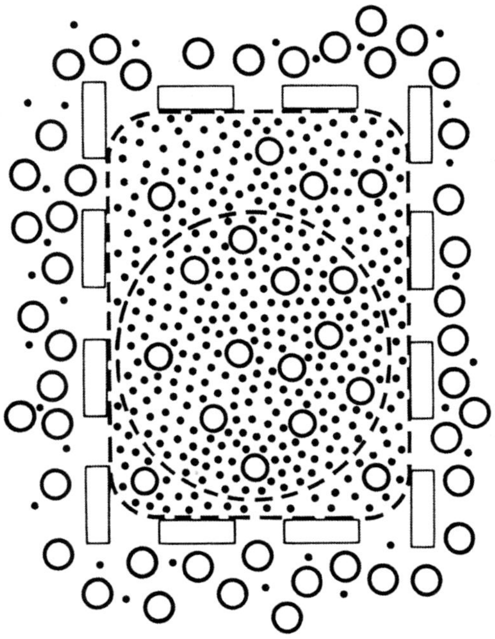

Wenn man den Rahmen vorsichtig schüttelt, rollen die kleinen Holzperlen aus dem Innenraum nach außen, die großen Kugeln können nur den Holzrahmen passieren und werden bereits von beiden Folienstreifen zurückgehalten. Die großen Holzperlen entsprechen gelösten Teilchen (hypertonisches Milieu), die einen osmotischen Druck auf-

bauen, die kleinen stehen für Wassermoleküle. Dazu passend sind die Durchlässe im Holzrahmen gestaltet: Sie lassen alle Holzperlen hindurch. Das entspricht der vollständig durchlässigen Zellwand. Die ausgeschnittenen Bereiche in den Folienstreifen können nur von den kleinen Perlen passiert werden, so wie der Tonoplast (kleiner Folienstreifen) und das Plasmalemma (Folienstreifen direkt unter dem Rahmen) nur Wassermoleküle durchlassen.
Sobald die Schüttelbewegung (Brown'sche Molekularbewegung) erfolgt ist und kleine Perlen aus dem Innenraum nach außen gerollt sind, müssen beide Folienstreifen verkleinert werden. Damit sind der Wasserentzug aus dem Plasma sowie das Zusammenziehen der Vakuole infolge des Wasserverlustes veranschaulicht.

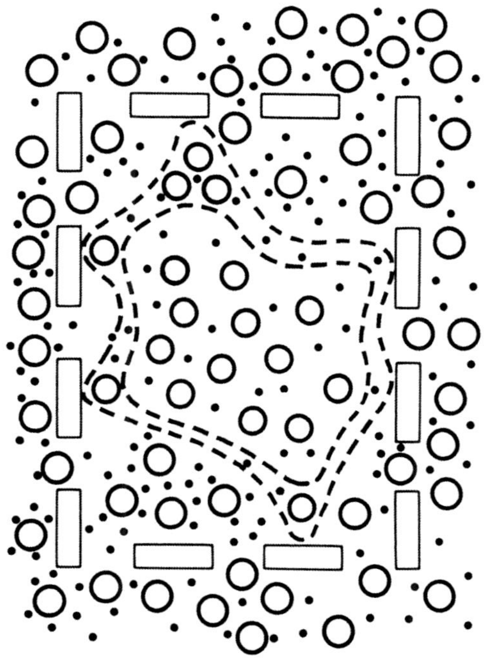

5. Die Perlen werden genau umgekehrt zu Aufgabe 3 verteilt. Nachdem das Modell geschüttelt wurde, rollen die kleinen Perlen in den Innenbereich hinein. Die Folienstreifen werden entsprechend der nun höheren Perlenanzahl wieder auseinandergezogen. Das geht maximal so weit, bis der Platz innerhalb des Folienrechtecks nicht mehr ausreicht, um weitere Perlen aufzunehmen.
Bei einer Deplasmolyse ist die Zelle von einem hypotonischen Medium umgeben, die Konzentration an gelösten Teilchen ist größer als im Plasma und in der Vakuole. Infolgedessen strömt Wasser in die Zelle hinein und führt zur Volumenzunahme von Plasma und Vakuole. Der Wassereinstrom ist beendet, wenn der Gegendruck der Zellwand das Eindringen weiterer Wassermoleküle verhindert und die Zelle somit turgeszent ist.

Anleitung zum Modellexperiment

III Einsatzmöglichkeiten

Während das Arbeitsmaterial eine Wiederholung und Festigung der Plasmolysevorgänge beinhaltet, geht die Aufgabe 2 in den – eventuell schülerrelevanten – Transferbereich. Mit der Simulation, die am fertigen Modell durchgeführt wird, erfolgt schließlich die eigenständige Auseinandersetzung mit dem Themenkreis um Plasmolyse und Deplasmolyse. Damit ist durch den haptischen Zugang mit den Modellteilen eine zusätzliche Wiederholung und Festigung gewährleistet. Zudem kommt die Funktion der Zellwand als Stabilisierungsfaktor im Gewebe zum Ausdruck.

IV Thema des Modellexperiments

Osmosevorgänge

V Vorbereitungszeit

Das Modell sollte vorher vom Lehrer oder arbeitsteilig von einer Schülergruppe angefertigt werden; es kann dann immer wieder eingesetzt werden. Zur Herstellung sind, wenn die Baumaterialien beschafft sind, ca. 60 Minuten erforderlich.

VI Material und Geräte

- 12 Kanthölzer (3 cm x 1 cm x 1 cm)
- 2 Folienstreifen aus Kopierfolie (29 cm x 3 cm)
- 2 Folienstreifen (18 cm x 3 cm)
- 2 Musterbeutelklammern
- beidseitig klebendes Klebeband
- 1 leere Kopierfolie
- 1 rechteckige, flache Kunststoffschale (ca. 25 cm x 20 cm)
- Vorrat an Holzperlen (13 mm und 7 mm Durchmesser)
- Lochzange
- Schere

VII Durchführung

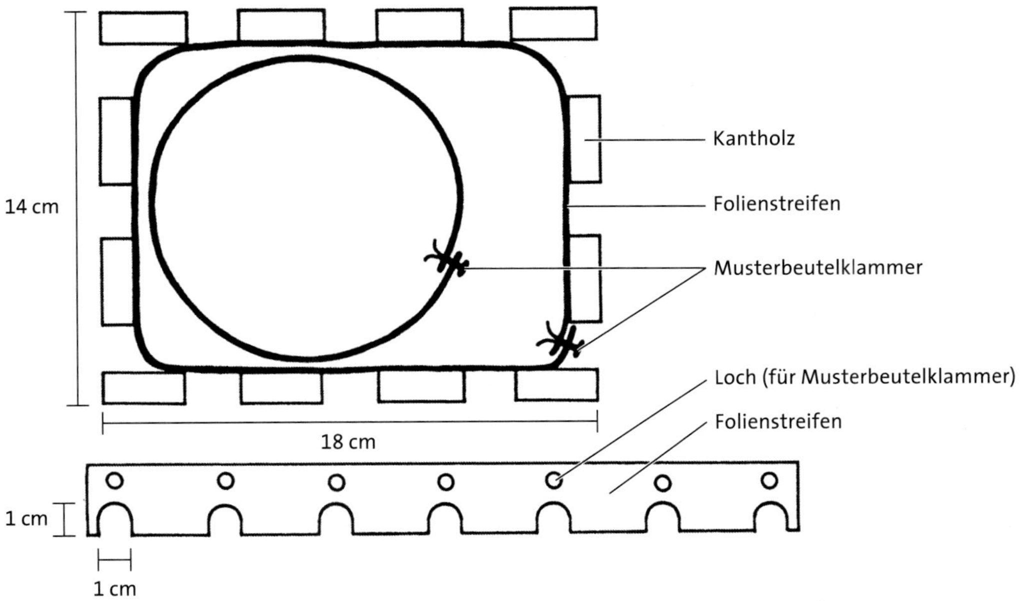

Als Erstes schneidet man die Leerfolie so zurecht, dass sie in die Schale hineinpasst. Die beiden Folienstreifen von 29 cm und 18 cm Länge werden jeweils mithilfe des doppelseitigen Klebebandes ca. 1 cm überlappend zusammengeklebt. Dann erhalten sie entsprechend der Abbildung Löcher (Lochzange) und man schneidet die „Tore" aus. An den Enden dient je eine Musterbeutelklammer dazu, sie zu einem Ring zusammenzufügen. Die Kanthölzer klebt man mit doppelseitigem Klebeband auf die Leerfolie. Ihr Abstand soll so groß sein, dass die großen Holzperlen durch die freien Stellen rollen können.
Anschließend kommen die Folienstreifen-Ringe an ihre Position: Der lange wird dicht an den Holzrahmen angeschmiegt, der kürzere kommt mit deutlichem Abstand dazu in den Innenbereich.

VIII Beobachtung

Beim Schütteln gelangen jeweils nur die kleinen Holzperlen in das Außenmedium bzw. in die beiden vom Rahmen begrenzten Bereiche. Je nachdem, wie lange bei der Deplasmolyse-Simulation geschüttelt wird, ist kein Platz mehr im inneren Folienrechteck.

IX Auswertung

Das Simulationsexperiment zeigt, dass jeweils nur die relativ kleineren Wassermoleküle gemäß dem durch die hypertonische Lösung (Plasmolyse) bzw. hypotonische Lösung (Deplasmolyse) hervorgerufenen Konzentrationsgefälle folgend die selektiv durchlässigen Membranen (Plasmalemma, Tonoplast) passieren können und dadurch eine Volumenabnahme bzw. -zunahme in Plasma und Vakuole erfolgt. Die Zellwand ist dagegen omnipermeabel. Das wird dadurch verdeutlicht, dass durch die Aussparungen beide Perlentypen rollen können. Wenn im Plasmaschlauch kein Platz mehr für weitere Wassermoleküle ist, ist die Zelle turgeszent, denn der Gegendruck der Zellwand steht einem weiteren Wassereinstrom entgegen.

X Analogisierung

Versuchselemente	Realität
• Holzrahmen mit Aussparungen	• vollständig permeable Zellwand
• gelochter und verschlossener langer Folienstreifen	• selektiv permeables Plasmalemma
• Innenbereich des langen Streifens	• Cytoplasma/Protoplast
• gelochter und verschlossener kurzer Folienstreifen	• selektiv permeabler Tonoplast
• Innenbereich des kurzen Streifens	• Vakuole
• große Holzperlen	• gelöste Teilchen
• kleine Holzperlen	• Wassermoleküle
• viele große Perlen und wenige kleine außen, innen umgekehrt	• hypertonisches Medium
• viele kleine Perlen und wenige große außen, innen umgekehrt	• hypotonisches Medium
• Schale, in die das Modell gelegt wird	• angrenzende Zellen
• Schütteln	• Brown'sche Molekularbewegung
• maximal gefülltes Folienrechteck	• Zellwandgegendruck verhindert ein weiteres Einströmen von Wassermolekülen, Turgeszenz der Zelle

XI Kritik

Veranschaulichung durch den Modellversuch	Grenzen des Modellversuchs
• Anordnung von Zellwand, Plasma/Protoplast und Vakuole in einer Pflanzenzelle	• Molekülformen und -größen
• Funktionsweise selektiv durchlässiger Membranen	• kein Zusammenziehen von Membranen
• Membranen nur für Wassermoleküle durchlässig	• Membranen ohne Verschlussstellen
• Funktionsweise einer vollständig permeablen Zellwand	• manuelle Verkleinerung der Vakuole und des Plasmabereichs
• Stofftransport nur in Richtung der höher konzentrierten Lösung	• willkürliche Größe und Anordnung der Durchlassstellen
• Volumenzunahme bzw. -abnahme im Protoplasten und der Vakuole	• keine eigenständige Teilchenbewegung
• Wirkung einer hypertonischen und hypotonischen Lösung auf eine Pflanzenzelle	• insgesamt zu starres System
• Gegendruck der Zellwand/Turgeszenz	
• Einbettung einer Zelle in ein Gewebe	
• Brownsche Molekularbewegung, Diffusion, Osmose	

Tipp für den Unterricht

Wenn die Schale, in die der Rahmen gelegt wird, durchsichtig ist, kann die Simulation über den Arbeitsprojektor erfolgen.

Bau und Leistungen des menschlichen Körpers
4 Zwerchfellatmung

Arbeitsmaterial

Ein erwachsener Mensch atmet durchschnittlich 15-mal pro Minute, das sind an einem Tag rund 20.000 Atemzüge. Der für die Atmung wichtigste Muskel ist das Zwerchfell, das die Bauch- von der Brusthöhle trennt. Das Zwerchfell ist eine 3 bis 5 mm dicke, kuppelförmige Platte, die aus Muskeln und Sehnen besteht.
Die Zwerchfellatmung spielt zum Abbau von Stress und Panikattacken, z. B. vor Prüfungen und Klassenarbeiten eine große Rolle.

Aufgaben

Alle Aufgaben werden in Partnerarbeit durchgeführt.

1. Stelle dich gerade hin und lege beide Hände in Höhe des Bauchnabels auf den Bauch. Atme zunächst entspannt 4-mal ein und aus. Atme nun tief aus und „schnuppere" danach die Luft in kleinen Zügen wieder ein. Was fühlst du? Beobachte deine Hände auf dem Bauch. Dein Partner hat die Aufgabe, deine Atembewegungen während der Zwerchfellatmung zu beobachten. Wiederhole diese Atemübung zweimal und wechselt euch danach ab.
2. Beschreibt anhand der Abbildungen 1a und 2a und euren Beobachtungen aus Aufgabe 1 die Veränderungen des Brustkorbs und die Form des Zwerchfells beim Ein- und Ausatmen.
3. Für die Veranschaulichung der Zwerchfellatmung mithilfe eines Modellexperiments stehen euch folgende Versuchselemente zur Verfügung: Zwei Luftballons, ein Laborhandschuh, ein kurzes Schlauchstück, zwei abknickbare Strohhalme und eine Plastikflasche. Als Hilfsmaterialien erhaltet ihr Tesafilm, eine Schere, Paketklebeband und Knetgummi.
   Stellt in einer Tabelle die Versuchselemente den zugehörigen Atmungsorganen gegenüber.
4. Plant nun Versuchsaufbau und Durchführung.
   Stellt Hypothesen auf, welche Beobachtungen zu erwarten sind und begründet es euch gegenseitig.
5. Führt die Modellexperimente durch und zeichnet eure Beobachtungen in die Abbildungen 2a und 2b ein.
6. Gebt mittels eines Fließdiagramms die Vorgänge an, wie es zum Einstrom der Atemluft in den Bauchraum kommt. Beginnt mit der Anspannung der Zwerchfellmuskulatur. Erstellt dann das entsprechende Fließdiagramm für den Prozess des Ausatmens.
7. Gebt Ratschläge zur richtigen Atemtechnik, mit deren Hilfe Stresssituationen und Angst minimiert werden können. Begründet eure Aussagen.

Bau und Leistungen des menschlichen Körpers
4 Zwerchfellatmung

Zwerchfellatmung: Einatmen

Abbildung 1a:

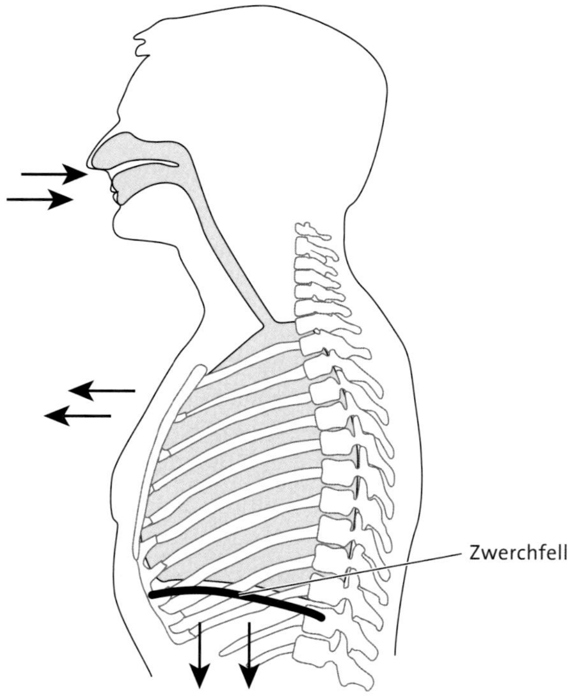

Abbildung 1b: Modellexperiment

Aufbau und Versuchsdurchführung

Zwerchfellatmung: Ausatmen

Abbildung 2a:

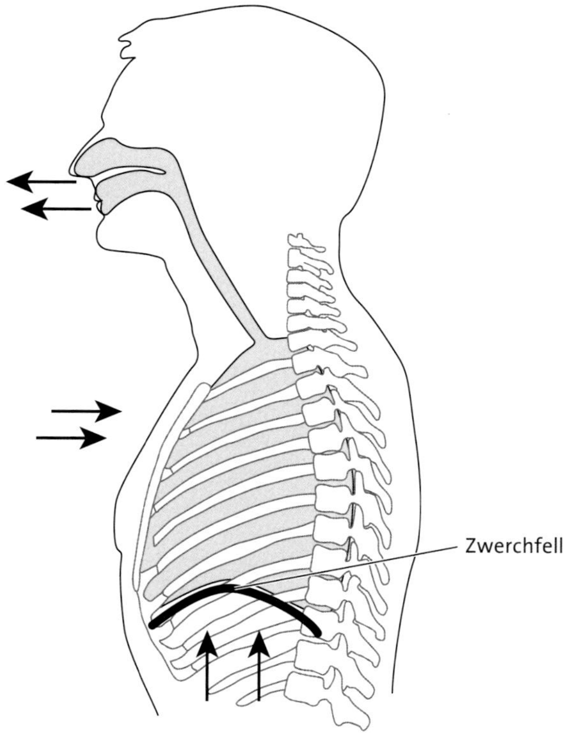

Abbildung 2b: Modellexperiment

Aufbau und Versuchsdurchführung

I Lernvoraussetzungen

- Übersicht der Atmungsorgane
- Weg der Atemluft
- Bau und Funktion der Lunge
- Brustatmung

II Erwartete Leistungen

1. Durch diese Atembewegung wölbt sich der Bauch ruckweise nach vorne, die Hände werden dabei nach vorne bewegt. Man spürt die Bewegungen des Zwerchfells.
2. Einatmen: Abflachen des Zwerchfells führt zur Vergrößerung des Brustkorbs: Luft strömt ein.
Ausatmen: Zwerchfell nimmt eine Kuppelform ein, Brustraum verkleinert sich: Luft wird abgegeben.
3.

Versuchselemente	Atmungsorgane
• Schlauchstück • 2 abknickbare Strohhalme • 2 Luftballons • Laborhandschuh • aufgeschnittener Flaschenhals einer Plastikflasche	• Luftröhre • Verzweigung in die beiden Hauptbronchien • rechter und linker Lungenflügel • Zwerchfell • Brustkorb

4. Hypothesen: Zieht man an dem Laborhandschuh, so vergrößert sich der Innenraum in der Plastikflasche. Dadurch entsteht ein Unterdruck und die Luftballons füllen sich mit Luft. Drückt man den Handschuh nach innen, so verkleinert sich das Volumen in der Flasche. Der entstehende Überdruck führt zum Entleeren der Luftballons.
5. Abbildung 1b Abbildung 2b

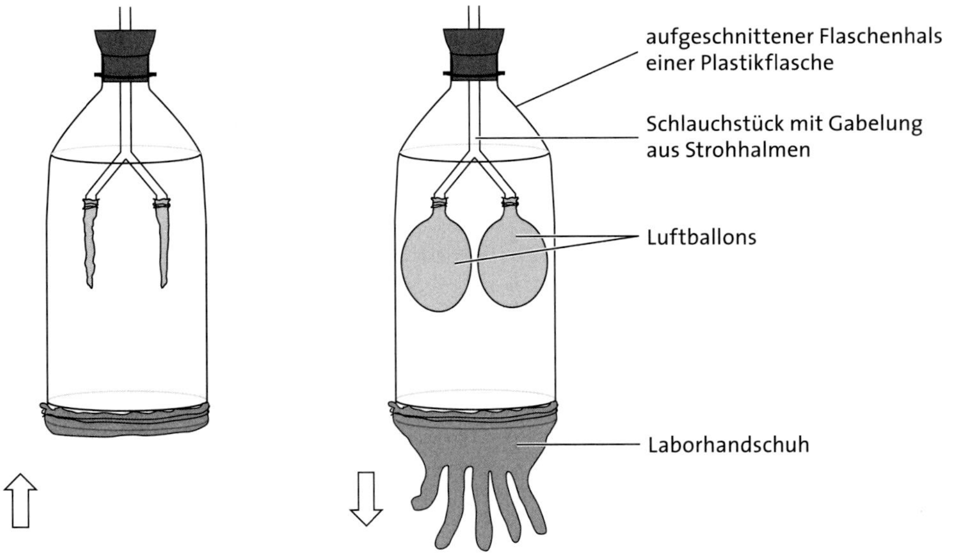

6. Einatmung

Anspannung der Zwerchfellmuskulatur
↓
Abflachung des Zwerchfells: Vorwölbung des Bauches
↓
Vergrößerung des Brustraums
↓
Verringerung des Drucks im Vergleich zum Luftdruck unseres Körpers: Unterdruck entsteht
↓
Ausdehnung der Lungenflügel: Ansaugen der Luft

Ausatmung

Entspannung des Zwerchfells/Kontraktion der Bauchmuskeln
↓
Kuppelförmige Wölbung des Zwerchfells: Einziehen des Bauches
↓
Verkleinerung des Brustraums
↓
Erhöhung des Drucks im Vergleich zum Luftdruck unseres Körpers: Überdruck entsteht
↓
Zusammenpressen der Lungenflügel: Abgabe der Luft

7. Mögliche Ratschläge:
– **Immer durch die Nase atmen**/Begründung:
Reinigung der Luft durch Ausfiltern von Staub- und Fremdpartikeln durch die Flimmerhärchen, Erwärmen der Atemluft auf ca. 35 °C, Anfeuchten der Atemluft
– **Aufrecht sitzen und gehen**/Begründung:
Optimale Ausdehnung der Lungenflügel, durch die aufrechte Körperhaltung wird ein Luftstau im oberen Brustkorb verhindert und eine stärkere Versorgung der Lungenflügel, besonders in den tieferen Bereichen, mit Sauerstoff erreicht
– **Atme in Stresssituationen tief in den Bauch und atme kräftig aus**/Begründung:
Entspannung des Körpers: Herzschlagfrequenz erniedrigt sich, bessere Durchblutung der Organe, optimale Sauerstoffversorgung des gesamten Organismus

Anleitung zum Modellexperiment

III Einsatzmöglichkeiten

Der Einsatz des Modellexperiments zur Arbeitsweise des Zwerchfells bietet sich nach der Erarbeitung der Brustatmung an. Die Hinführung zum Modellexperiment erfolgt über die Sensibilisierung der Schülerinnen und Schüler für die Zwerchfellatmung. Die Wahrnehmung der Veränderungen im Brustkorb sowie der Bewegungen des Bauches am eigenen Körper weckt das Interesse, sich mit dem Thema vertiefend auseinanderzusetzen. Das partnerschaftliche Planen des Experiments, das Aufstellen von Hypothesen und das gemeinsame Diskutieren hinsichtlich Analogisierung und Modellkritik fördern die Kommunikation der Schüler/-innen untereinander und steigern ihre Fähigkeiten in den Kompetenzbereichen „Bewerten", „Kommunikation" und „Erkenntnisgewinnung".
Das eingesetzte Modell hat den Vorteil, dass es sich ohne großen apparativen Aufwand zusammenbauen lässt und daher von den Schüler/-innen in Partnerarbeit problemlos durchgeführt werden kann.
Die sich anschließende Modellkritik nimmt hier einen hohen Stellenwert ein, da durch die Einfachheit des Modells der Transfer auf die anatomischen Grundlagen zu Bau und Funktion der Lunge in der Realität nur ansatzweise möglich ist.

IV Thema des Modellexperiments

Zwerchfellatmung

V Vorbereitungszeit

ca. 10 Minuten

VI Material und Geräte

- durchsichtige Plastikflasche (1,5 l) mit weiter Öffnung
- 2 Luftballons
- ca. 6 cm langes Schlauchstück mit möglichst großem Durchmesser (5 mm)

- Laborhandschuh
- transparentes Paketklebeband
- Tesafilm
- Knetgummi
- Schere
- 2 abknickbare Strohhalmstücke, insgesamt 8 cm Gesamtlänge mit Knickvorrichtung in der Mitte der Halme

VII Durchführung

Man schneidet mit der Schere eine 1,5-l-Plastikflasche in der Mitte durch und stülpt einen Laborhandschuh 5 cm hoch über den offenen Flaschenboden. Der Rand des Handschuhs wird mit Paketklebeband fest an der Plastikflasche fixiert. In das Schlauchstück steckt man die beiden abknickbaren Strohhalme ca. 3 cm tief, stülpt über die herausragenden Strohhalmstücke jeweils einen Luftballon und befestigt diesen mit Tesafilm fest an den Strohhalmstücken. Das Schlauchstück wird anschließend so in den Flaschenhals gesteckt, dass es ungefähr 3 cm über den Flaschenhalsrand hinausragt. Dieser wird mit Knetgummi luftdicht verschlossen.

VIII Beobachtung

Einatmen:

Ausatmen:

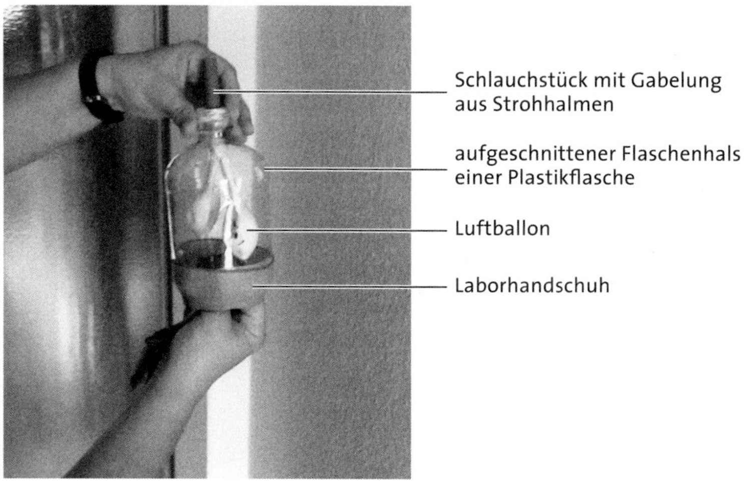

Zieht man den Laborhandschuh am Boden der Flasche nach unten, füllen sich die Luftballons im Inneren der Flasche. Drückt man den Handschuh leicht nach innen, so erschlaffen sie.

IX Auswertung

Siehe Erwartete Leistungen, Aufgabe 6.

X Analogisierung

Siehe Erwartete Leistungen, Aufgabe 3.

XI Kritik *(Teil 1)*

Veranschaulichung durch den Modellversuch	Grenzen des Modellversuchs
• Passivität der Lungenflügel, keine selbstständige Füllung und Entleerung der Lungenflügel • Kuppelförmige Wölbung des Zwerchfells nach oben führt zur Verkleinerung des Brustraums: Ausatmung/ Verkleinerung der Lungenflügelvolumina	• Anliegen der Lungenflügel an der Brustkorbwand fehlt • Anspannung der Zwerchfellmuskulatur führt in der Realität zur Abflachung des Zwerchfells, dadurch Vergrößerung des Brustraums in Längsrichtung:

Kritik *(Teil 2)*

Veranschaulichung durch den Modellversuch	Grenzen des Modellversuchs
• Anspannen des Zwerchfells führt zur Vergrößerung des Brustraums: Einatmung/Vergrößerung der Lungenflügelvolumina	Im Modell wird der Prozess des Einatmens durch das Ziehen an dem Handschuh eingeleitet: Dehnung des Zwerchfells in Richtung Bauchraum • Beim Ausatmen findet keine aktive Muskelanspannung des Zwerchfells statt: Kuppelform des Zwerchfells entsteht durch die Kontraktion der Bauchmuskeln, die die Eingeweide gegen das Zwerchfell drücken: Im Modell läuft das Ausatmen ohne Gegenspieler ab • Elastizität des Brustkorbs fehlt • Vorwölbung des Bauches beim Einatmen durch Verlagerung der Eingeweide nach unten fehlt

Tipps für den Unterricht

- Falls in der Sammlung eine Donder'sche Glocke vorhanden ist, lässt sich die Öffnung einfach und schnell mit Einmachhaut verschließen. Als Ziehvorrichtung befestigt man z. B. ein kleines Stück Schlauch mit Tesafilm in die Mitte der Folie.
- Lassen Sie von den Schülern Redewendungen zum Thema „Atmung“ sammeln, z. B.:
  - Wir halten vor Schreck den Atem an.
  - Wir sind völlig aus der Puste.
  - Wir hecheln von Termin zu Termin.
  - Wir finden eine Person atemberaubend.
  - „Bauch rein – Bauch raus“.

Diese Redewendungen – im biologischen Kontext betrachtet – können entweder als Einstieg oder am Ende der Unterrichtseinheit zur Sicherung eingesetzt werden.

Bau und Leistungen von Wirbeltieren
5 Funktion der Schwimmblase

Arbeitsmaterial

Innerer Bau eines Fisches

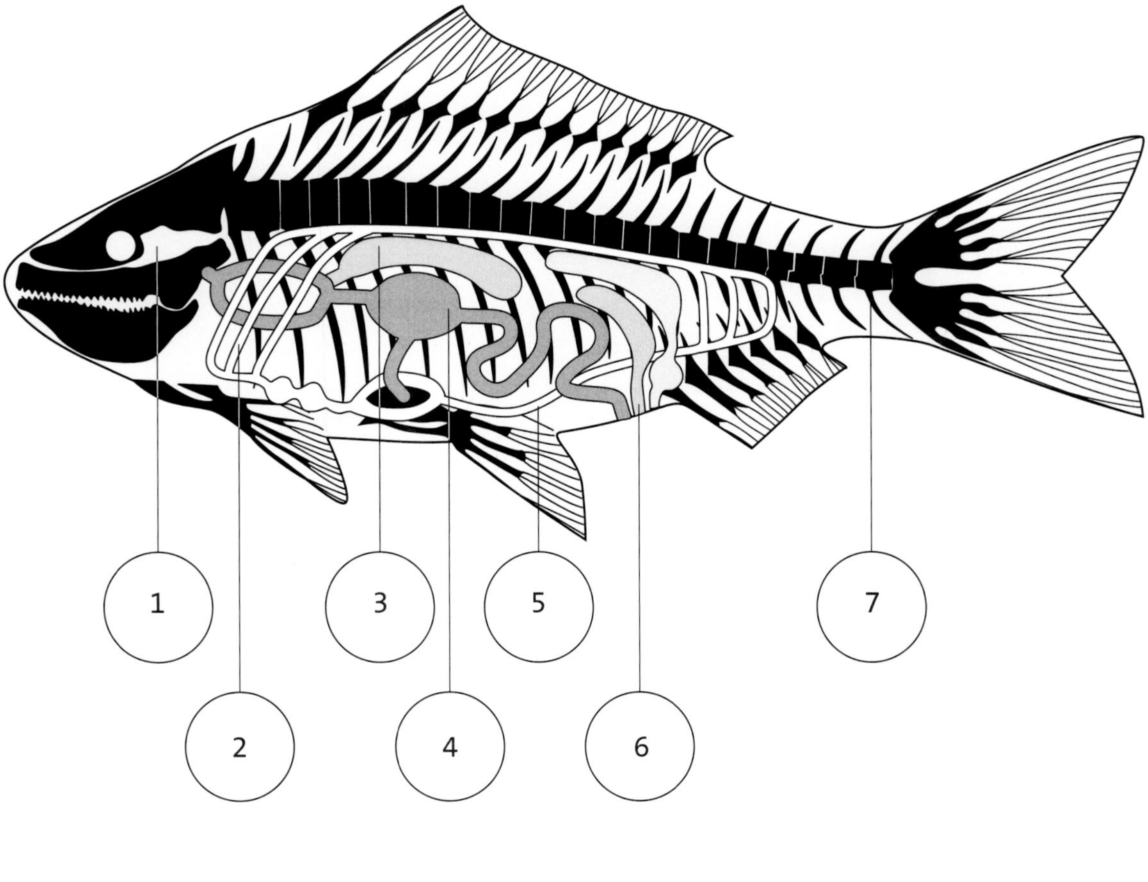

Bau und Leistungen von Wirbeltieren
5 Funktion der Schwimmblase

Die meisten Fische besitzen eine Schwimmblase, die es ihnen ermöglicht, einerseits im Wasser zu schweben, ohne aktiv schwimmen zu müssen, und andererseits ab- und auftauchen zu können.

1. Ordne den Ziffern in der Zeichnung des Längsschnittes entsprechende Begriffe zu.
2. Baut in kleinen Gruppen das Modell für die Funktion der Schwimmblase zusammen. Zur Verfügung stehen eine Wanne, eine Plastikflasche, ein Plastikschlauch, ein Luftballon, ein Gummiring und ein kurzer Strohhalm als Mundstück. Nach Fertigstellung eures Aufbaus bläst einer von euch langsam Luft durch den Schlauch in den Luftballon und lässt sie anschließend wieder ab. Variiert die Luftzufuhr danach so, dass die Flasche in der Schwebe bleibt.
3. Notiert eure Beobachtungen und deutet sie. Benutzt hierfür die Begriffe Auftrieb, Dichte der mit Luft gefüllten Flasche und Dichte des Wassers.
4. Leitet anhand eurer Beobachtungen aus dem Modellexperiment ab, wie die Fische den Schwebezustand erreichen und wie sie sich auf- und abwärts bewegen.
5. Stellt in einer Tabelle die Versuchselemente (dazu gehört auch die jeweilige Größe des Luftballons) der Realität gegenüber.
6. Erklärt, was gut mit dem Modellexperiment veranschaulicht wird und zeigt, wo die Grenzen des Modells liegen.
7. Aus einer Zeitschrift wurden folgende Informationen entnommen:
- Haie haben keine Schwimmblase. Sie führen im Wasser ständig Schwimmbewegungen aus.
- Der Riesenhai wurde wegen seines Fleisches und wegen seines hohen Ölanteils in der großen Leber (gewonnener Extrakt: Lebertran) gejagt. Dieses Organ macht ca. 25 % seines Körpergewichtes aus.

Diskutiert in eurer Gruppe darüber, warum Hochseehaie ständig schwimmen und findet den Zusammenhang zwischen den beiden Aussagen.

I Lernvoraussetzungen

- Körperbau eines Knochenfisches
- Funktion der einzelnen Körperteile
- Fortbewegung der Fische
- Dichte von verschiedenen Körpern, Dichte als Verhältnis von Masse/Volumen, Druckverhältnisse in verschiedenen Wassertiefen

II Erwartete Leistungen

1. 1 Gehirn, 2 Kiemen, 3 Schwimmblase, 4 Verdauungssystem, 5 Kreislaufsystem, 6 Geschlechtsorgan, 7 Wirbelsäule
2. Siehe Bau und Durchführung des Modellversuchs.
3. Ob ein Körper im Wasser schwimmt, schwebt oder absinkt, hängt von seiner Dichte ab. Ist die Dichte der Flasche gleich groß wie die Dichte des Wassers, verharrt die Flasche in der Schwebe. Beim Absinken der Flasche zum Boden steigt der Wasserdruck auf die Flasche, das Volumen des Luftballons nimmt ab und die Dichte steigt: Der Auftrieb verringert sich.
Bei Zugabe von Luft in den Luftballon vergrößert sich das Volumen des Ballons, die Dichte der Flasche verringert sich und der Auftrieb nimmt zu.
4.

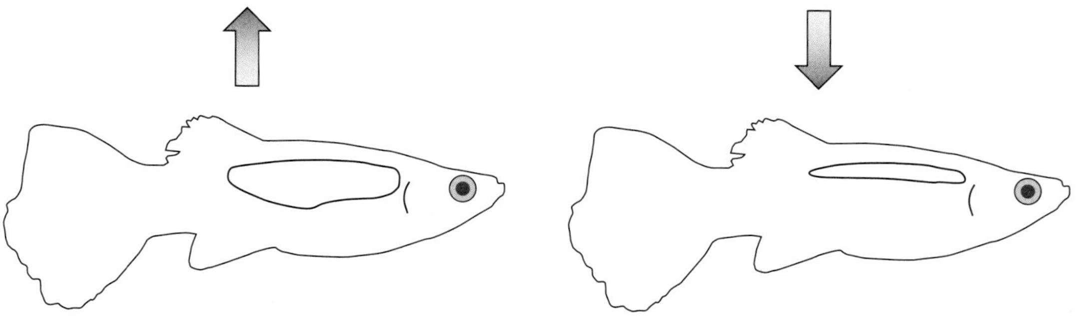

- Wasserdruck sinkt
- Aufnahme von Sauerstoff in die Schwimmblase
- Volumenzunahme der Schwimmblase
- Dichte des Fisches < Dichte des Wassers

- Wasserdruck steigt
- Abgabe von Sauerstoff aus der Schwimmblase
- Volumenabnahme der Schwimmblase
- Dichte des Fisches > Dichte des Wassers

Die Schüler/-innen werden schnell an die Grenzen des Modells stoßen, da sie nach der Herkunft und nach der Zusammensetzung der „Luft" fragen werden. Im Sinne der didaktischen Reduktion bietet sich hier die Fokussierung auf den in der Schwimmblase hauptsächlich vorkommenden Sauerstoff an.

5.

Versuchselemente	**Realität**
• Luftballon • mit Luft gefüllter Luftballon • entleerter Luftballon	• Schwimmblase • mit Sauerstoff gefüllte Schwimmblase • geringer Sauerstoffanteil in der Schwimmblase
• Plastikflasche	• Fischkörper
• Wanne	• Lebensraum
• Schlauch	• Leitung zur Füllung und Entleerung der Schwimmblase

6.
Vorteile:
– leichte Durchführung des Modellexperiments
– Funktionsweise der Schwimmblase kann gut nachvollzogen werden: Schwebezustand und Auf- und Abwärtsbewegungen der Fische lassen sich aus dem Modell problemlos erschließen

Nachteile:
– jegliche Abläufe im Zusammenspiel mit den anderen Organen im Körper des Fisches fehlen
– Durch welche Vorgänge gelangt der Sauerstoff in die Schwimmblase?
– Welche Organe leiten den Sauerstoff in die Schwimmblase?
– Gibt es neben Sauerstoff noch andere Gase, die in die Schwimmblase gelangen und wieder abgegeben werden?
– Wie gelangt das Gas wieder aus der Schwimmblase heraus?
– Welche Rolle spielt die Wassertiefe, in der der Fisch lebt?
– unrealistische Darstellung der Körperform des Fisches

7. Hochseehaie haben keine Schwimmblase, sodass sie ständig in Bewegung bleiben müssen, um nicht abzusinken. Ihre große Leber, die sehr viel Öl enthält (gewonnener Extrakt: Lebertran), und die im Vergleich zu Knochen wesentlich leichteren Knorpel wirken auftriebsfördernd. Die ständige Bewegung der Hochseehaie verbraucht sehr viel Energie, die durch einen hohen Nahrungsbedarf gedeckt werden muss.

Anleitung zum Modellexperiment

III Einsatzmöglichkeiten

Nach der Erarbeitung des inneren Aufbaus eines Knochenfisches kann zur Klärung der Arbeitsweise der Schwimmblase das Modellexperiment durchgeführt werden.
Die Hinführung zur Funktionsweise der Schwimmblase erfolgt über das Phänomen, dass Fische im Wasser schweben und aktiv ab- und auftauchen können. Durch das Modellexperiment wird deutlich, dass durch Füllen und Ablassen von Gas die Dichte des Fisches an die des Wassers in der entsprechenden Tiefe angepasst wird (Aufgaben 2 und 3). Das eigenständige Arbeiten in kleinen Schülergruppen und die Übertragung der Beobachtungen auf die Funktionsweise der Schwimmblase fördern die Kompetenzen *Fachwissen, Erkenntnisgewinnung* und *Kommunikation.* Durch das Zusammenbauen des Funktionsmodells verbessern die Schüler/-innen auch gleichzeitig ihre manuellen Fähigkeiten.
Weiterführende Experimente zur Änderung der Dichte im Wasser, z. B. das Auf- und Abtauchen des „kartesischen Tauchers", bieten sich an und können von den Schüler/-innen selbstständig geplant und durchgeführt werden.
Die Fähigkeit zur Modellkritik (Aufgabe 6) wird durch die Analogisierung in Aufgabe 5 vorbereitet. Gemeinsames Aufstellen und Diskutieren von Hypothesen in Aufgabe 7 fördern die Kommunikation innerhalb einer Gruppe und bieten den Schülerinnen und Schülern Raum, sich gegenseitig bei der Lösungsfindung zu unterstützen.

IV Thema des Modellexperiments

Funktion der Schwimmblase

V Vorbereitungszeit

10 Minuten

VI Material und Geräte

- je nach Verfügbarkeit: pneumatische Wanne, große Glasschale oder Wanne
- durchsichtige Plastikflasche (0,3 l) mit enger Öffnung
- Luftballon
- Schlauchstück, ca. 1 m lang
- Gummiring oder Parafilm
- kurzes Strohhalmstück, ca. 8 cm (Mundstück für den Schlauch)

VII Durchführung

An das Ende des Schlauchstückes wird mithilfe des Gummirings ein Luftballon befestigt. Das andere Teil des Schlauches wird mit einem kurzen Strohhalm versehen. Auf den Boden der Wanne, die ca. zu 80 % mit Wasser gefüllt ist, legt man eine Plastikflasche, in die der Luftballon gesteckt wird. Langsam wird Luft in den Luftballon geblasen und der Effekt, der sich daraus ergibt, beobachtet. Anschließend wird etwas Luft abgelassen. Die Luftzufuhr wird so lange variiert, bis die Plastikflasche in der Mitte der Wanne schwebt.

Auftauchen:

Abtauchen:

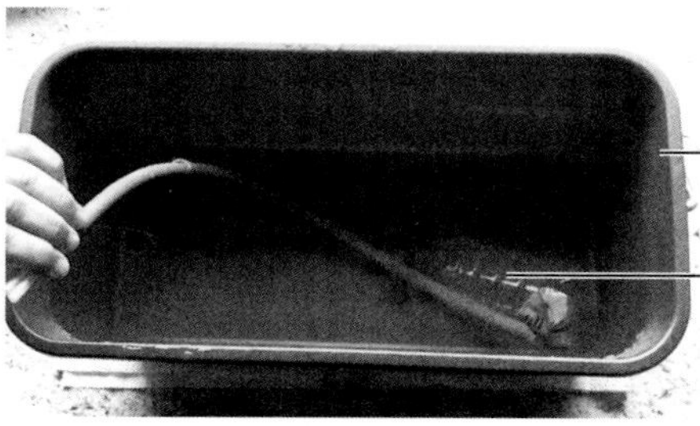

VIII Beobachtung

Nach dem Hineinblasen von Luft füllt sich der Luftballon und die Plastikflasche steigt nach oben. Beim Ablassen von Luft sinkt die Flasche auf den Boden. Für das Erreichen des Schwebezustandes muss ständig die zuführende bzw. die verminderte Luftmenge austariert werden.

IX Analogisierung

Siehe Erwartete Leistungen, Aufgabe 5.

Versuchselemente	Realität
• Luftballon/Volumenänderung • Plastikflasche • pneumatische Wanne	• Schwimmblase/Füllen und Entleeren • Körper des Fisches • Lebensraum des Fisches

X Kritik

Veranschaulichung durch den Modellversuch	Grenzen des Modellversuchs
• Füllung und Entleerung der Schwimmblase durch Regulation der Luftmenge: Veranschaulichung der Auf- und Abwärtsbewegung der Fische • Darstellung des Schwebezustands durch Austarieren der Luftmenge	Zur exakten Erfassung der Funktionsweise der Schwimmblase • fehlt die Aufnahme von Gasen über den Darm oder über Gasabscheidungen aus dem Blut. • fehlt die Resorption von Gasen aus der Schwimmblase ins Blut. • fehlt der Einfluss der Wassertiefe auf die unterschiedlichen Abläufe zur Füllung und Entleerung der Schwimmblase. • fehlt die Zusammensetzung des Gasgemisches.

Tipps für den Unterricht

- Die Bedeutung eines großen Organs mit einem hohen Auftriebsfaktor, wie die große Leber mit dem hohen Ölanteil bei Haien, kann sehr einfach von den Schüler/-innen erfasst werden, indem sie versuchen, zwei oder drei Luftkissen (Verpackungsmaterial) unter Wasser zu drücken.
- Zur Vertiefung und Erweiterung des Fachwissens kann man die einzelnen Phasen des Tauchgangs bei einem Gerätetaucher erarbeiten und diese mithilfe des Modellexperiments erklären lassen.

Stoffwechselbiologie
6 Biologiegeschichte: Anfänge der Fotosyntheseforschung

Arbeitsmaterial

Häufig lassen sich biologische Abläufe nicht direkt beobachten, sondern können nur aufgeklärt werden, wenn man ihre Produkte identifiziert. Dazu werden Indikatoren (Lebewesen als Zeigerorganismen oder sich typisch verändernde chemische Stoffe) verwendet. Die Fotosynthese ist ein solcher Ablauf, dessen Erforschung in den Anfängen viele Umwege erforderte.

Der Engländer *Joseph Priestley* (1733–1804) gehört zu den bekanntesten Fotosyntheseforschern. Ihn interessierten vor allem Fragen rund um das Thema „Gase". In Benjamin Franklin, ebenfalls Naturforscher und amerikanischer Staatsmann, fand er einen aufgeschlossenen Gesprächspartner. Am 1. Juli 1772 schrieb Joseph Priestley ihm folgenden Brief:

„Ich habe mich gänzlich davon überzeugt, dass Luft, die durch Atmung in höchstem Grade schädlich geworden ist, durch Minzezweige, die darin wachsen, wiederhergestellt wird.

Sie erinnern sich vielleicht noch an den gedeihlichen Zustand, in welchem Sie eine meiner Pflanzen sahen. Am Samstag, nachdem sie gegangen waren, brachte ich eine Maus in den Luftraum, in dem die Pflanze wuchs. Das war sieben Tage, nachdem diese hier hineingebracht worden war. Die Maus hielt es hier ohne das geringste Anzeichen von Unbehagen fünf Minuten aus und war ausgesprochen stark und lebhaft, als sie herausgeholt wurde.

Dagegen starb eine Maus, die nicht einmal zwei Sekunden in einem anderen Teil der ursprünglichen Luftmenge verbracht hatte, welcher an derselben Stelle gestanden war, aber ohne Pflanzen darin. [...]"

Die Abbildung zeigt eine Versuchsreihe Priestleys, die der im Brief beschriebenen 1771 als Vorversuch vorangegangen war.

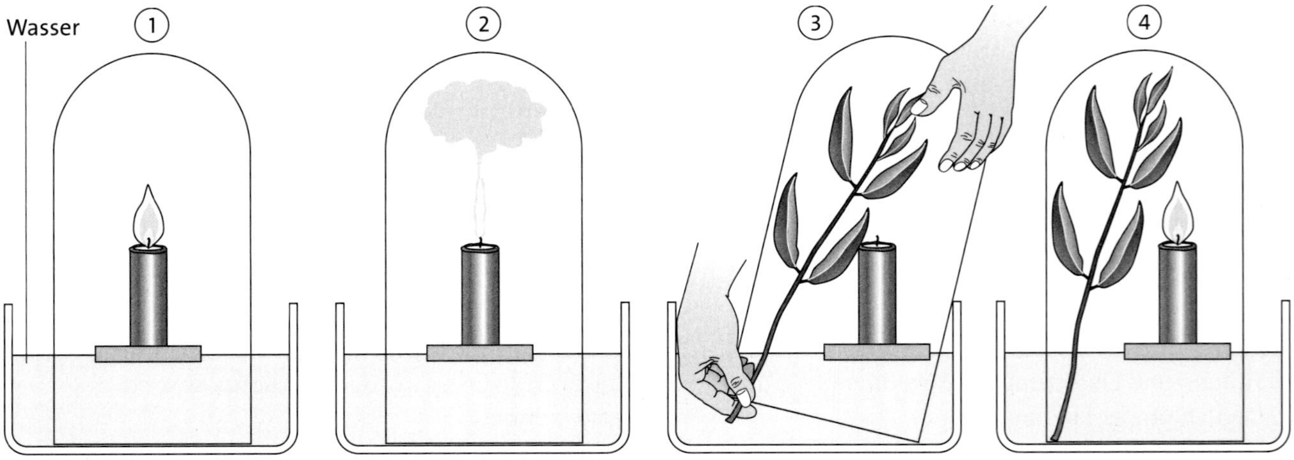

Stoffwechselbiologie
6 Biologiegeschichte: Anfänge der Fotosyntheseforschung

Aufgaben

1. Schreibe Priestleys Brief an Benjamin Franklin so um, dass er den dir bekannten Hintergrund in der richtigen Fachsprache wiedergibt und benenne das von Priestley nachgewiesene Gas.
2. Beschreibe die Vorversuche (Abb.) und ändere sie so ab, dass sie Priestleys Beschreibung im Brief wiedergeben.
3. Mit einem einfachen Modellversuch kannst du Sauerstoff nachweisen. Dazu benötigst du 50 g frisches Rinderhackfleisch, eine grüne Pflanze, 2 Petrischalen, eine davon mit Deckel, ein Glasbecken, das über die Pflanze passt, und eine Labor- oder Küchenwaage.
   Gib je 25 g Hackfleisch in eine Petrischale und decke eine davon ab. Die Zweite stellst du unabgedeckt zusammen mit der Pflanze unter das Glasbecken. Der Modellversuch läuft bei Tageslicht ab. Protokolliere die Farbe des Hackfleisches zu Beginn nach 30 und nach 60 Minuten.
   Stelle zunächst heraus, welche Bedeutung dem Rinderhackfleisch im Modellexperiment zukommt und versuche anschließend deine Beobachtung zu erklären. (Lösungshinweis: Der rote Muskelfarbstoff (Myoglobin) im Muskelfleisch (auch beim Menschen vorhanden) verliert langsam seine rote Farbe, wenn er Sauerstoff aufnimmt.
4. Fasse die gemeinsamen Erkenntnisse von Priestleys beiden Versuchsreihen und deinem Modellexperiment zusammen und suche die „Schwächen" des Modellexperiments: Wo stimmt es nicht mit Priestleys „Maus-Minzezweig-Versuchen" überein?

6 Biologiegeschichte: Anfänge der Fotosyntheseforschung

I Lernvoraussetzungen

- Sauerstoff als Voraussetzung der Atmung
- Kohlenstoffdioxid als Abfallprodukt der (Zell-)Atmung
- Grundlagen der Fotosynthese
- Myoglobin als roter Muskelfarbstoff (nur informativ)

II Erwartete Leistungen

1. Ich habe in einem Versuch nachgewiesen, dass Luft, die durch Atmung für den Stoffwechsel unbrauchbar wurde, durch darin wachsende Minzezweige so verändert wurde, dass sie wieder für die Atmung genutzt werden konnte. Sie erinnern sich vielleicht noch an den guten Erhaltungszustand (alternativ: Wuchs, das gute Aussehen), in welchem Sie eine meiner Pflanzen sahen. Am Samstag, nachdem Sie gegangen waren, setzte ich eine Maus in das Versuchsgefäß, in dem die Pflanze wuchs. Das war sieben Tage, nachdem ich die Pflanze dort hineingestellt hatte. Die Maus zeigte darin fünf Minuten lang völlig normales Verhalten und war sehr lebhaft, als sie herausgeholt wurde. Dagegen starb eine Maus, die nicht einmal zwei Sekunden der ursprünglichen, veränderten Luft in dem Versuchsgefäß ohne Pflanzen ausgesetzt gewesen war.
Das Gas ist Sauerstoff.

2. In V. 1 schwimmt eine brennende Kerze in einem Wasserbecken, das durch eine Glasglocke abgedeckt wurde. V. 2 zeigt, dass die Kerze verlischt und ein Gas absondert. Im dritten Versuch wird die Glasglocke angehoben und ein beblätterter Zweig neben die erloschene Kerze in das Becken gestellt. In V. 4 brennt die (erneut angezündete) Kerze wieder ganz normal wie im ersten Versuch.
In einer Versuchsreihe, die sich auf die im Brief an *B. Franklin* bezieht, wird die Kerze durch eine lebende Maus ersetzt. Die Minzezweige werden wie im Brief beschrieben verwendet. Nach einer bestimmten Zeit unter der Glasglocke (1) stirbt die Maus (2). Zusammen mit den Minzezweigen (3) überlebt die Maus und die Pflanze gedeiht. (4).

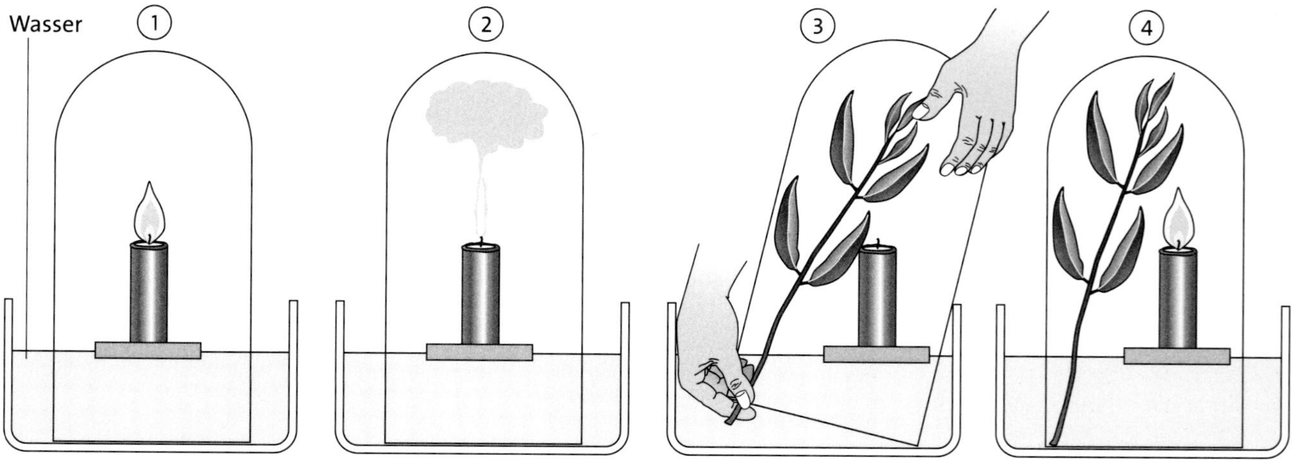

Maus anstatt Kerze — tote Maus — Maus + Minzezweige — Maus bleibt am Leben, Pflanze gedeiht

3. Nach 30 Minuten hat sich Farbe des Hackfleisches, das mit der Pflanze unter der Glasglocke stand, stark verändert: Das Hackfleisch ist nicht mehr rot, sondern blassrot bis gräulich geworden. Die Probe in der abgedeckten Petrischale sieht noch genauso appetitlich aus wie zu Beginn. Nach 60 Minuten ist die gräuliche Farbveränderung bei der Hackfleischprobe mit Pflanze noch intensiver geworden, während die andere ihre Farbe nicht verloren hat. Das Rinderhackfleisch dient als Indikator.
Die Farbveränderung bzw. Entfärbung des Hackfleisches unter der Glaskuppel muss durch den darunter befindlichen Sauerstoff verursacht worden sein, denn bei der Vergleichsprobe gab es so gut wie keinen Sauerstoff, nur den, der von Anfang an in der Petrischalenluft war. Die Probe mit der Pflanze muss also zusätzlich Sauerstoff erhalten haben. Dieser kann nur von der Pflanze stammen, denn bei der Fotosynthese wird Sauerstoff abgegeben. Schließlich lief der Versuch bei Tageslicht ab, somit auch die Fotosynthese.

4. Sowohl Priestleys Versuchsreihen als auch der Modellversuch haben bewiesen, dass grüne Pflanzen bei der Fotosynthese (alternativ: unter Lichteinwirkung) Sauerstoff abgeben.

Priestley verwendete ein atmendes Lebewesen, dessen Vitalität ihm die Anwesenheit von Sauerstoff zeigte. Im Modellversuch wird nur „totes" Fleisch verwendet, dessen Farbveränderung den Sauerstoff anzeigt. Während Priestely mehrere Tage lang beobachtete, ist das Modellexperiment bereits nach 60 Minuten beendet. Falls sich danach noch etwas am Fleisch verändert, wird das nicht mehr berücksichtigt. Es ist nicht klar, ob die im Modellversuch verwendete Pflanze genauso „funktioniert" wie die Minzezweige, denn sie steht in einem Blumentopf, was bei Priestley offensichtlich nicht der Fall war.

Anleitung zum Modellexperiment

III Einsatzmöglichkeiten

Die Aufgaben können im Ganzen oder in mehreren Arbeitsschritten verwendet werden: Nachdem die Originalversuche von Priestley als Einstieg in die Fotosynthese bearbeitet worden sind, schreiben die Schüler/-innen den Brief an B. Franklin um und verändert den Kerzenversuch im Sinne des Briefinhalts. Damit ist eine Progression gegeben. Außerdem setzen sie sich mit einem Originaltext auseinander, der zunächst „aus seiner Zeit heraus" verstanden werden muss. Den Abschluss bildet der einfache, im Ergebnis für die Schüler/-innen verblüffende Modellversuch, der zudem ein Alltagsphänomen als Basis hat, die Vergrauung von Frischfleisch- und Wurstwaren, wenn sie unabgedeckt im Kühlschrank oder der Küche stehenbleiben. Je nach vorangegangenem Unterricht sollte zuvor geklärt werden, dass der rote Muskelfarbstoff in allen Wirbeltiermuskeln vorkommt, seine Rotfärbung bei (reversibler) Sauerstoffaufnahme sukzessive verliert und hier „nur" als Indikator für Sauerstoff dient. (Gegebenenfalls kann dann der Lösungshinweis in Aufgabe 3 entfallen.) Damit ist zugleich auch eine Brücke geschlagen zwischen der Sauerstoffabhängigkeit heterotropher Lebewesen von den autotrophen Sauerstofflieferanten. Besonders bei diesem Modellexperiment kommt der Modellkritik eine Schlüsselstellung zu, denn die Schüler/-innen sollen im Rahmen einer wissenschaftspropädeutischen Vorgehensweise ihr Hauptaugenmerk auf den Nachweis des Sauerstoffs mittels des *Indikators Myoglobin* richten.

IV Thema des Modellexperiments

Anfänge der Fotosyntheseforschung: Historische Experimente von Joseph Priestley

V Vorbereitungszeit

ca. 5 Minuten

VI Material und Geräte

- 50 g frisches Rinderhackfleisch
- grüne Topfpflanze ab 20 cm Größe
- Glasbecken/kleines Aquarium
- 2 Petrischalen, eine mit Deckel
- Labor- oder Küchenwaage

VII Durchführung

Je 25 g Rinderhackfleisch werden in eine Petrischale gegeben, eine wird abgedeckt und die andere unabgedeckt zusammen mit der Pflanze unter den Glassturz gesetzt. Man lässt den Versuch bei Tageslicht (kein pralles Sonnenlicht!) ablaufen und kontrolliert nach 30 und 60 Minuten die Farbe der Fleischproben.

VIII Beobachtung

Vergleiche die Lösung zu Aufgabe 3.

IX Auswertung

Die Entfärbung des Hackfleisches unter der Glaskuppel ist mit der Oxygenierung des Myoglobins infolge der fotosynthetischen Sauerstoffabgabe der Pflanze zu erklären.

X Analogisierung

Versuchselemente	Realität
• grüne Topfpflanze	• Minzezweig
• Glasbecken	• Glaskuppel
• Rinderhackfleisch in der nicht abgedeckten Petrischale	• Maus zusammen mit der Pflanze
• Hackfleisch in der abgedeckten Petrischale	• Maus in der kohlenstoffdioxidreichen Luft ohne Pflanze
• Entfärbung/Vergrauung des Fleisches	• Maus überlebt mit dem fotosynthetisch erzeugten Sauerstoff
• Beibehaltung der Rotfärbung	• Maus geht in der kohlenstoffdioxidhaltigen Umgebung ein

XI Kritik

Veranschaulichung durch den Modellversuch	Grenzen des Modellversuchs
• Sauerstoffabgabe bei der Fotosynthese	• kein Lebewesen als Indikator für die Sauerstoffabgabe, sondern ein Farbindikator • unklar, ob die Topfpflanze genauso reagiert wie der Minzezweig • keine mengenmäßige Bestimmung des Sauerstoffs möglich • Kohlenstoffdioxidkreislauf nicht berücksichtigt • keine Langzeitbeobachtung, Versuchsdauer nur 60 Minuten

Tipps für den Unterricht

Als ebenso alltagsnaher Indikator für die Sauerstoffabgabe grüner Pflanzen kann ein aufgeschnittener Apfel (am besten Sorte „Gala" mit einem relativ geringen Vitamin-C-Gehalt) verwendet werden, dessen Bräunung an der Schnittstelle als Beleg für die Anwesenheit von Sauerstoff dient. Ein aufgeschnittener Apfel wird für ca. drei Stunden neben eine Pflanze unter eine Glasglocke u. ä. gestellt. Als Vergleichsprobe dient ein frisch aufgeschnittener Gala-Apfel. Vitamin C vermindert die Braunfärbung an der Oberfläche, da es anstelle der Inhaltsstoffe des Apfels mit dem Luftsauerstoff eine Reaktion eingeht, also oxidiert wird. Folglich ist die Bräunung beim Apfel mit der Pflanze stärker als bei der frischenVergleichsprobe.
(Vergleiche dazu: Kähler, H., Hrsg.: Unterrichtspraxis Biologie, Bd. 12 „Mensch und Gesundheit")

Ökologie
7 Der Pinguin und das Gegenstromprinzip

Arbeitsmaterial

Ein Forscherteam fotografierte 2012 Pinguine mit Wärmebildkameras. Die Außentemperaturen betrugen in dem untersuchten Lebensraum der Pinguine –17 bis –20 °C.

Abbildung 1: Umriss eines Pinguins

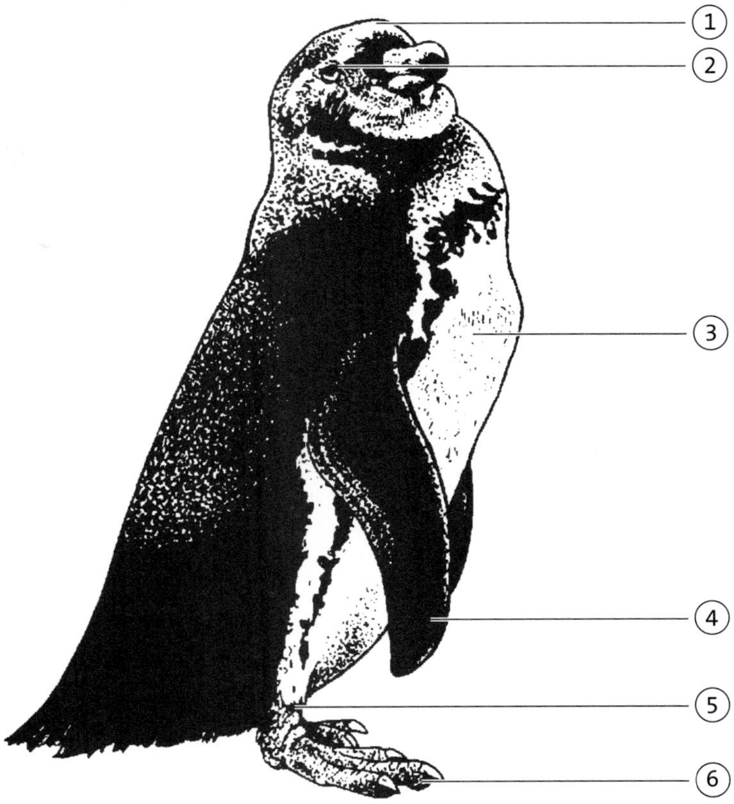

Abbildung 2: Der Pinguinfuß

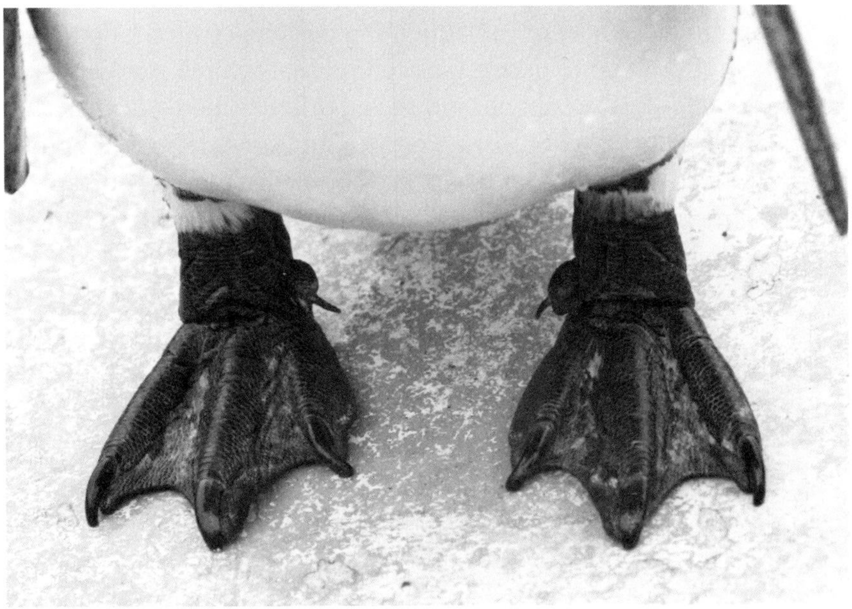

Pinguinfüße besitzen keine Federn und haben direkt unter der Haut Venen, die keinen Kontakt zu den Arterien haben.

Abbildung 3: Das Gegenstromprinzip

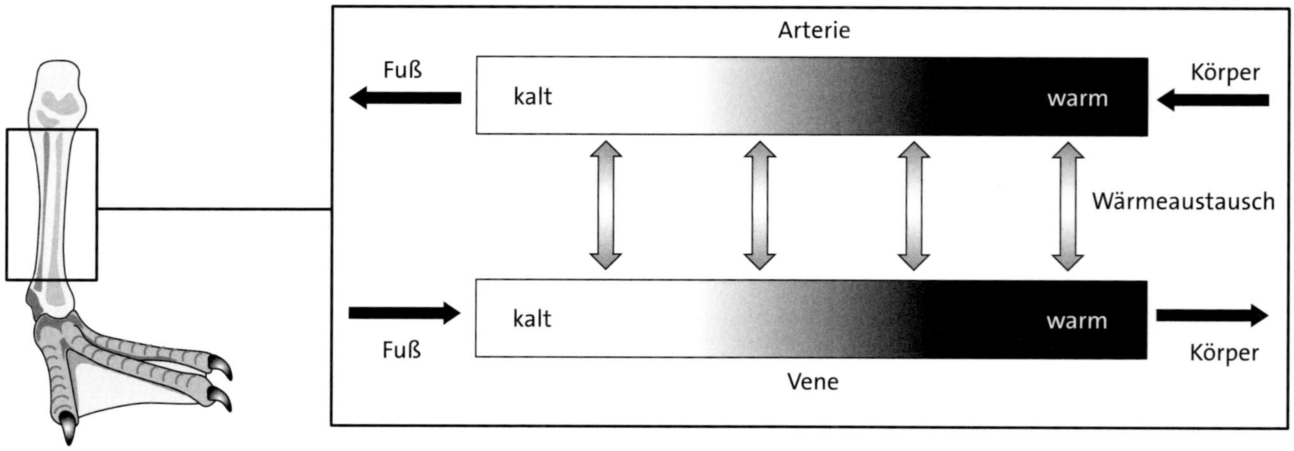

Das Gegenstromprinzip in der Technik beruht darauf, dass zwei Stoffströme in entgegengesetzter Richtung aneinander vorbeifließen. Durch den engen Kontakt ist ein Wärmeaustausch möglich. Die Thermoregulation der Flossen und Füße bei Pinguinen basiert auf diesem Prinzip.

Aufgaben

Die Aufgaben 1 bis 7 werden in Kleingruppen durchgeführt.

1. Ordnet den Ziffern in Abbildung 1 die entsprechenden Oberflächentemperaturen zu und begründet eure Wahl unter dem Aspekt der Wärmeregulation beim Pinguin.
   Es wuden folgende Oberflächentemperaturen gemessen: –9 bis –15 °C; –5 bis –9 °C; –3 °C; –15 °C.
   Information: In einigen Körperregionen herrschen gleiche Oberflächentemperaturen.
2. Stellt aufgrund der Temperatur im Pinguinfuß und der Gestalt des Fußes (siehe Abbildung 2) eine begründete Hypothese bezüglich der theoretisch zu erwartenden Beweglichkeit des Pinguins auf.
3. Erklärt euch gegenseitig mithilfe von Abbildung 3 das Gegenstromprinzip. Erläutert daran die Bedeutung dieses Prinzips für die Angepasstheit der Pinguine an ihren Lebensraum.
4. Eure Aufgabe besteht darin, ein Modellexperiment zur Veranschaulichung des Gegenstromprinzips im Pinguinfuß zu planen und zu entwickeln. Es stehen folgende Geräte und Materialien zur Verfügung: Ein Liebigkühler, zwei Digitalthermometer, vier Bechergläser, zwei Spritzflaschen, warmes Wasser (ca. 50–60 °C), kaltes Wasser, Parafilm und zwei Stopfen. Fertigt eine beschriftete Zeichnung von eurem Versuchsaufbau an, führt das Modellexperiment durch und notiert eure Messergebnisse.
5. Übertragt das Modellexperiment auf die Situation im Pinguinfuß. Analogisiert die Versuchselemente aus Aufgabe 4 mit den Elementen im Pinguinfuß.
6. Erläutert einerseits die Eignung des Modellexperiments bezüglich des Veranschaulichungsgrads und zeigt andererseits die Grenzen des Modells auf.
7. Erklärt die Aufgaben der Hautvenen bei der Thermoregulation. Benutzt dazu Abbildung 3.

I Lernvoraussetzungen

- Regulation der Körpertemperatur bei gleichwarmen Tieren
- Wärmebilder und ihre Interpretation
- Anpassungsstrategien von Tieren an extreme Kälte
- Wärmetransport über die Haut bei gleichwarmen Tieren
- Aufgaben der Arterien und Venen

II Erwartete Leistungen

1. Oberflächentemperatur:
3: Körperform: –9 °C bis –15 °C
1, 4, 5: am Kopf, an den Flossen und an den Füßen: –5 bis –9 °C
2: an der Augenregion: –3 °C
6: an den Fußspitzen: –15 °C bei einer Außentemperatur von –17 bis –20 °C.
Angepasstheit: Das dichte, wasserundurchlässige Federkleid und eine dicke Fettschicht unter der Haut schützen die Pinguine vor Extremkälte. Das dichte Zusammenrücken von Pinguinen ist ein weiterer Mechanismus zur Vermeidung von Wärmeverlusten.
Die wärmste Stelle, die Augenregion, zeigt, dass in diesem Bereich wegen des fehlenden Fettpolsters und Gefieders die geringste Wärmeisolation besteht. Die rasche Wärmeabgabe zur Vermeidung von Überhitzung wird zum einen durch die flügelartig verbreiterten Flossen und zum anderen durch das dünne Gefieder an den Innenseiten der Flossen begünstigt. Die kälteste Region beim Pinguin befindet sich jedoch in den Fußspitzen. Diese besitzen keinen äußeren Wärmeschutz. Die Oberflächentemperatur entspricht dort nahezu dem Wert der gemessenen Außentemperatur.
2. Aufgrund der fehlenden Isolierung durch Fettpolster oder durch Gefieder an den Füßen müsste der Pinguin theoretisch am Eis festfrieren und damit erfrieren. Da der Pinguin aber nicht am Eis festhaftet und sich mithilfe seines pendelnden Ganges fortbewegt, muss es demnach eine spezielle Anpassung geben, die dem Pinguin eine Fortbewegung auf dem Eis ermöglicht.
3. In den Arterien fließt warmes Blut vom Körperkern zu den Extremitäten. Dabei gibt das Blut Wärme an die in unmittelbarer Nachbarschaft liegenden Venen ab, die von den Füßen kommend zum Herzen hin zurückfließt. Durch diesen Wärmeaustausch im Gegenstrom wird das arterielle Blut abgekühlt unter gleichzeitiger Erwärmung des venösen Blutes. Je näher das arterielle Blut zu den Füßen gelangt, desto kälter wird die Temperatur in dem Blut der Arterie.
Dabei erreicht die Temperatur in den Fußspitzen Werte, die so konzipiert sind, dass diese nicht festfrieren, aber auch nicht das Eis auftaut (Temperaturen zwischen ein bis zwei Grad über dem Gefrierpunkt). Aus den Füßen wird somit kaum noch Wärme an den Eisboden abgegeben und der Pinguin minimiert dadurch seinen Energieverlust.
4./5. Versuchsaufbau:

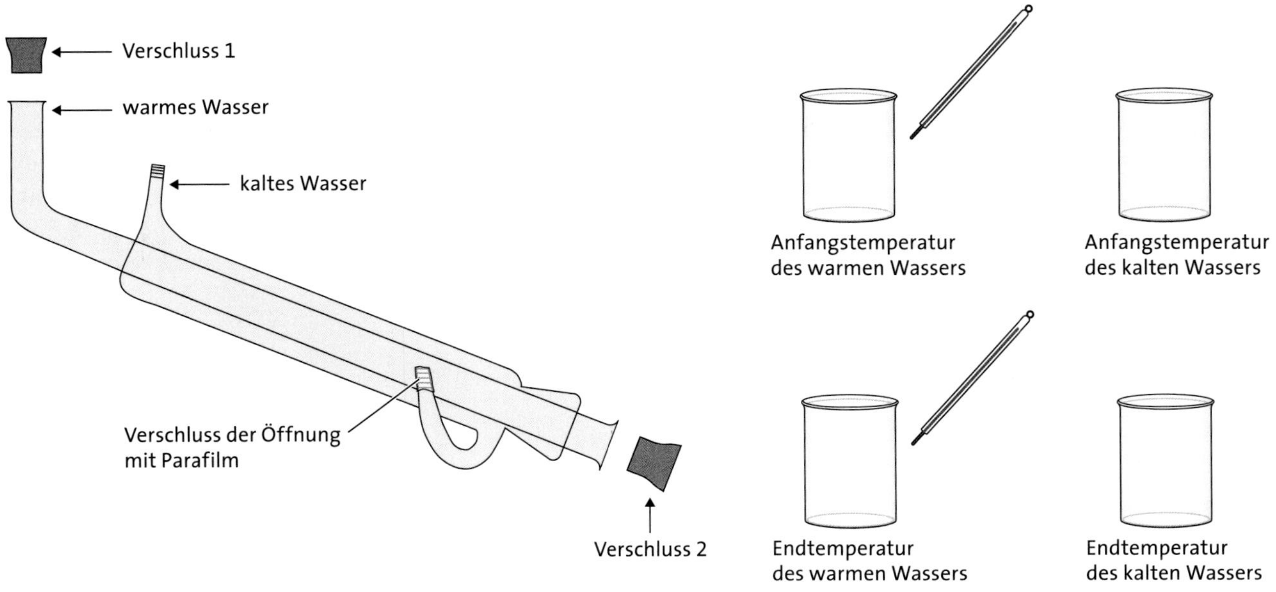

Messergebnisse: Temperatur in °C

Anfangstemperatur	Endtemperatur
kaltes Wasser: 18	kaltes Wasser: 23
warmes Wasser: 57	warmes Wasser: 39

5. Analogisierung:

Versuchselemente	Realität
• Innenraum des Liebigkühlers	• Arterie (oder Vene)
• Ummantelung des Innenraums	• Vene (oder Arterie)
• Thermometer	• Registrierung der Temperatur
• warmes Wasser	• erwärmtes Blut in der Arterie
• kaltes Wasser	• abgekühltes Blut in der Vene
• Messung der Anfangs- und Endtemperatur in den Bechergläsern	• Nachweis für die Bildung eines Temperaturgradienten

6. Eignung des Modellexperiments
- einfacher und leicht durchzuführender Versuch
- gute Veranschaulichung des Gegenstromprinzips: messbarer Temperaturgradient

Grenzen des Modells:
- Vernachlässigung der Strömungsabhängigkeit des Blutes von dem Durchmesser des Blutgefäßes, von der Austauschfläche und von der Strömungsgeschwindigkeit
- Messungenauigkeiten durch verspätetes Ablesen der Temperatur und durch unterschiedliche Wassermengen im Außen- und im Innenmantel des Liebigkühlers
- vorzeitiger Erwärmungseffekt des kalten Wassers durch das nicht simultane Füllen des Liebigkühlers mit warmem und mit kaltem Wasser

7. Bei körperlicher Anstrengung der Pinguine und bei hoher Sonneneinstrahlung weiten sich die Hautvenen. Da diese nicht im direkten Kontakt zu den Arterien stehen, wird die überschüssige Körperwärme nach außen, z. B. über die abgespreizten Flossen abgegeben. In der Kälte verengen sich hingegen die Hautvenen und dadurch verlangsamt sich die Blutgeschwindigkeit. Das führt zu einer geringeren Wärmeabgabe über die Hautvenen, z. B. in dem kalten Fußbereich.

Anleitung zum Modellexperiment

III Einsatzmöglichkeiten

Das Modellexperiment dient zum Erwerb von Fachwissen über eines der wichtigen Struktur-Funktions-Prinzipien in der Biologie: Das Gegenstromprinzip. Die Erarbeitung des Gegenstromprinzips hier am Beispiel der Thermoregulation bei Pinguinen ist für die Schüler/-innen spannend und motivierend, da man bei der Behandlung des Themas „Angepasstheit von Tieren an ihren Lebensraum" auf ihre Vorkenntnisse über Pinguine zurückgreifen kann. Dieses Wissen leitet dann – ausgehend von dem Phänomen, dass Pinguine nicht festfrieren – zielgerichtet zum Modellexperiment über. Das Modellexperiment ist sowohl in der Sek. I als auch in der Sek. II einsetzbar. Die eigenständige Planung und Durchführung des Versuchs fördern die Kreativität und die Kommunikation der Schüler/-innen und Schüler. Eine anschließende Analogisierung und eine Modellkritik schärfen die Bewertung des Modellexperiments bezüglich des Veranschaulichungsgrades.

IV Thema des Modellexperiments

Der Pinguin und das Gegenstromprinzip

V Vorbereitungszeit

10 Minuten

VI Material und Geräte pro Gruppe

- 4 Bechergläser (100 ml)
- Liebigkühler
- 2 Spritzflaschen
- 2 Digitalthermometer
- Parafilm
- kaltes Wasser/Eiswasser
- warmes Wasser
- 2 kleine Stopfen
- Stativmaterial

VII Durchführung

Der Liebigkühler wird an einem Stativ befestigt. Die untere Öffnung für den Wasserablauf wird mit Parafilm und das Anfangs- und Endstück des Liebigkühlers mit je einem Stopfen (Verschluss 1 und 2) fest verschlossen. Wenn vorhanden, kann das Leitungswasser auch mit Eiswürfeln auf ca. 2 bis 4 °C heruntergekühlt werden. In die beiden Spritzflaschen füllt man nun jeweils 200 ml kaltes und warmes Wasser. In den oberen Wasserzulauf wird zügig mit der Spritzflasche das kalte Wasser eingefüllt, bis der Innenraum davon vollkommen ummantelt ist. Danach misst man die Temperatur des restlichen Wassers im Becherglas. Zur Füllung des Liebigkühlers mit dem erwärmten Wasser entfernt man den Kühler aus dem Stativ, hält ihn in waagerechter Position und entfernt Verschluss 1. Die Anfangstemperatur des warmen Wassers wird notiert. Danach spritzt man zügig warmes Wasser aus der Flasche in das Anfangsstück des Liebigkühlers und lässt durch dosiertes Neigen das warme Wasser langsam durch den Innenmantel in das bereitgestellte Becherglas tropfen. Die Endtemperatur des warmen Wassers wird gemessen. Das Wasser aus dem Außenmantel wird herausgeschüttelt und danach die Endtemperatur des kalten Wassers ermittelt.

VIII Beobachtung

Es ist ein deutlicher Temperaturgradient messbar: Das warme Wasser kühlt sich ab und das kalte Wasser erwärmt sich.

IX Analogisierung

Siehe Erwartete Leistungen, Aufgabe 5.

X Kritik

Siehe Erwartete Leistungen, Aufgabe 6.

Tipps für den Unterricht

Sammeln von Beispielen aus Natur und Technik:

- Beispiele aus der Natur:
  - Thermoregulation im Entenfuß
  - Sauerstoffaufnahme in den Kiemen der Fische/in der Lunge/den Luftsäcken der Vögel
  - Harnaufbereitung in der Niere
- Beispiele aus der Technik:
  - Wärmetauscher in technischen Anlagen
  - Wärmeüberträger im Haus
  - Trinkwassererwärmer
  - Solaranlagen
  - Ölkühlung

Stoffwechselbiologie
8 Eigenschaften von Proteinen

Arbeitsmaterial

Text 1:
Seit vielen Jahrzehnten gehören „Gummibärchen" zu den beliebtesten Süßigkeiten. Darüber hinaus sind viele weitere Fruchtgummiprodukte auf dem Süßwarenmarkt ganz weit vorne. In Verbindung mit Lakritz, Schaumzucker und anderen Zutaten entstehen Süßwaren, die stets dem aktuellen Geschmack der Verbraucher angepasst werden. Neben ihrer Beliebtheit haben alle Fruchtgummiprodukte weitere Gemeinsamkeiten:

Text 2:
HARIBO-Fruchtgummi – die Zutaten
HARIBO stellt hohe Anforderungen an die Grundbestandteile seiner Produkte. Nur absolut einwandfreie Rohstoffe finden in HARIBO-Produkten Verwendung.
Fruchtgummiprodukte bestehen aus einer Mixtur von Glukosesirup (macht sie durchsichtig), Zucker und Dextrose (machen sie süß) sowie Gelatine (macht sie „gummig"). Hinzu kommen Frucht- und Pflanzenkonzentrate, Aromen, Stärke und etwas Citronensäure.
(Quelle: http://www.haribo.com/deDE/verbraucherinfo/fruchtgummi/zutaten.html)

Tabelle: Nährwertangaben zu „Gummibärchen"

biologische Stoffklasse	Anteil in g/100 g Produkt	Anteil in %/100 g Produkt
Eiweiß	6,9	13,8
Kohlenhydrate	77,4	79,4
davon Zucker	45,6	50,7
Fett	0,1	0,1
weitere Zutaten wie Wasser, Aromastoff, Ballaststoffe etc.		6,7

(Quelle: http://das-ist-drin.de/Haribo-Goldbaeren-200-g--1256/)

Modellexperiment:
Mit Gummibärchen kannst du in einem einfachen Modellexperiment die Reaktion von Proteinen auf starke Hitze und Kälte herausfinden. Schau dir noch einmal genau die Zutatenliste an. Besonders die Gelatine spielt eine große Rolle. Bevor du anfängst, musst du die Aufgabe 1 richtig gelöst haben.

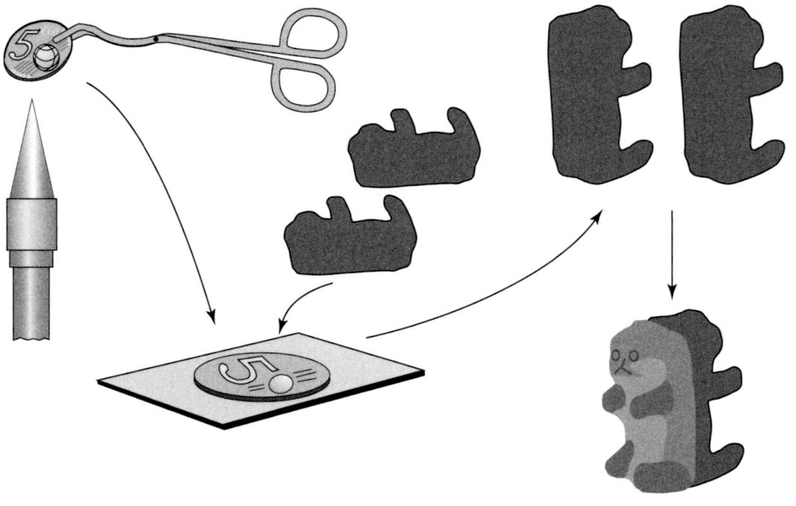

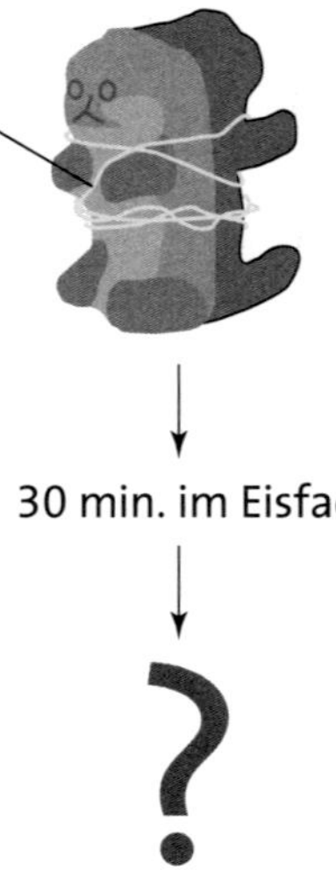

Stoffwechselbiologie
8 Eigenschaften von Proteinen

Versuch 1:
Erhitze eine **5-** oder **2-Cent-Münze,** die du mit einer **Tiegel-** oder **Kombizange** festhältst, über dem **Bunsenbrenner,** lege sie dann auf einen **feuerfesten Untersetzer** und drücke jeweils ganz kurz **zwei Gummibärchen** mit ihrer Rückseite auf die Münze. Drücke nun die beiden Bärchen an den erhitzten Seiten zusammen und lege sie beiseite.
Versuch 2:
Wickle einen **Gummiring** um **zwei weitere Gummibärchen** und lege sie in das Gefrierfach eines Kühlschrankes. Nach 30 Minuten nimmst du sie wieder heraus und entfernst den Gummiring.

Aufgaben

1. Gib anhand von Text 1 die Gemeinsamkeiten der Fruchtgummiprodukte mit eigenen Worten wieder und ordne die Zutaten aus Text 2 den in der Tabelle aufgeführten Stoffklassen zu. Nimm gegebenenfalls ein Lebensmittellexikon zu Hilfe oder eine Suchmaschine im Internet.
2. Beurteile Gummibärchen unter dem Gesichtspunkt „gesunde Ernährung".
3. Führe den Modellversuch durch.
   Versuche nach 30 Minuten, die beiden Gummibärchen zu trennen und protokolliere das Ergebnis. Leite aus dem Versuchsergebnis ab, welcher Zusammenhang zwischen der starken Hitze bzw. der Kälte und Proteinen besteht.

I Lernvoraussetzungen

- Grundlagen zu den biologischen Stoffklassen (Proteine, Kohlenhydrate, Fette) bzgl. der ernährungsphysiologischen Bedeutung und einige Beispiele dazu
- Übung im Umgang mit Informationsquellen
- grundlegende Erfahrungen zur Durchführung einfacher Experimente

II Erwartete Leistungen

1. Alle Fruchtgummiprodukte enthalten hochwertige Zutaten. Durchsichtig werden sie durch eine Mischung von Glucosesirup, süß durch Zucker und Dextrose und „gummibärchenartig" durch Gelatine. Frucht- und Pflanzenkonzentrate, Aromastoff, Stärke und Citronensäure geben jeder Sorte ihre typische Geschmacksrichtung.
Glucosesirup, Zucker, Dextrose, Stärke —> Kohlenhydrate, Gelatine —> Proteine, Frucht-, Pflanzenkonzentrate, Aromen, Citronensäure —> weitere Zutaten
2. Aufgrund des relativ hohen Zuckeranteils trägt der Genuss von Gummibärchen grundsätzlich „zur Auffüllung" der täglich sinnvollen Zuckermenge bei, an der auch nicht süß schmeckende, aber dennoch zuckerhaltige Lebensmittel beteiligt sind. Aber einige Gummibärchen ab und zu sind völlig in Ordnung, zumal sie kein Fett enthalten und auch Gelatine als Protein gesund ist. Der hohe Zuckeranteil macht allerdings auch eine besonders gute Zahnpflege notwendig.
3. Die Bärchen werden entsprechend der Arbeitsanweisung vorbereitet (vgl. Durchführung). Nach ca. 30 Minuten ist es nicht mehr möglich, die beiden an den Rückseiten erhitzten Gummibärchen zu trennen, wohingegen die aus dem Gefrierfach mit einem leichten Zug auseinandergehen.
Da die Gelatine in der Aufgabe erwähnt wird und ihre Einordnung unter „Proteine" aus Aufgabe 1 bekannt ist, liegt nahe, dass sie der Verursacher des Verklebens ist. Die Hitze hat (vermutlich) die Proteine der Gelatine so verändert, dass sie miteinander verschmolzen sind. Die verklebende Wirkung des Zuckers kann auch daran beteiligt ein. Kälte hat offensichtlich diese Wirkung nicht, denn die Bärchen sind leicht voneinander zu trennen.

Anleitung zum Modellexperiment

III Einsatzmöglichkeiten

Das Modellexperiment bereitet den Schüler auf die eigenständige Handhabung biologischer Arbeitstechniken anhand eines einfachen Experiments vor, das zu einem Erkenntnisgewinn mit Transferanspruch führt. Neben dieser manuellen Tätigkeit wird die *Bewertungskompetenz* am Beispiel einer für viele Schüler alltäglichen Süßigkeit durch Aufgabe 2 geschult. Diese bietet sich als Hausaufgabe an, gegebenenfalls erst nach der Versuchsdurchführung und -auswertung als Abschlussbetrachtung. Dazu könnte als weiterführende Aufgabe eine kritsch-wertende Stellungnahme der Schüler zur werbend eingesetzten „Verbraucherinformation", dass „Fruchtgummis kein Fett enthalten", gestellt werden (vgl. Werbespots der Firma Haribo im Fernsehen).
Innerhalb des Materials liegt eine methodisch-didaktische Progression vor, denn mit dem Einstieg über den reproduktiven Teil wird sukzessive auf die Transferleistung bzgl. die Erklärung der Versuchsergebnisse hingearbeitet. Daher sollte Aufgabe 1 vor dem Versuch besprochen werden.
Eine weitere Beobachtung, die man an den Gefrierfach-Bärchen machen kann, wurde in der Arbeitsanweisung für den Schüler ausgespart. Die beiden mit einem Gummiring verbundenen Bären sind leicht geschrumpft und außen herum feucht. Der hier durch die Kälte im Gefrierfach erfolgte leichte Wasserentzug basiert nicht auf den herauszuarbeitenden Auswirkungen auf die Gelatineproteine und kann bei Bedarf in einem separaten Lehrer-Schüler-Gespräch erörtert werden.
Zur vertiefenden Schulung wissenschaftspropädeutischen Vorgehens ist folgende Aufgabe geeignet: „Marc ist Diabetiker. Daher nascht er ab und zu Fruchtsaftbärchen, die keinen zugesetzten Zucker enthalten. Ermittelt eine Möglichkeit, wie man den Zucker als Verursacher des Verklebens im Modellversuch ausschließen kann." Erwartete Leistungen: Die Versuche werden mit zuckerfreien Fruchtgummis wiederholt. Da es dasselbe Ergebnis gibt, kann der Zucker das Verkleben nicht verursacht haben.
Alternativ könnten von Anfang an die Modellexperimente in zwei Gruppen – jeweils mit normal gesüßten und zuckerfreien Gummibären – durchgeführt werden.

IV Thema des Modellexperiments

Hitzedenaturierung von Proteinen

V Vorbereitungszeit

ca. 10 Minuten

VI Material und Geräte

- 4 Gummibärchen
- Bunsenbrenner oder Gasflamme
- Tiegel- oder Kombizange
- Asbestplatte oder feuerfester Untersetzer
- Gummiring

VII Durchführung

Vergleiche Aufgabe 3.

VIII Beobachtung

Die an der Rückseite erhitzten Bärchen sind irreversibel miteinander verklebt, wohingegen die aus dem Eisfach leicht wieder getrennt werden können. Zudem sind letztere ein wenig kleiner geworden und außen herum feucht.

IX Auswertung

Durch das Erhitzen sind die Gelatineproteine irreversibel denaturiert worden. (Der Zucker hat auch zum Verkleben beigetragen.) Die gefrorenen Bärchen haben etwas Wasser verloren, jedoch gab es keine Veränderung in der Proteinstruktur der Gelatineproteine.

X Analogisierung

Versuchselemente	Realität
• Gelatine in den Gummibärchen	• Proteine
• erhitzte Münze	• unphysiologisch hohe Temperatur, die auf Proteine wirkt
• Verkleben der erhitzten Gummibärchen	• irreversible Zerstörung der Protein-Raumstruktur
• kein Verkleben der tiefgefrorenen Bären	• auch extrem niedrige Temperaturen haben keine Protein-Denaturierung zur Folge

XI Kritik

Veranschaulichung durch den Modellversuch	Grenzen des Modellversuchs
• (irreversible) Hitzedenaturierung von Proteinen	• nicht auszuschließen, dass andere Bestandteile am Verkleben der Gummibärchen beteiligt sind • keine möglichen Auswirkungen des Gefriervorgangs berücksichtigt • Funktionalität der Proteine auf den Aspekt des (Nicht-)Verklebens reduziert • keine Einbindung in den Gesamtorganismus • Temperatur willkürlich zu hoch gewählt, Grenzbereiche nicht geprüft

Tipps für den Unterricht

In einem weiterführenden Modellversuch kann neben der Hitzedenaturierung die Quellfähigkeit als weitere Eigenschaft von Proteinen veranschaulicht werden.

Materialien und Geräte

- 4 rote Gummibärchen
- 2 Petrischalen ohne Deckel
- ca. 50 ml kaltes und siedendes Wasser

Durchführung

In je eine Petrischale wird so viel kaltes und siedendes Wasser gegeben, dass der Boden bedeckt ist. Anschließend legt man jeweils 2 Gummibärchen in die Schalen. Die Beobachtungszeit endet nach 24 Stunden. Ein Trendergebnis zeigt sich jedoch bereits nach ca. 45 Minuten: Die Kaltwasser-Bären werden an den Außenseiten deutlich blasser in der Farbe, bei den anderen verändert sich diesbezüglich augenscheinlich nichts.

Beobachtung

Die im kalten Wasser liegenden Bärchen quellen und die Farbe erblasst, während die im heißen Wasser liegenden deutlich verzögert quellen und nach 24 Stunden nur ca. $\frac{2}{3}$ der Größe der Vergleichsprobe haben. Auch ihre Farbintensität hat sich vergleichsweise wenig verändert. Wenn man auf die Bären drückt, geben die aus dem kalten Wasser stark nach; man kann sie sehr tief eindrücken. Die Vergleichsprobe zeigt demgegenüber eine höhere Druckfestigkeit.

Auswertung

Das kalte Wasser wurde von den Proteinen der Gelatine und dem Zucker bis zum Konzentrationsausgleich, somit der maximalen Wasserbindekraft beider Substanzen, aufgenommen. Dabei wurde der Farbstoff verdünnt. Dieser Vorgang lief anfangs bei den im siedenden Wasser liegenden Bärchen auch ab, wurde aber nach einer gewissen Zeit gestoppt, da die hohe Temperatur des Wassers sukzessive zur Proteindenaturierung führte.
Mögliche Aufgabenstellung dazu, nachdem die Sachlage im Lehrer-Schüler-Gespräch ausgewertet wurde: „Prüft, ob es sich hier um Osmose handelt." Erwartete Leistungen: Es kann keine Osmose sein, da keine Biomembranen (alternativ: selektiv permeable Membranen) beteiligt sind.

Stoffwechselbiologie
9 Regulation des Blutzuckerspiegels

Arbeitsmaterial

Nina hat Ferien und sich mit ihrer Freundin in einem „angesagten Café" zu einem ausgiebigen Frühstück verabredet. Nach ungefähr 30 Minuten des Frühstücks mit einem hohen Anteil an ______________ ______________ würde die Messung des Glucose-, Insulin- und Glucagon-Spiegels etwa folgende Kurvenverläufe ergeben:

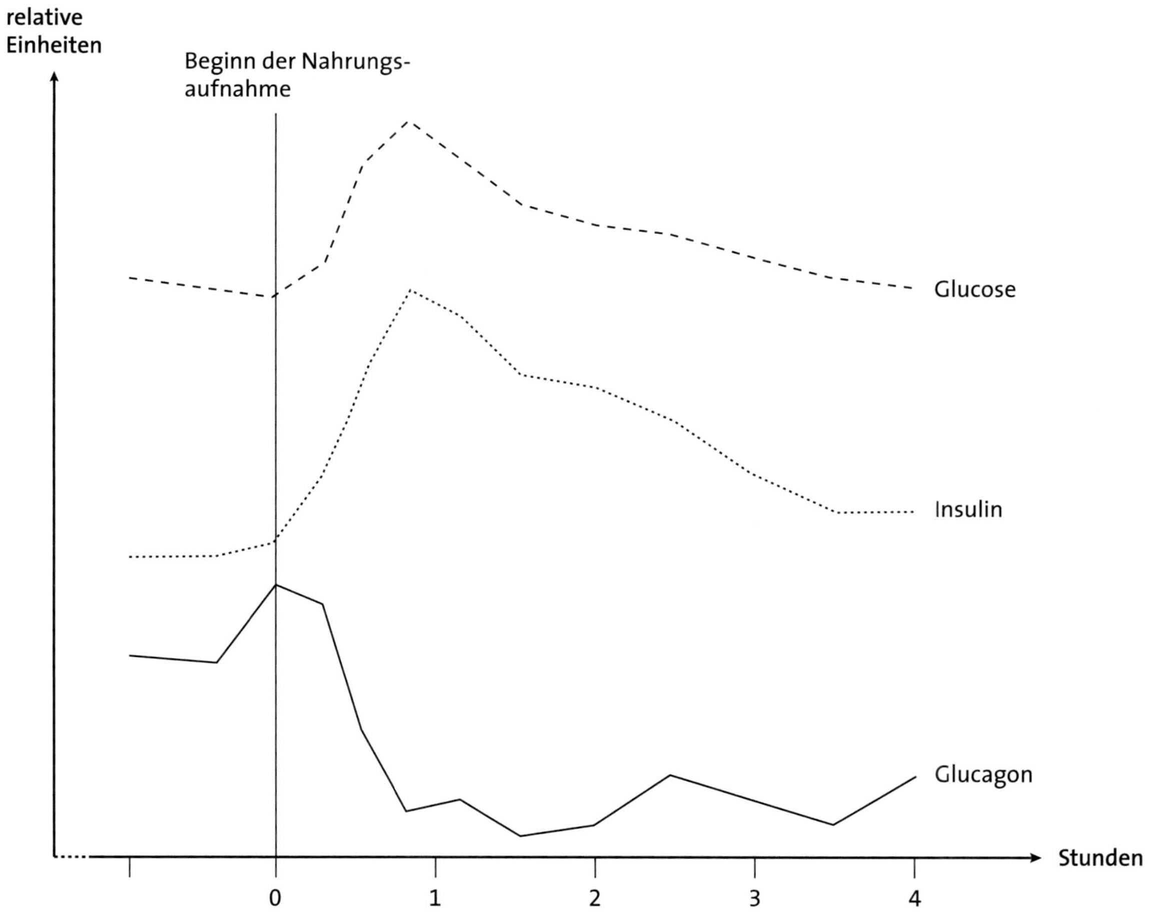

Aufgaben

1. Fülle die Lücke im Text und begründe deine Entscheidung anhand der Abbildung.
2. Beschreibe und erkläre die Kurvenverläufe.
3. Simuliere anhand des Modells zur Blutzuckerregulation, das deine Lehrkraft bereithält, die Wirkungsweise des Insulins und erläutere schriftlich deine Vorgehensweise. Füge dabei die Bedeutung der Modellteile und was du jeweils zeigen möchtest als Klammerbemerkungen hinzu.
4. „Insulin baut Zucker im Blut ab." Diesen Satz hört man im Alltag häufig. Überprüfe diese Aussage, indem du die Modellteile entsprechend experimentell verwendest.

I Lernvoraussetzungen

- Insulin und Glucagon als bedarfsgerecht produzierte Hormone
- Regulation des Blutzuckerspiegels (Glucose, Insulin, Glucagon)
- Technik der Glucoseaufnahme in die Zelle (reversible Konformationsänderung der Rezeptormoleküle an den Glucose aufnehmenden Zellen durch Insulin)

II Erwartete Leistungen

1. Lücke: „Kohlenhydraten" (alternativ „Zucker", „Traubenzucker", „Weißbrot", „Weizenbrötchen"). Der Beleg ist der steile Anstieg der Glucosemenge im Blut im Laufe von einer Stunde.
2. Beschreibung: Ca. eine Stunde nach der kohlenhydratreichen Mahlzeit ist zuerst die Glucosemenge auf ihrem relativen Höchstwert angelangt, bevor sie nach ungefähr 4 Stunden wieder auf ihrem relativen Anfangswert vor der Nahrungsaufnahme endet. Die Insulinkurve folgt dem Verlauf der Glucosekurve. Ihr Anstieg ist jedoch steiler. Auch sie ist nach 4 Stunden wieder abgeflacht, verbleibt jedoch leicht über ihrem relativen Ausgangswert vor der Nahrungsaufnahme. Der Verlauf beider Kurven ist nahezu parallel. Anders die Glucagonkurve: Sie steigt bis zum Zeitpunkt der Nahrungsaufnahme auf ihren relativen Höchstwert und sinkt dann innerhalb der ersten Stunde nach der Nahrungsaufnahme auf ihren relativ tiefsten Wert. Mit leichten Schwankungen, einschließlich eines Anstiegs auf ca. ⅓ des maximalen Ausgangswertes nach 2,5 Stunden und einem erneuten Abfall nach 3,5 Stunden, endet sie nach 4 Stunden mit ansteigender Tendenz.
Erklärung:
Der Glucoseanstieg im Blut regt die B-Zellen der Langerhans'schen Inseln der Bauchspeicheldrüse zur Insulinfreisetzung an. Dabei wird entsprechend der Höhe der Glucosemenge im Blut, die in Folge der Nahrungsaufnahme ihren Sollwert überschreitet, Insulin abgegeben. Infolgedessen sinkt der Blutzuckerspiegel, denn die Glucoseaufnahme in die Zellen kann ablaufen. Danach wird die Insulinfreisetzung wieder reduziert, bleibt jedoch leicht höher als vor dem Frühstück, denn Restglucose muss noch aus dem Blut entfernt werden.
Solange keine freie Glucose im Blut zur Verfügung steht, wird aus den A-Zellen der Langerhans'schen Inseln Glucagon abgegeben, damit Glykogenreserven zu Glucose abgebaut werden können. Sobald der Glucosespiegel im Blut durch die Kohlenhydratzufuhr angestiegen ist, geht die Glucagonabgabe zurück und beginnt erst wieder nach der Glucoseaufnahme in die Zellen, also dem Sinken des Blutzuckerspiegels, zu steigen.
3. Wenn der Blutzuckerspiegel ein gewisses Maß erreicht bzw. den Sollwert überschritten hat *(entsprechend viele Perlen im Freiraum vor dem Schuhkarton)*, besetzt Insulin spezielle Rezeptoren *(Loch in der Klappe, Zug an den Fäden sorgt dafür, dass der Knoten Kontakt zur Klappe bekommt)* in den Membranen *(Wände des Schuhkartons)* der Muskelzellen *(umgedrehter Schuhkarton)*. Durch die geöffneten Poren *(Klappelemente)* wird die Glucose in die Zellen aufgenommen *(stärkerer Zug an den Fäden öffnet die Klappen, Perlen können hineinrollen)*. Nach Ablösung des Insulins von den Rezeptoren schließen sich die Insulinporen wieder *(Knoten werden wieder weggezogen und die Klappen kehren in ihre Ausgangsstellung zurück)*. Die entsprechende Glucosemenge steht nun den Zellen zum Energiegewinn zur Verfügung *(Perlen im Schuhkarton)*.
4. Das Insulin, hier die Fäden, hat keinerlei Kontakt zur den Glucosemolekülen, sondern reguliert nur die Anzahl der zu öffnenden Glucoseporen in der Zellmembran. Selbst wenn man an den Fäden zieht, also die Funktion des Insulins simuliert, ändert sich nichts an den Perlen. Die Aussage ist also falsch.

Anleitung zum Modellexperiment

III Einsatzmöglichkeiten

Dieses Modellexperiment ist als Simulation konzipiert, die vor allem die Veranschaulichung der Wirkung des Insulins auf die Rezeptoren der Glucoseporen und die bedarfsgerechte Insulinabgabe zum Thema hat. Da hier die Erläuterung – vorschlagsweise – schriftlich (Stillarbeit) erfolgen soll, ist die Integration der Analogisierung in den Text als inhaltliche Progression zu betrachten. Alternativ kann die Übertragung auf den realen Ablauf als abgekoppelte Aufgabe (vgl. Analogisierung) erfolgen. Auch die Kritik kann eine separate Aufgabe sein. Eine erneute Stufung im Anspruchsniveau ist die Überprüfung der Falschaussage in Aufgabe 4.
Dieser Beitrag klammert Diabetes als Fehlfunktion der Insulinfreisetzung bzw. einer pathologischen Veränderung an den B-Zellen aus, denn hier wird zunächst wiederholend-festigend die normal verlaufende Regulation des Blut-

zuckerspiegels als mögliche Basis zur Bearbeitung von Diabetes in Form einer Wiederholung und Festigung gelegt. (Vergleiche Tipps für den Unterricht.)
Als weiterführende Unterrichtsthemen könnten sich im Internet abrufbare Statistiken zum Zuckerkonsum der Bundesbürger sowie eine kritische Betrachtung des durchschnittlichen Zuckerkonsums anschließen (Suchwort „Zuckerkonsum in Deutschland pro Kopf"). Auch „versteckte Zucker" in Nahrungsmitteln (Fleischwaren, Ketchup, Fertiggerichte) sind ein alltagsrelevantes, schülerorientiertes Thema.

IV Thema des Modellexperiments

Regulation des Blutzuckerspiegels durch Insulin

V Vorbereitungszeit

Die Herstellung des Modells zur Simulation dauert ca. 45 Minuten.

VI Material und Geräte

- Schuhkarton mit Deckel
- weißer Zeichenkarton
- 7 Wollfäden zu je 50 cm Länge
- 20 gleichfarbige Perlen (7 mm Durchmesser)
- Alleskleber
- Schere
- Bleistift
- Lochzange oder „Dorn" zum Stechen
- Papierschneidemesser oder Rasierklinge
- Radiergummi o. ä. zum Hochstellen des Kartons

VII Durchführung

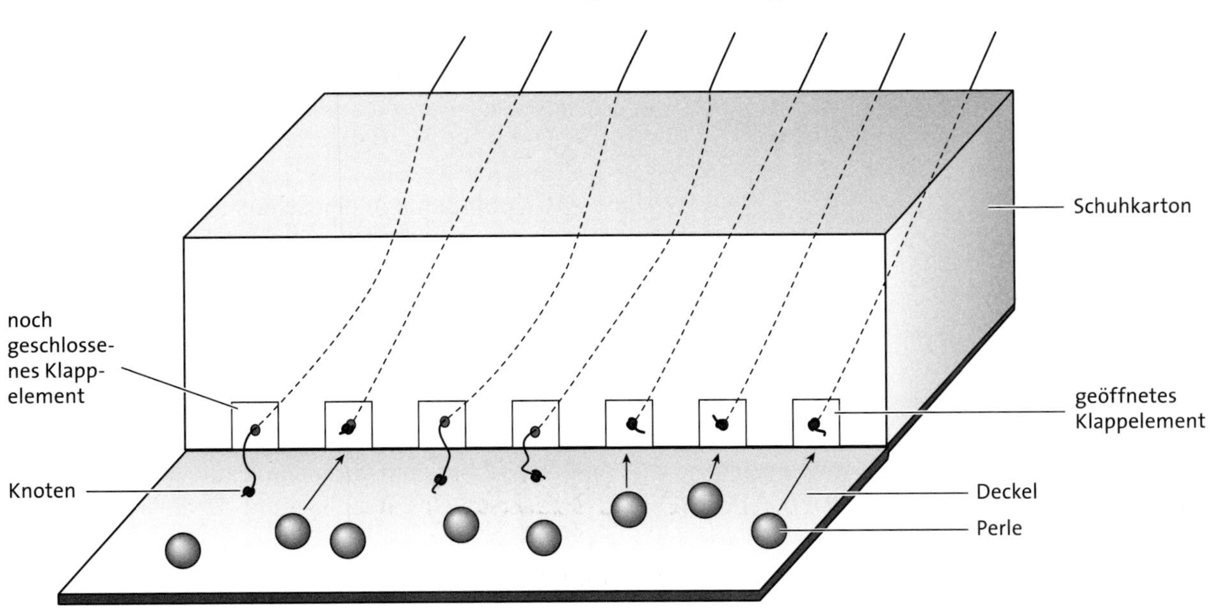

Der Deckel wird vom Schuhkarton genommen und die hintere Längsseite aufgebrochen, sodass später der umgedrehte Karton von hinten auf den Deckel geschoben werden kann. Auf eine der Kartonlängsseiten klebt man weißen Zeichenkarton zur Abdeckung der Schuhkartonaufschrift auf und markiert im Abstand von je 2 cm sieben 2 x 2 cm große Klappelemente. Jedes 2. Klappelement wird 2 cm tief eingeschnitten und von oben eingeritzt, damit es sich

später leichter aufklappen lässt. In die Mitte der Klappen drückt man mit der Lochzange je ein kleines Loch, durch das jeweils ein Wollfaden gezogen und von vorne mit einem großen Knoten versehen wird. Der Knoten muss so dick sein, dass er das Klappenloch verschließt. Die Fadenenden werden nach hinten gezogen und schauen unter dem Karton heraus. Wenn man sie stramm zieht, öffnen sich die Klappen. Der umgedrehte Schuhkarton wird soweit auf den Deckel geschoben, dass ca. 15 cm des Deckels als „Vorgarten" freiliegen. Auf der Freifläche verteilt man die Perlen. Vorne wird der gesamte Aufbau durch Unterlegen eines Radiergummis o.ä. als Keil ein wenig hochgestellt, damit die Perlen auf die Klappen zurollen können. Man kann aber auch mit dem Finger nachhelfen. Im Ausgangszustand liegen die Knoten ca. 3 cm vor den Klappen. Erst beim Strammziehen des Wollfadens bewegen sie sich in Richtung Loch und verschließen es. Dabei wird die Klappe nach hinten geöffnet und jeweils eine Perle kann sie passieren. Um die Klappe wieder zu verschließen, zieht man den Faden am Knoten wieder nach vorne.
Zur Aufbewahrung des Modells empfiehlt es sich, den Deckel auf den Kasten zu schieben und die Versuchsmaterialien im Karton aufzubewahren.

VIII Beobachtung

Nachdem die Fäden Zugkontakt zu den Klappelementen haben, können die Perlen die Öffnungen passieren und in den umgedrehten Schuhkarton rollen. Wenn die Klappen nach manuellem Zurückziehen des Fadens wieder geschlossen sind, ist der Eintritt nicht mehr möglich und Restperlen bleiben vor dem Karton liegen.

IX Auswertung

Nur wenn die Glucoseporen nach der Konformationsänderung der Rezeptoren mittels Insulin geöffnet sind, kann die Zelle mit Glucosemolekülen versorgt werden. Als Folge sinkt der Blutzuckerspiegel. Aufgrund von Insulinmangel haben nicht geöffnete Poren einen Anstieg der Blutglucose zur Folge.

X Analogisierung

Versuchselemente	Realität
• umgedrehter Schuhkarton	• Körperzelle, z.B. Muskelzelle
• Kanten des Kartons	• Zellmembran/Zellhaut
• Freifläche vor dem Karton	• Blutbahn
• Perlen	• Glucosemoleküle
• Perlen im Vorraum	• Blutzuckerspiegel
• viele Perlen im Vorraum zu Beginn	• (zu) hoher Blutzuckerspiegel
• weniger/keine Perlen mehr im Vorraum	• (zu) niedriger Blutzuckerspiegel
• Zugfäden	• Insulinmoleküle
• Klappen	• Glucoseporen in der Zellmembran
• geschlossene Klappen	• (noch) geschlossene Glucoseporen
• geöffnete Klappen	• geöffnete Glucoseporen
• Loch in der Klappe	• Rezeptormolekül an der Glucosepore
• Knoten, der ca. 3 cm vor der Klappe liegt	• Insulinrezeptoren vor der Konformationsänderung
• aufliegender Knoten	• Insulinrezeptoren nach der Konformationsänderung
• Zug der Fäden, der die Klappe öffnet	• Insulinwirkung führt über die Konformationsänderung der Rezeptoren zur Öffnung der Glucoseporen
• Hineinrollen der Perlen	• Aufnahme der Glucosemoleküle in die Zelle
• manueller Wiederverschluss der Klappen durch Zurückziehen des Knotens	• reversible Insulinanlagerung an die Rezeptoren

XI Kritik

Veranschaulichung durch den Modellversuch	Grenzen des Modellversuchs
• Ansatz des Insulins an den Rezeptoren der Glucoseporen mit nachfolgender Öffnung der Poren • zelluläre Aufnahme von Glucosemolekülen • bedarfsgerechte Insulinproduktion in Abhängigkeit vom Blutzuckerspiegel • Glucosegehalt im Blut	• an der Blutzuckerregulation keine mechanischen Elemente beteiligt (Zugfaser etc.) • kein reales Mengen- und Größenverhältnis der beteiligten Komponenten • Glucosemoleküle haben keine kugelförmige Gestalt • Konformationsänderung der Rezeptoren fehlt • Membranstruktur mit Glucoseporen willkürlich gestaltet • zelluläre Details der Glucose aufnehmenden Zelle fehlen • Blutbahn kein die Zelle exakt umrahmendes, in sich abgeschlossenes Gebilde • keine Integration in den Gesamtorganismus • Glucagonwirkung nicht eingearbeitet • Störgrößen nicht berücksichtigt

Tipps für den Unterricht

Auch die fehlende Freisetzung von Insulin (erhöhte Blutzuckerwerte) kann am Modell simuliert werden: dann rollen die Perlen auf die nicht geöffneten Klappen zu und verbleiben dort. Folglich fehlt den Zellen der „Brennstoff" zur Energiegewinnung.

Ein *Unterzucker,* etwa bei einem schlecht eingestellten Diabetiker oder einem Diabetiker, der im Verhältnis zum Glusosebedarf zu viel Insulin gespritzt hat, lässt sich im Modellexperiment zeigen: Die Klappelemente werden geöffnet, ohne dass Perlen durchrollen können, denn im Freiraum vor dem Schuhkarton liegt kein Perlenvorrat.

(Details zur unterrichtlichen Umsetzung von Diabetes siehe: Bossert, U.: Regulation des Blutzuckerspiegels (Klasse 10). In: Biologie in der Schule, Nr. 4, 1999, S. 204 ff. Aufsatz auch unter: www.bossert-bcs.de/biologie/blutz.htm

Stoffwechselbiologie
10 Der Lichtsammelkomplex der Fotosynthese

Konstruktionsanleitung

Die Abbildung zeigt die Wirkung von Lichtquanten auf ein Atom.

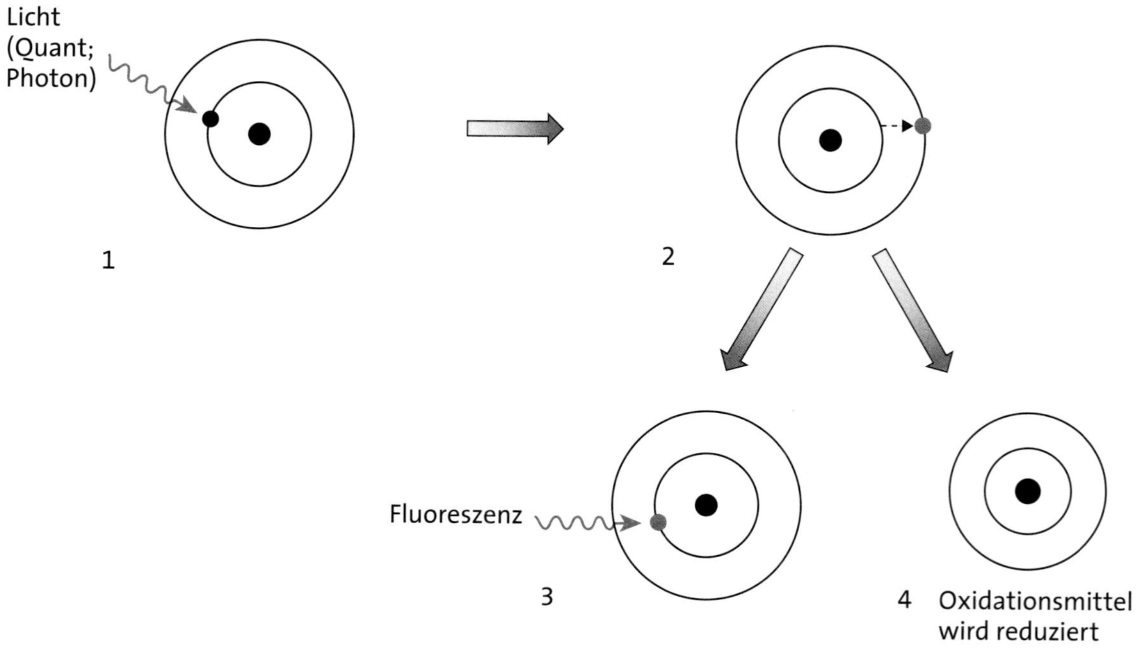

Werden isolierte Chlorophyllmoleküle im Reagenzglas durch (1) ____________________ angeregt, so wird die (2) ________________ Energie schnell als (3) ____________________ und (4) ________________ freigesetzt. Wird Chlorophyll jedoch in lebenden Spinatblättern durch (5) ____________________ bestrahlt, so beobachtet man keine (6) ________________ . Stattdessen werden die energiereichen (7) ________________ aus den angeregten (8) ________________ ____________ „verjagt" und (9) ____________________________ auf das erste Glied einer (10) ____________________________ übertragen.

(nach: Lehninger, A., L.: Prinzipien der Biochemie, Walter de Gruyter, Berlin 1987, S. 714, verändert)

Aufgaben

1. Erläutern Sie die in der Abbildung dargestellten Vorgänge.
2. Vervollständigen Sie den Lückentext und stellen Sie kurz die inhaltliche Anbindung an die entsprechenden Fotosynthesevorgänge dar.
3. Verwenden Sie geeignete Informationen aus Abbildung und Text, um daraus die Vorgänge von Energietransfer und Elektronenübertragung in einem Lichtsammelkomplex zu rekonstruieren.
4. Bauen Sie aus den folgenden Versuchsmaterialien ein Modellexperiment auf, mit dem Sie das Zusammenspiel von Antennenpigmenten und Reaktionszentrum nachvollziehen können.

Stoffwechselbiologie
10 Der Lichtsammelkomplex der Fotosynthese

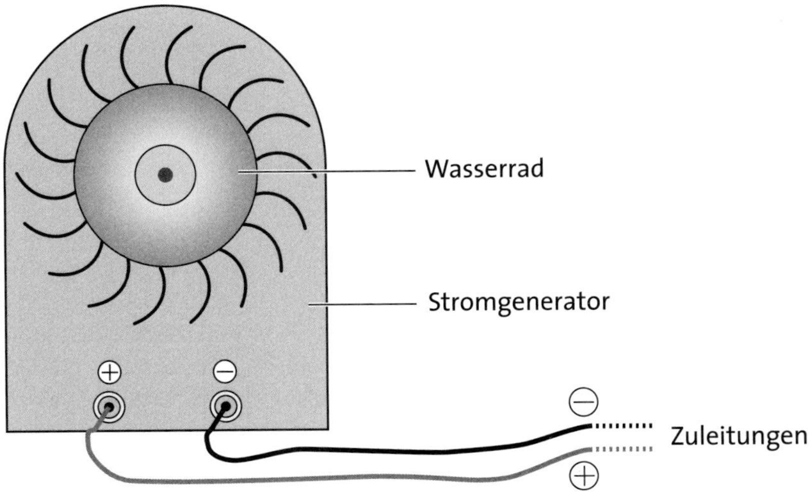

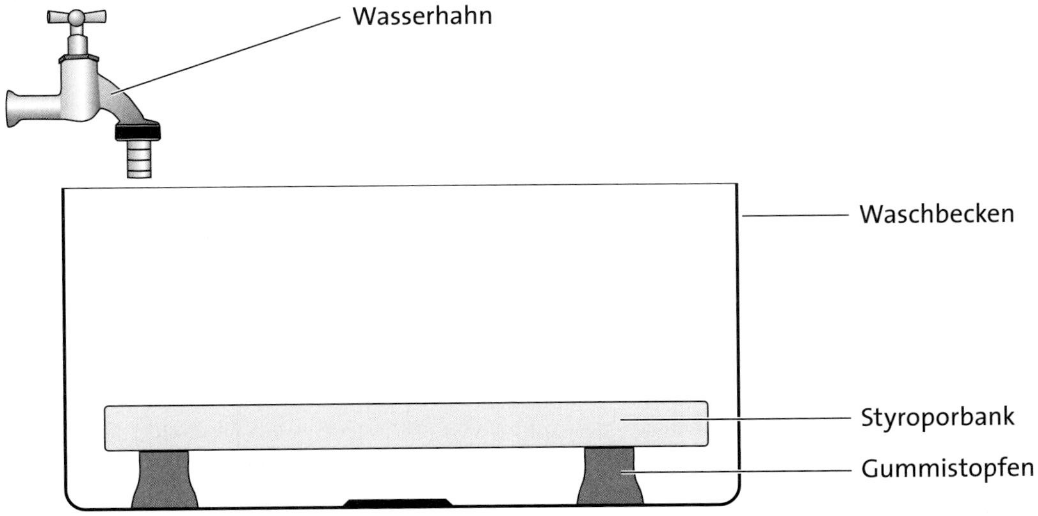

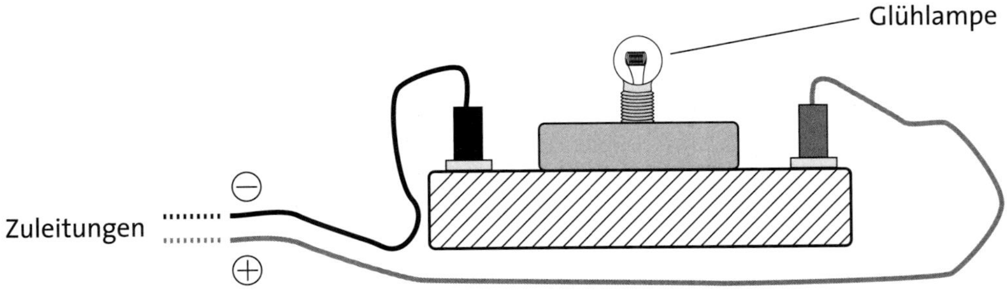

Führen Sie das Modellexperiment durch und übertragen Sie es auf den Realzustand.

10 Der Lichtsammelkomplex der Fotosynthese

I Lernvoraussetzungen

- Oxidation, Reduktion
- Wirkung von Lichtquanten in einem Atom (Fluoreszenz, Elektronenentzug)
- Ablauf der Primärreaktionen
- Energietransfer, Elektronenübertragung (Carotinoide, Chlorophyllmoleküle als Antennenpigmente, Reaktionszentrum)

II Erwartete Leistungen

1. Elektronen, die um den Atomkern herum kreisen, werden durch Licht bestimmter Wellenlänge in einen energiereicheren Zustand überführt (1), wodurch sie in eine kernferne Position gehoben werden (2). Falls sie aufgrund eines fehlenden externen Elektronenakzeptors in ihre Grundposition zurückfallen, wird die dabei freigesetzte Energie als Fluoreszenzlicht sichtbar (3). Ein Elektronenentzug bedeutet für den abgebenden Stoff, dass dieser oxidiert wird. Er wirkt als Reduktionsmittel, da er in Lage ist, an einen Reaktionspartner mit einer Elektronenlücke ein Elektron zu übergeben. Damit liegt dieser in reduzierter Form vor und ist zu einem Oxidationsmittel geworden, da er seinen Reaktionspartner oxidieren konnte.
2. (1) Licht/Lichtenergie/Lichtquanten/Photonen, (2) absorbierte/aufgenommene, (3) Fluoreszenz(licht), (4) Wärme, (5) siehe (1)/sichtbares Licht, (6) Fluoreszenz, (7) Elektronen, (8) Chlorophyllmolekülen, (9) springen/gehen über/werden übertragen, (10) Elektronentransportkette/Kette von Elektronen-Carriern
In den Thylakoidmembranen der Chloroplasten werden die Reaktionszentren der Fotosysteme II und I direkt durch Licht getroffen und dabei oxidiert. Die am Chlorophyll a entstehende Elektronenlücke wird kontinuierlich immer wieder durch Elektronen aus Wassermolekülen aufgefüllt. Aus den Wassermolekülen werden dabei Sauerstoff und Protonen freigesetzt (Fotolyse). Während die Elektronen aus dem Wasser die Elektronenlücke im FS II füllen, ersetzen die dem FS II entzogenen Elektronen nach ihrem Transport über eine Reihe von Redoxsystemen (Elektronentransportkette) die dem FS I entzogenen Elektronen. Als Elektronenakzeptor dient dort, dem Ferredoxin nachgeschaltet, das $NADP^+$, welches nun in reduzierter Form als $NADPH + H^+$ vorliegt. Der Elektronentransport zwischen dem FS II und dem FS I liefert zudem indirekt (zusammen mit der ATP-Synthase) die Energie für die Synthese von ATP. Somit sind $NADPH + H^+$ sowie ATP die Endprodukte der Primärreaktionen.
3. Ein Lichtsammelkomplex besteht aus dem Reaktionszentrum mit einem zentralen Chlorophyll-a-Molekül, das von den vorgeschalteten Antennenpigmenten (Chlorophyll-a- und Chlorophyll-b-Moleküle, Carotinoide) Elektronen übertragen bekommt und diese dann an einen externen Elektronenakzeptor abgibt. Dabei erfolgt an den Antennenmolekülen selbst kein Elektronenentzug. Hier werden nur Elektronen lichtinduziert in einen angeregten Zustand versetzt und die dabei freiwerdende Energie auf das Nachbarmolekül übertragen, wo dieser Vorgang erneut einsetzt. Die durch die Rückkehr in den Grundzustand freiwerdende Energie wird als Fluoreszenzlicht sichtbar.
4. Aufbau des Modellversuchs siehe Durchführung.
Der Wasserhahn wird unterschiedlich stark aufgedreht, sodass jeweils mehr oder weniger viel Wasser auf die Flügel des Rotors trifft.
Das auf die Rotorblätter auftreffende Wasser steht für die fotosyntheserelevanten Lichtwellenlängen, die auf den gesamten Lichtsammelkomplex fallen. Die Rotorblätter, die sich gegenseitig „speisen" und somit in Bewegung versetzen, entsprechen den Antennenpigmenten, die ihre Energie sukzessive weiterleiten und wo schließlich der Elektronenentzug am zentralen Chlorophyll-a-Molekül erfolgt. Diese Wirkung wird durch das Aufleuchten der Glühlampe gezeigt. Ein schwaches Aufleuchten, das zustande kommt, wenn nur eine geringe Drehbewegung erzeugt wird, wäre dann der nicht erfolgte Elektronenentzug am zentralen Chlorophyll-a-Molekül, sondern der Elktronenrückfall in die kernnahe Position. Das maximale Aufleuchten ist ein Indiz für den Elektronenentzug.

Anleitung zum Modellexperiment

III Einsatzmöglichkeiten

Die Aufgaben 1–3 sind wiederholend-festigend angelegt und führen zum Modellexperiment hin. Dafür werden den Schülern und Schülerinnen die Geräte zur Verfügung gestellt. Der eigenständige Umgang mit den Versuchsmaterialien und die Analogisierung stellen eine wesentliche Steigerung im Anforderungsniveau dar bis hin in den Transferbereich.

IV Thema des Modellexperiments

Fotosynthesepigmente als Lichtsammelfalle, Energietransfer und Elektronenübertragung

V Vorbereitungszeit

Wenn die Versuchsmaterialien bereitstehen, verlangt das Positionieren des Generators und der Glühlampe im Waschbecken sowie das Anbringen der Kabel nur ca. 5 Minuten.

VI Material und Geräte

- Stromgenerator, an den auf der Vorderseite ein Rotor (alternativ ein Schaufelrad wie bei einer Wassermühle) drehbar fixiert ist
- Glühlampe mit Halterung auf einem Holzsockel
- zwei Zuleitungen mit Stecker
- Waschbecken mit einem Wasserhahn und Abfluss
- Styroporblock von ca. 10 cm Höhe, der den Boden des Waschbeckens fast vollständig auskleidet
- 4 große Gummistopfen

VII Durchführung

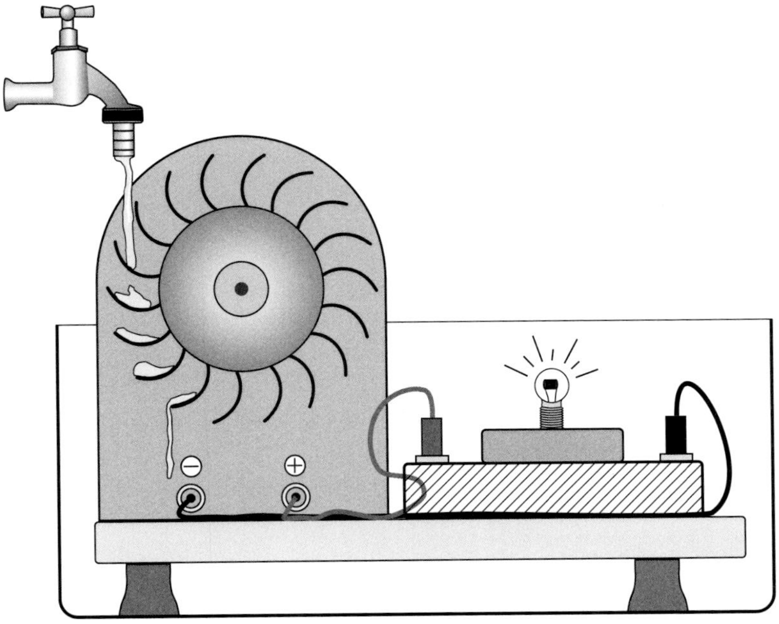

Der Styroporblock wird auf die Gummistopfen gestellt, damit das Wasser im Waschbecken ablaufen kann. Er dient als Sockel für den Generator und die Glühlampe. Dabei steht der Generator so, dass Wasser auf die Rotorflügel trifft. Anschließend verbindet man Generator und Glühlampe mit den Kabeln entsprechend der Abbildung.

VIII Beobachtung

Sobald ein Wasserstrahl auf das obere Rotorblatt trifft, übergibt dieses das Wasser an den folgenden Flügel. Dabei beginnt der Rotor sich zu drehen, und zwar je nach Menge des eingetragenen Wassers unterschiedlich schnell. Dementsprechend gestaltet sich auch die Leuchtkraft der Glühlampe: Je höher die Drehzahl, desto stärker die Leuchtkraft.

IX Auswertung

Die Menge an elektrischer Energie, die durch den Generator mittels Rotation der Rotorblätter aufgebaut wird, muss zunächst einen gewissen Schwellenwert überschreiten, bis die Glühlampe überhaupt eine Reaktion zeigt. Je mehr elektrische Energie übertragen wird, desto stärker leuchtet die Glühlampe, bis sie schließlich ihre maximale Leuchtkraft erreicht hat. Das Aufleuchten der Lampe ist also indirekt abhängig von der Menge an auftreffendem Wasser und direkt abhängig von der vom Generator erzeugten Strommenge.

X Analogisierung

Versuchselemente	Realität
• Wasser	• Lichtenergie/-quanten/Photonen
• Wassermenge	• fotosyntheserelevante und unwirksame Lichtwellenlängen
• hoher Wassereintrag	• fotosynthesewirksame Lichtwellenlängen überwiegen
• geringer Wassereintrag	• unwirksame Lichtwellenlängen haben einen größeren Anteil erhalten
• Rotorblätter	• Antennenpigmente
• Rotation	• Elektronenanregung
• Generator	• Energietransfer
• Glühlampe	• Reaktionszentrum
• Aufleuchten der Glühlampe	• Elektronenbewegung im Reaktionszentrum erfolgt
• schwaches Aufleuchten	• kein Elektronenentzug im Reaktionszentrum erfolgt, Rückkehr der angeregten Elektronen in den Grundzustand
• maximale Leuchtkraft	• Elektronenentzug im Reaktionszentrum erfolgt

XI Kritik

Veranschaulichung durch den Modellversuch	Grenzen des Modellversuchs
• Aufbau der Lichtsammelfalle aus verschiedenen Komponenten • Zubringerfunktion von Antennenpigmenten • Abgrenzung Energietransfer – Elektronenübertragung	• keine mechanische Energie, die in elektrische umgesetzt wird • keine Moleküle/Molekülkomplexe vorhanden • jegliche Elektronenbewegung fehlt • kein Wasser als primäre Energiequelle • Leuchten könnte als Fluoreszenzlicht missverstanden werden • echtes Fluoreszenzlicht nicht eingearbeitet • Fehlen jeglicher Zellstrukturen, wie Thylakoide etc. • Elektronenakzeptor hinter dem Reaktionszentrum fehlt • Elektronenentzug auf dem letzten, dem Reaktionszentrum vorgeschaltetem Zubringermolekül fehlt • Elektronenlücken (Akzeptorfunktion) und -überschuss (Donatorfunktion) nicht berücksichtigt

Stoffwechselbiologie
11 Milchsäuregärung

Arbeitsmaterial

„Die Skelettmuskeln sind beim (1) Menschen für mehr als 50 % des gesamtem Stoffwechsels verantwortlich. Bei (2) Muskelanteil steigt der Anteil auf 90 %. Der Skelettmuskel ist in erster Linie darauf spezialisiert, (3) als unmittelbare (4) für (5) und Entspannung zu bilden. Manchmal muss ein Skelettmuskel in sehr kurzer Zeit eine enorme Arbeitsleistung aufbringen, z. B. bei einem 100-m-Lauf."
(aus: Lehninger, A. L.: Prinzipien der Biochemie. de Gruyter 1987, S. 761, verändert)
Da der Sprinter in der Regel nur einmal atmet, sind die Muskelzellen mit (6) unterversorgt. Die Folge ist die Entstehung von (7) in den Skelettmuskelzellen. Bei Leistungssportlern sind die Werte von dessen Konzentration ein Messkriterium für ihre Leistungsfähigkeit.
„Im Ruhezustand liegt die (8) im Blut bei einem bis zwei mmol/l. Eine Trainingsbelastung, die die (8) nicht über zwei mmol/l steigen lässt, wird als (9) bezeichnet. Ab einer Konzentration von über 4 mmol/l beginnt der (10) Bereich.
(aus: http://www.novafeel.de/fitness/laktat-test.htm, verändert)

Die Abb. zeigt schematisch die Zusammenarbeit zwischen Skelettmuskel und Leber beim „Recycling" des wie oben beschriebenen Stoffwechselprodukts (8).

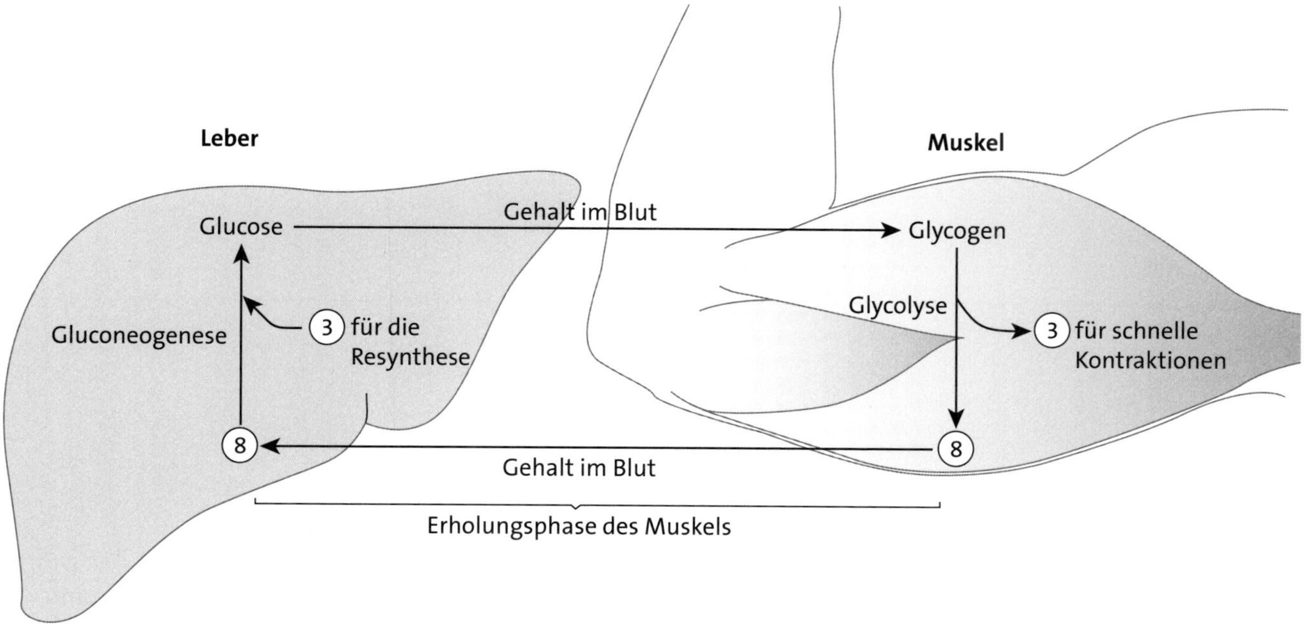

(aus: Lehninger, A. L.: Prinzipien der Biochemie. de Gruyter 1987, S. 761, verändert)

Stoffwechselbiologie
11 Milchsäuregärung

Aufgaben

1. Nennen Sie die ausgesparten Begriffe (1) bis (10). Verwenden Sie, wo möglich, die chemischen Fachtermini.
2. Erläutern Sie die Abbildung und leiten Sie daraus ab, was man unter „Gluconeogenese" versteht.
3. Auch in verschiedenen biotechnologisch unterstützten Produktionsverfahren macht man sich die Milchsäuregärung zunutze, so bei der Herstellung von Rohwürsten. Informieren Sie sich im Internet über dieses Thema (Suchwort „Herstellung von Rohwürsten", „Zucker in Wurst") oder befragen Sie einen Fleischermeister und stellen Sie Ihre Ergebnisse Ihren Mitschülern vor.
4. Entwickeln Sie in Partnerarbeit einen einfachen Modellversuch zur Milchsäuregärung in Muskelgewebe auf der Basis von 50 g Rinderhackfleisch (Hinweis zum Besatz mit Mikroorganismen: 5×10^4 als koloniebildende Einheit/100 g Fleisch als erlaubter Wert), einer Spatelspitze Saccharose und pH-Indikatorpapier. Stellen Sie den Versuchsaufbau und -ablauf Ihrer Lehrkraft vor und lassen Sie sich gegebenenfalls entscheidende Hilfestellungen bzw. Korrekturanweisungen geben.
5. Führen Sie Ihr Modellexperiment durch und erklären Sie das Ergebnis.

Zeit	Geruch Probe 1	Geruch Probe 2	pH-Wert Probe 1	pH-Wert Probe 2
Beginn				
nach 24 Std.				
nach 36 Std.				

I Lernvoraussetzungen

- Glykolyse
- Milchsäuregärung
- Bedeutung des pH-Wertes

II Erwartete Leistungen

1. (1) ruhenden, (2) schwerer/intensiver/anstrengender, (3) ATP, (4) Energiequelle/-lieferant, (5) Kontraktion/Anspannung, (6) Sauerstoff, (7) Lactat, (8) Lactatkonzentration/-gehalt, (9) aerob, (10) anaerobe
2. Im schnell kontrahierenden Muskel wird im Muskel gespeichertes Glycogen zu Glucosemolekülen gespalten und in der Glycolyse unter ATP-Gewinn abgebaut. Das dabei anfallende Lactat wird durch das Blut zur Leber transportiert. Unter ATP-Verbrauch erfolgt in der Leber die Umsetzung des Lactats zu Glucose. Diese wird durch das Blut zur Muskulatur zurücktransportiert und wieder als Glycogenreserve angelegt.
Unter Gluconeogenese versteht man die Rückgewinnung von Glucose aus dem Gärungsprodukt Lactat im Leberstoffwechsel.
3. Die Säuerung des zuvor durch Pökelung aufbereiteten und gewürzten Fleisches wird über eine Milchsäuregärung erreicht. Diese geschieht kontrolliert unter Zusatz von Milchsäurebakterien-Starterkulturen zusätzlich zur von Natur aus vorkommenden Milchsäurebildung im Fleisch, der sogenannten Spontanflora. Pro 100 g Fleisch ist je nach Rezeptur ca. 1 g eines Mono- bzw. Disaccharids für den Stoffwechsel der Milchsäurebakterien notwendig. Die zugesetzten Kohlenhydrate werden zusammen mit den ohnehin in Fleisch enthaltenen Kohlenhydraten anaerob verstoffwechselt. In Folge der Lactatbildung sinkt der pH-Wert. Sowohl der durch die Pökelung bewirkte Wasserverlust als auch die Säurebildung hemmen das Wachstum unerwünschter Mikroorganismen. Der Wasserverlust sorgt außerdem dafür, dass sich an der Oberfläche der Wurst ein Gel aus Proteinen bildet. Dadurch erhält die Wurst ihre sortentypische Konsistenz. Insgesamt trägt die Milchsäuregärung auch zur Geschmacksgebung und zu einer angenehmen Geruchsbildung bei.
4. Das Hackfleisch wird mit dem Pürierstab zerkleinert. Zwei Proben zu je 25 g werden abgewogen und eine Probe wird mit einer Spatelspitze Zucker durchgeknetet. Dann drückt man beide Proben in beschrifteten Petrischalen ein wenig flach und bestreicht die Oberfläche von der ersten und jeder weiteren pH-Wert-Messung mit Aqua dest. (Backpinsel). Falls nur ein Backpinsel zur Verfügung steht, wird zuerst die unbehandelte Probe angefeuchtet. Nun erfolgt die erste Messung des pH-Wertes. Je nach Raumtemperatur sind unterschiedlich viele Messungen notwendig: liegt die Temperatur bei ca. 22 °C, braucht die zweite Messung erst nach 24 Stunden zu erfolgen. Bei einer Temperatur von 25–27 °C prüft man drei- bis viermal in diesem Zeitraum. Alle Daten werden protokolliert.
5.

Zeit	Geruch Probe 1 (unbehandelt)	Geruch Probe 2 (mit Zuckerzusatz)	pH-Wert Probe 1	pH-Wert Probe 2
Beginn	wie frisches Fleisch	wie frisches Fleisch	ca. 5,5	ca. 5,5
nach 24 Std.	unangenehm, verdorben	säuerlich, leichter Alkoholgeruch	ca. 5,5	ca. 5
nach 36 Std.	noch strengerer Verderbnisgeruch	säuerlich, Alkoholgeruch hat sich verstärkt	ca. 7	ca. 4,5

Unter anaeroben Bedingungen hat bei Probe 1 eine Verwesung eingesetzt. Die damit einhergehenden Stoffwechselprozesse der Bakterienflora haben den pH-Wert steigen lassen. In der mit Zucker versetzten Probe ist es zu alkoholischer Gärung und Milchsäuregärung gekommen. Neben den natürlich im Fleisch vorhandenen Milchsäurebakterien waren auch andere gärende Mikroorganismen im Spiel. Folglich ist der pH-Wert in den sauren Bereich gesunken.

Anleitung zum Modellexperiment

III Einsatzmöglichkeiten

Auf die reproduktiv angelegte Benennung der Begriffe folgt auf der Basis der Kenntnisse über Glycolyse und Gärungsprozesse eine leichte Transferleistung in Form der Darstellung der (im Unterricht nicht behandelten) Gluconeogenese. Damit ist die Hinführung zur Milchsäuregärung gegeben.
Schüler/-innen kennen zumeist nur Sauermilchprodukte als Ergebnis einer Milchsäuregärung. Dieses auch in Heimarbeit durchführbare Modellexperiment veranschaulicht eine weitere Form der Nutzung von Milchsäurebakterien in biotechnologischen Prozessen, die den Schülern vermutlich nicht bekannt ist. Zugleich wird auch dem Missverständnis entgegengewirkt, dass „ja sogar Wurst- und Fleischwaren Zucker enthalten und somit dem ohnehin schon viel zu hohen Zuckerkonsum vieler Menschen Vorschub leisten". Bei einer verschwindend geringen Menge von 1 g Zucker/100 g Wurst (Information der Fa. Rügenwalder Mühle, Juli 2013) ist dieses Vorurteil ausgeräumt. Bevor das Experiment durchgeführt wird, sollten Schüler/-innen und Lehrkraft sich kurz über den Aufbau und die Durchführung austauschen. Gegebenenfalls erhalten die Lernenden Hilfestellungen vom Lehrer im Sinne der Lösung zu Aufgabe 4.
Obwohl bei diesem Versuch zur Gärung auch weitere Veränderungen am und im Fleisch eintreten (Vergrauung, Geruchsveränderung, vgl. Nr. 15), wird der Schwerpunkt auf den Gärungsprozess unter marginaler Einbeziehung des Geruchs gelegt. Je nach Zeitverfügbarkeit können alle drei Modellexperimente mit Rinderhackfleisch auch in arbeitsteiliger Gruppenarbeit oder Partnerarbeit in einem Block durchgeführt werden.

IV Thema des Modellexperiments

Milchsäuregärung in rohem Fleisch

V Vorbereitungszeit

Ca. 5 Minuten

VI Material und Geräte

- 50 g Rinderhackfleisch
- eine Spatelspitze Saccharose
- Aqua dest.
- 1 bzw. 2 Backpinsel
- pH-Indikatorpapier
- 2 Petrischalen mit Deckel
- Spatel
- Pürierstab
- Püriergefäß

VII Durchführung

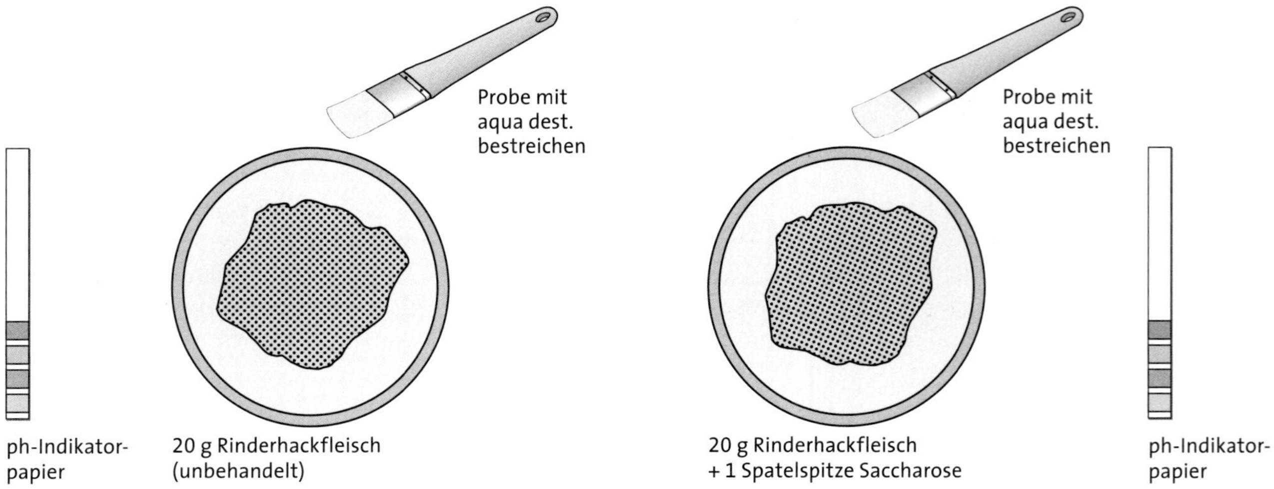

Vergleiche Lösung zu Aufgabe 4.

VIII Beobachtung

Vergleiche Lösung zu Aufgabe 5.

IX Auswertung

Vergleiche Lösung zu Aufgabe 5.

X Analogisierung

Versuchselemente	Realität
• Rinderhackfleisch	• Fleisch zur Herstellung von Wurstwaren mit Spontanflora
• Saccharose	• Mono- bzw. Disaccharide, die zur Wurstherstellung verwendet werden
• unbehandelte Probe	• Fleisch ohne Zusatz von Milchsäurebakterien und Mono- bzw. Disacchariden
• Probe mit Saccharosezusatz	• Fleisch mit Zusatz von Milchsäurebakterien und Mono- bzw. Disacchariden
• pH-Indikatorpapier	• Überprüfung des Säuerungsgrades im Labor
• Aqua dest.	• natürlicher bzw. für den Herstellungsprozess notwendiger künstlich beeinflusster Feuchtigkeitsgehalt des Fleisches
• Petrischalen mit Deckel	• Herstellungsgefäße bei der Wurstproduktion
• Versuchsraum	• Räumlichkeiten der Wurstherstellung und -reifung

XI Kritik

Veranschaulichung durch den Modellversuch	Grenzen des Modellversuchs
• natürlich vorkommender Besatz mit Mikroorganismen bei Fleisch/Spontanflora • alkoholische Gärung und Milchsäuregärung in Muskelfleisch • pH-Wert-Absenkung durch die Entstehung von Milchsäure • leicht konservierende Wirkung von Milchsäure • Verwesung durch anaerobe bakterielle Stoffwechselvorgänge • (Oxygenierung von Myoglobin)	• keine Einhaltung realer Mengen- und Konzentrationsverhältnisse • kein Zusatz von Milchsäurebakterien und sonstigen, sortentypischen Zutaten • Ergebnisse ohne objektiven Aussagewert, nur relative Vergleichbarkeit gegeben • weitere Versuchsbedingungen (z. B. Raumtemperatur) willkürlich gewählt • Stoffwechselvorgänge nicht im lebenden Organismus

Stoffwechselbiologie
12 Oberflächenvergrößerung als biologisches Prinzip

Arbeitsmaterial

Die Abbildung zeigt im Überblick sowie im Detail ein Schema zur Glucoseaufnahme in Zellen.

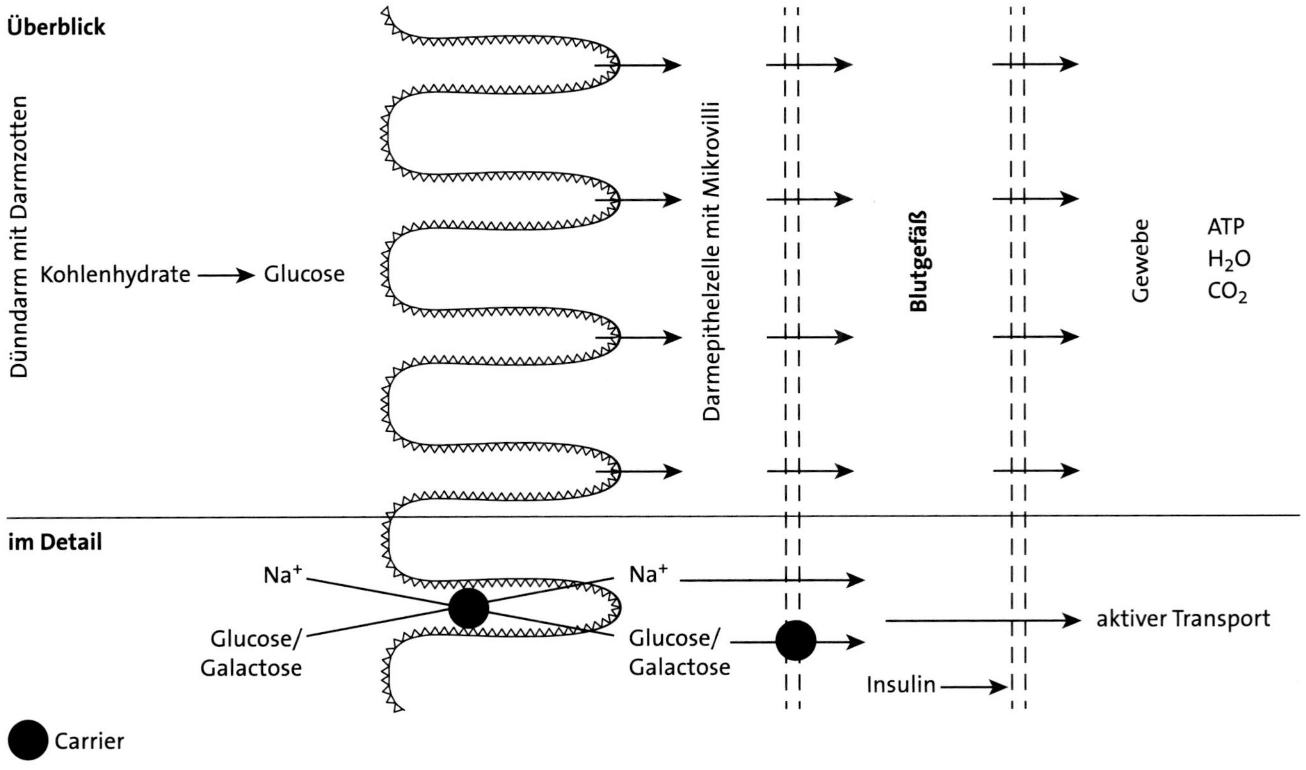

Aufgaben

1. Erläutern Sie ausführlich die in der Abbildung dargestellten Prozesse einschließlich der beteiligten chemischen Verbindungen.
2. Stellen Sie kurz dar, warum hier eine *doppelte Oberflächenvergrößerung* vorliegt.
3. Entwickeln Sie in Partnerarbeit ein Modellexperiment, welches die Oberflächenvergrößerung im Dünndarm veanschaulicht, auf der Basis von je einem glatten und eingeschnittenen („ausgefransten") Filtrierpapierstreifen und Wasser. Weitere Hilfsmaterialien und Tipps zur Durchführung erhalten Sie auf Anfrage von Ihrer Lehrperson. Führen Sie das Experiment durch und formulieren Sie die Parallelen zur Aussage des Arbeitsmaterials.
4. Recherchieren Sie im Internet und mithilfe entsprechender Literatur, in welchen biologischen Systemen das Prinzip der Oberflächenvergrößerung ebenfalls realisiert ist. Erstellen Sie dazu in Kleingruppen Poster bzw. eine Powerpoint-Präsentation.

I Lernvoraussetzungen

- Anatomie des Dünndarms
- Kohlenhydratabbau bei der Verdauung
- Zellatmung
- Beteiligung des Insulins an der Glucoseaufnahme in die Zellen
- Carrier-vermittelter (Co-)Transport und erleichterte Diffusion
- Kapillarwirkung

II Erwartete Leistungen

1. Die Kohlenhydrate Stärke, Glykogen, Saccharose und Lactose werden allesamt bis zur Stufe der Monosaccharide (Glucose, Fructose, Galactose) abgebaut, wobei der Abbau der Stärke und des Glykogens zunächst über Maltose erfolgt. Die Monosaccharide gelangen anschließend in einem aktiven Transportvorgang mittels Carrier in die Darmepithelzellen. Die Detail-Zeichnung zur Glucose und Galactose zeigt, dass dabei ein Carrier-vermittelter Cotransport unter Mitwirkung von Natriumionen erfolgt. In die Blutbahnen treten die Glucose und Galactose mittels erleichterter Diffusion über, ein ebenfalls an einen Carrier gebundenen Transport. Unter Mitwirkung von Insulin werden in den Gewebezellen Membranporen für die aktive Aufnahme der Monosaccharide in die Zellen freigegeben. Dort läuft die Zellatmung ab, bei der neben dem universellen Energieträger ATP Wasser sowie Kohlenstoffdioxid als energiearme Abfallprodukte entstehen.
2. Eine doppelte Oberflächenvergrößerung liegt vor, da zum einen die Darmzotten die absorbierende Oberfläche vergrößern und zudem die Mikrovilli der Darmepithelzellen eine erneute Oberflächenzunahme bewirken. (Anmerkung: Faktor 30 bei der Oberflächenerhöhung mittels Darmzotten, Faktor 300 bei den Mikrovilli)
3. Vergleiche Durchführung.
Zwei gleiche Filtrierpapierstreifen werden zurechtgeschnitten. Einer von beiden wird bis zu einer bestimmten Höhe auf einer Seite mit „Fransen" versehen. Beide müssen zeitgleich in ein Gefäß mit Wasser gehalten werden. Dabei darf das Wasser nur die untere Kante des jeweiligen Streifens durchnässen, sodass genügend Raum für die Wasserbewegung nach oben bleibt. Damit die Streifen gleichzeitig und auf gleicher Höhe eingetaucht werden können, müssen sie mit Klebestreifen an einem Lineal, Bleistift o. ä. fixiert werden. Zur Ermittlung der Geschwindigkeit der Wasseraufnahme wird eine Ziellinie auf beide Streifen gezeichnet und deren Erreichen mit einer Armbanduhr „gestoppt" .
Sofort nach Kontakt mit dem Wasser zeigt sich, dass der ausgefranste Bereich deutlich schneller vom Wasser erfasst wird als der nicht eingeschnittene am zweiten Papierstreifen. Die Ursache ist die größere vom Wasser „angreifbare" Oberfläche an den Fransen, denn sie sind von allen Seiten für das Wasser zugänglich. Damit ist auch die Parallele zum Arbeitsmaterial hergestellt: In beiden Fällen führt eine vergrößerte Oberfläche zu einer intensiveren Stoffaufnahme. Beim Filtrierpapier kommt noch die Kapillarwirkung der Papierfasern hinzu.
4. Weitere Beispiele: Struktur des menschlichen Gehirns und der Lunge; Oberfläche der roten Blutkörperchen, insbesondere in der Summe; Nieren-, Drüsen-, Schleimhautgewebe; Mitochondrien, Chloroplasten; Schichtung der Blätter in Kohlköpfen; Anordnung von Kronblättern in Knospen; verzweigte Pflanzenwurzeln; lebende Haare bei hygromorphen Laubblättern; Lamellen von Pilzen, Flechten

Anleitung zum Modellexperiment

III Einsatzmöglichkeiten

Während die Bearbeitung der Aufgabe 1 zunächst die Zusammenführung verschiedener erlernter Sachverhalte verlangt und Aufgabe 2 einen leichten Transfer erfordert, sind die Schüler/-innen bei der Konstruktion des Modellversuchs gefordert, auf umrahmende Parameter (z. B. zeitgleiches Eintauchen, Markierung einer Ziellinie, Fixierung an einem Stab o. ä.), die für ein gültiges Versuchsergebnis notwendig sind, selbstständig zu schließen. Da sie mit einer Partnerin/einem Partner arbeiten, könnte das Schüler-Schüler-Gespräch hier hilfreich sein. Gegebenenfalls leistet die Lehrkraft eine Hilfestellung.
Die letzte Aufgabe ist eine motivierende Abrundung zur Oberflächenvergrößerung als biologisches Prinzip. Hier kann eine thematische Ausweitung dahingehend erfolgen, als auch Beispiele aus der Bionik einbezogen werden (Literaturhinweis: Nachtigall, W./Wisser, A.: Bionik in Beispielen – 250 illustrierte Ansätze. Springer Spektrum, 2013).
Auch weitere biologische Prinzipien mit Wiedererkennungswert wie sich ständig regenerierende Verbindungen im Calvin- und Citratzyklus, „Na-K-Pumpe" bieten sich in diesem Kontext wiederholend-vertiefend an.

IV Thema des Modellexperiments

Oberflächenvergrößerung als biologisches Prinzip (mit Wiedererkennungswert)

V Vorbereitungszeit

Das Bereitlegen der Materialien, die sich die Schüler/-innen geben lassen können, erfordert so gut wie keine Vorbereitungszeit.

VI Material und Geräte

- 2 Filtrierpapierstreifen (7 x 10 cm)
- Lineal, Bleistift oder Holzleiste
- Glas- oder Kunststoffbecken, bis zu 1 cm mit Wasser gefüllt
- Klebefilm
- ggf. Tinte
- Bleistift
- Schere
- Armbanduhr mit Stoppvorrichtung bzw. Stoppuhr

VII Durchführung

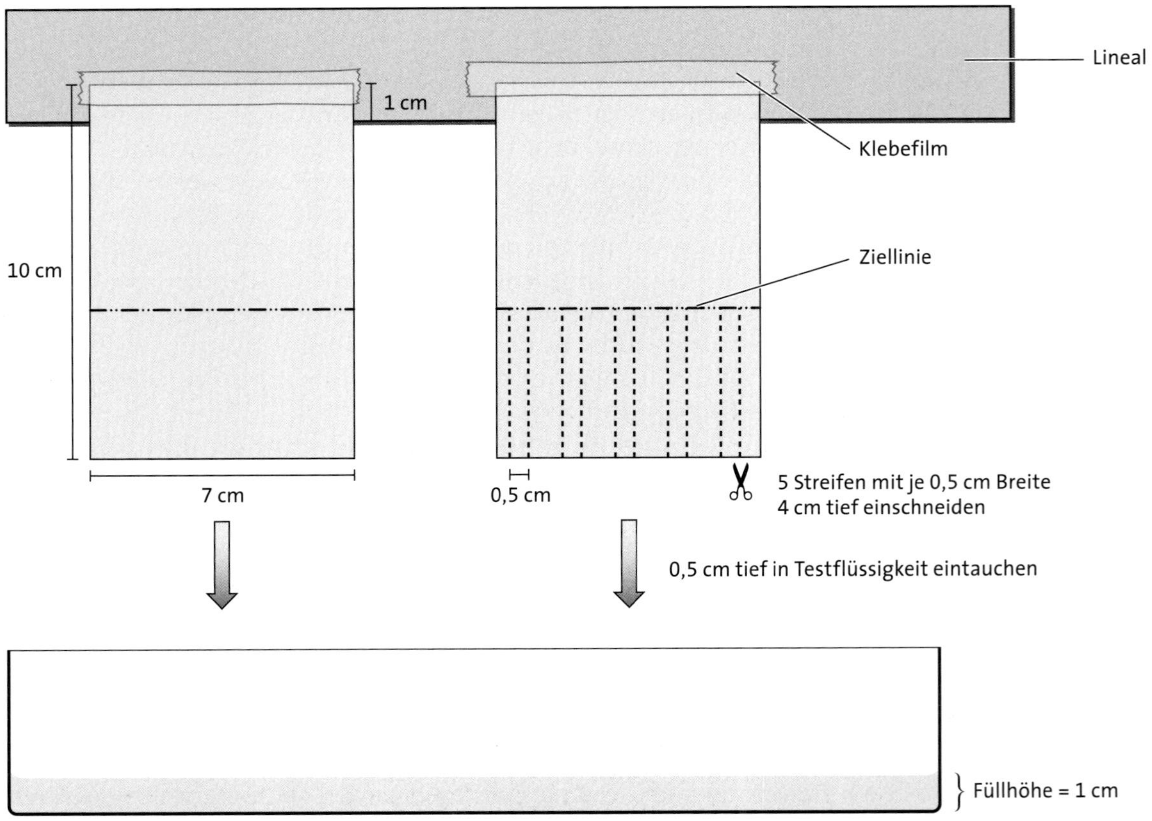

Einer der beiden Filtrierpapiersteifen wird auf 4 cm Länge in 0,5 cm-Abständen „fransig" eingeschnitten. Bei beiden Streifen markiert man bei 4 cm die zu erreichende Linie. Mit Klebestreifen werden die beiden Streifen auf dem oberen Zentimeter am Lineal auf gleicher Höhe fixiert. Nun werden sie in das Wasserbecken (Wasser ggf. mit Tinte einfärben) ca. 0,5 cm tief eingetaucht und die Zeit wird gemessen, bis bei beiden Streifen das Wasser die Ziellinie erreicht hat.

VIII Beobachtung

Nach ca. 30 Sekunden hat das Wasser die 4-cm-Marke am eingeschnittenen Streifen erreicht, wohingegen dieser Vorgang beim unveränderten Streifen ca. 2 Minuten in Anspruch nimmt.

IX Auswertung

Die eingeschnittenen Bereiche vergrößern die reaktive Oberfläche, sodass hier das Wasser mittels Kapillarkräften schneller hochsteigen kann.

X Analogisierung

Versuchselemente	Realität
• Filtrierpapierstreifen mit „Fransen"	• biologische Oberflächenstruktur mit die Oberfläche vergrößernden Einrichtungen
• unveränderter Streifen	• Struktur ohne Oberflächenvergrößerung
• Wasser	• zu transportierender Stoff
• Becken mit Wasser	• umgebendes Gewebe, aus dem der Stoffübergang erfolgt
• Wanderung des Wassers	• Stoffaufnahme
• Erreichen der Ziellinie	• Geschwindigkeit des Stofftransports

XI Kritik

Veranschaulichung durch den Modellversuch	Grenzen des Modellversuchs
• Prinzip der Oberflächenvergrößerung • Geschwindigkeit des Stofftransports in Abhängigkeit von der reaktiven Oberfläche	• zelluläre Bedingungen fehlen • keine Differenzierung zwischen passivem und aktivem Transport sowie Vielzahl an zu transportierenden Stoffen • keine Bezugsetzung zu einem bestimmten Organ • Konzentrationsgradienten unberücksichtigt • zelluläre Bedingungen fehlen

Stoffwechselbiologie
13 Pökeln als traditionelle Konservierungsmethode

Arbeitsmaterial

Text 1:
Für die „großen Seefahrer", so auch den Portugiesen *Vasco da Gama* (1469–1524), der 1498 den Seeweg nach Indien um Afrika herum fand, bestand neben den Witterungsbedingungen ein großes Problem darin, für die lange Seereise genügend Proviant mitnehmen zu können. Er durfte nicht zu viel wiegen und musste nahrhaft, insbesondere aber lange haltbar sein. Als Nahrungsmittel, die diese Voraussetzung erfüllten, kamen fast nur Schiffszwieback und Pökelfleisch, eine wichtige Eiweißquelle, infrage.
Das durch Einsalzen hergestellte Pökelfleisch war geeignet, weil das Fleisch durch den Zusatz eines Pökelsalzgemisches konserviert wurde. Auch für Fisch ist diese Methode gängig.

Text 2:
Ein Originalrezept zur Herstellung von „Dürrfleisch" entstammt dem Jahre 1777:
Zutaten: 1 kg Rindfleisch, 30 g Pökelsalz, Pfefferkörner, Wacholderbeeren, Knoblauchzehen nach Geschmack (aus: http://www.koch-welten.de/duerrfleischrezept.htm)
Anmerkung: „dürren" steht für „dörren", was „trocknen" bedeutet (vgl. Dürre, Dörrobst)

Text 3:
Qualitätsleitsätze für Fleisch und Fleischprodukte:
Sowohl in Deutschland als auch in vielen anderen Ländern weltweit gibt es Qualitätsleitsätze für Fleisch und Fleischprodukte. In Tabellen sind Richtwerte zur erlaubten Keimbelastung von verschiedenen Fleischerzeugnissen festgelegt. Dazu einige Beispiele aus den Schweizer Richtlinien zur tolerierbaren Anzahl koloniebildender Einheiten (KBE) pro Gramm Probenmaterial. Die Richtwerte gelten für den Ablauf des jeweiligen Verbrauchs- bzw. Mindesthaltbarkeitsdatums.
So dürfen in **frischem Schweine-, Rind- und Kalbfleisch** maximal 10.000 KBE an Enterobakterien und 1000 KBE von *Escherichia coli* enthalten sein.
Für **Rohpökelwaren,** wie geräucherter oder luftgetrockneter Schinken, sind maximal 100 KBE *Enterobakterien* sowie überhaupt keine *E. coli* erlaubt.
In *ausgereiften Rohwurstwaren* („Dauerwurstsorten" wie Salami) liegt die Obergrenze bei 100 KBE *Enterobakterien. E. coli*-Kolonien dürfen ebenfalls nicht enthalten sein.
In *Rohwurstwaren,* deren Reifung abgebrochen wurde, wie Mettwurst, dagegen darf die Anzahl KBE bei *Enterobakterien* 1000, die bei *E. coli* 1000 nicht überschreiten.
Salmonellen dürfen grundsätzlich in keinem Fleischprodukt vorkommen.
(Daten nach: Schweizer Fleisch-Fachverband (Hrsg.): Qualitätsleitsätze für Fleisch und Fleischprodukte. Version 1 vom April 2013. S. 68)

Aufgaben

1. Beurteilen Sie den ernährungsphysiologischen Wert der in Text 1 beschriebenen Vorratshaltung und ermitteln Sie eventuelle Probleme.
2. Analysieren Sie das gesamte Arbeitsmaterial bzgl. der Wirkung des Pökelsalzes.
3. Vollziehen Sie die Wirkung des Pökelsalzes in einem Modellexperiment nach: Dazu werden 3 Proben mit je 20 g Rinderhackfleisch, eine davon vermischt mit 1 g Kochsalz, in Petrischalen gegeben und abgedeckt stehengelassen (Zimmertemperatur bei 25–27 °C, ansonsten Wärmeschrank). Prüfen Sie jeweils den Geruch der Probe. Füllen Sie folgende Tabelle aus und erklären Sie das Versuchsergebnis auf Basis der Tabelle.

Zeit	Rückstellprobe im Kühlschrank	unbehandelte Probe	Probe mit Salzzugabe
Beginn			
nach 2 Std.			
nach 4 Std.			
nach 6 Std.			
nach 8 Std.			
nach 10 Std.			

4. Informieren Sie sich im Internet (Suchwort „Pökeln", „Geschichte des Pökelfleisches") über gebräuchliche Pökelsalzgemische und erläutern Sie anschließend weitere Zielsetzungen und Effekte des Pökelverfahrens außer der Konservierung.

I Lernvoraussetzungen

- Grundlagen zur ernährungsphysiologischen Bedeutung von Eiweißen, Kohlenhydraten, Fetten, Wasser, Vitaminen
- osmotischer Wasserentzug
- alkoholische und Milchsäuregärung
- Bedingungen für Zellteilungsvorgänge

II Erwartete Leistungen

1. Die Eiweiß-, Fett- und Kohlenhydraternährung der Seefahrer war zwar weitestgehend gesichert, jedoch gab es kein frisches Obst und Gemüse an Bord, sodass ein erheblicher Vitaminmangel zu erwarten war. *(Anmerkung: Der Tod vieler Seefahrer durch Skorbut ist ein historischer Beleg dafür.)* Des Weiteren war die Wasserversorgung problematisch, denn wasserarme Nahrung führt zu einem stärkeren Durstgefühl als solche, die mit Frischkost kombiniert wird. Mit dem Wasservorrat mussten die Seeleute also sehr sorgsam umgehen.
2. Durch das Pökelsalz kam es beim Frischfleisch zu einem osmotisch bedingten Wasserentzug („Dürrfleisch"), der auch den in den „Qualitätsleitsätzen für Fleisch und Fleischprodukte" angesprochenen Mikroorganismen die Lebensgrundlage entzog, somit ihre Vermehrung einschränkte. Damit war eine lange Haltbarkeit des Fleisches gewährleistet.
3. Beobachtung: Zu Beginn haben alle drei Fleischproben den typischen Duft von frischem (Steak-)Fleisch. Mit fortschreitender Zeit stellt sich bei der unbehandelten Probe ein zunehmend auffälliger Geruch von Hefegärung mit einer leicht säuerlichen Note ein. Dieser ist bei der Kühlschrankprobe nicht vorhanden bzw. gegen Versuchsende sehr dezent und bei der mit Salz versetzten Probe über die gesamte Versuchszeit deutlich weniger ausgeprägt.
Erklärung:
Der natürliche Keimbesatz des Fleisches (s. Text 3) sowie die in den Zellen des Muskelfleisches befindliche Glucose führen zu einer alkoholischen-/Hefegärung, die bei der unbehandelten Probe ungehindert abläuft, bei der im Kühlschrank wegen zu niedriger Temperaturen gar nicht und bei der Salzprobe in reduzierter Form. Sowohl niedrige Temperaturen als auch der durch das Salz bedingte Wasserentzug haben zur Hemmung der Mikroorganismen geführt.
4. Gebräuchliche Pökelsalzgemische enthalten neben Kochsalz sogenannte Pökelstoffe wie Kaliumnitrat (Salpeter) oder Natrium- und Kaliumnitrit. Diese Stoffe haben neben ihrer keimtötenden Wirkung auch den Effekt, dass sie die Molekülstruktur des Myoglobins stabilisieren und somit der „Vergrauung" des Fleisches entgegenwirken. Ein weiterer Effekt des Nitritpökelsalzes liegt somit in der „Umrötung" des bei Anwesenheit von Sauerstoff blass werdenden Myoglobins. Durch die Verbindung von Nitrit mit Myoglobin entsteht Nitromyoglobin und damit die appetitliche Rotfärbung.
Der Wasserentzug durch das Pökelsalzgemisch hat auch zur Folge, dass sich die Fleischstruktur verfestigt und das Fleisch an Gewicht verliert.
Entscheidende Zielsetzung der Verwendung des Pökelsalzgemisches ist zudem die Erzeugung des typischen Aromas von Pökelfleisch, das Markenzeichen vieler Wurst- und Fleischwaren. Das Aroma wird außerdem durch die herstellertypischen würzenden Zusätze bestimmt.

Anleitung zum Modellexperiment

III Einsatzmöglichkeiten

Da gepökelte Fleischprodukte in vielen Familien zum Speiseplan gehören, hat dieses Modellexperiment für die Schüler/-innen Alltagsbezug, zumal der Zusatz von Pökelstoffen (Nitritpökelsalz) und Geschmacksverstärkern häufig Anlass zu kontroversen Diskussionen in den Medien gibt. Das Experiment ist nur auf die konservierende, keimtötende Wirkung von Salz als Osmotikum ausgerichtet. Dabei ist der Geruch das alleinige Indiz für die einsetzenden Gärungsprozesse. Die Schüler/-innen sollten mit dem Geruch einer alkoholischen Gärung durch Hefepilze vertraut sein. In der Regel kennen sie das aber auch von zuhause. Die zurückgehende Rotfärbung der Proben infolge der Oxygenierung des Myoglobins wird hier nicht einbezogen, sondern kann in einem separaten Modellversuch (Nr. 15) nachvollzogen werden. Eine Kombination beider Versuchsreihen, zum Beispiel in arbeitsteiliger Gruppenarbeit, ist eine weitere Option.
Das hier vorgestellte Experiment kann von den Schüler/-innen zuhause durchgeführt werden.

IV Thema des Modellexperiments

Pökeln: Konservierung auf der Basis von Kochsalz

V Vorbereitungszeit

ca. 5 Minuten

VI Material und Geräte

- 60 g Rinderhackfleisch
- 1 g Kochsalz
- 3 Petrischalen mit Deckel
- Labor- oder Küchenwaage
- Folienschreiber

VII Durchführung

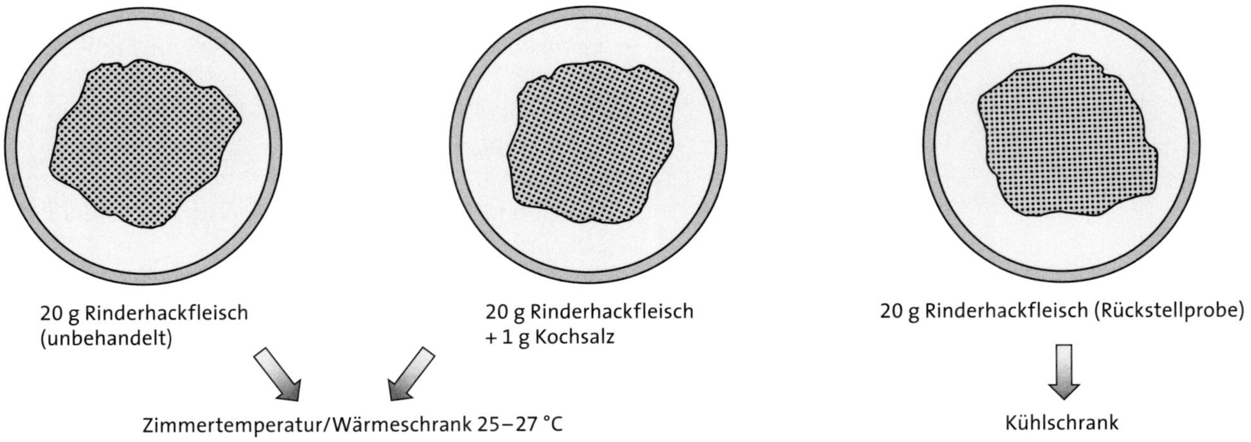

Die drei 20-g-Proben werden abgewogen und unter eine davon wird das Kochsalz geknetet. Anschließend drückt man die Fleischhäufchen in entsprechend beschrifteten Petrischalen ein wenig flach, deckt die Gefäße ab und stellt die unbehandelte Probe in den Kühlschrank. Die verbleibenden können bei Zimmertemperatur stehenbleiben bzw. werden in einen Wärmeschrank gestellt (beides zwischen 25–27 °C). Zu Beginn und ab 2 Stunden danach wird alle 2 Stunden der Duft protokolliert. Die Intensität der Geruchsveränderung kann je nach Versuchsmaterial und -bedingungen schwanken. In einem Versuchsraum mit einer Temperatur von ca. 22 °C dauert es ca. 24 Stunden, bis sich der säuerliche Hefeduft einstellt. Entscheidend ist die geruchliche Abweichung der ungekühlten Proben von der im Kühlschrank.

VIII Beobachtung

Vergleiche Lösung zu Aufgabe 3.

IX Auswertung

Vergleiche Lösung zu Aufgabe 3.

X Analogisierung

Versuchselemente	Realität
• Rinderhackfleisch	• Fleisch, das durch Pökeln konserviert werden soll
• Kochsalz	• Pökelsalzgemisch
• mit Kochsalz versetzte Probe	• gepökeltes Fleisch
• unbehandelte Probe	• nicht eingesalzenes Fleisch
• Probe im Kühlschrank	• generell: Frischhalten von Frischfleisch bei einer entsprechenden Kühltemperatur/Vergleichsprobe
• Petrischale	• Raum, in dem die Pökelung geschieht

XI Kritik

Veranschaulichung durch den Modellversuch	Grenzen des Modellversuchs
• alkoholische-/Milchsäuregärung durch natürlich vorkommende Mikroorganismen im Fleisch • Wasserentzug durch Kochsalz, das zur Reduzierung des Mikroorganismenbesatzes führt bzw. die Keime abtötet	• nur Verwendung von Kochsalz, keine keimabtötende Substanzen (Pökelstoffe), genaues Mengenverhältnis wie bei der echten Pökelung nicht eingehalten • keine konstanten, genau definierten Umweltbedingungen • Intensität der Gärung bzw. Grad der Verderblichkeit nur relativ anhand der Geruchswahrnehmung messbar • mengenmäßiger Besatz mit Mikroorganismen nicht bekannt

Stoffwechselbiologie
14 Proteindenaturierung

Arbeitsmaterial

Die Abbildung zeigt eine experimentell herbeigeführte Denaturierung der in kristalliner Form vorliegenden Ribonuclease A.

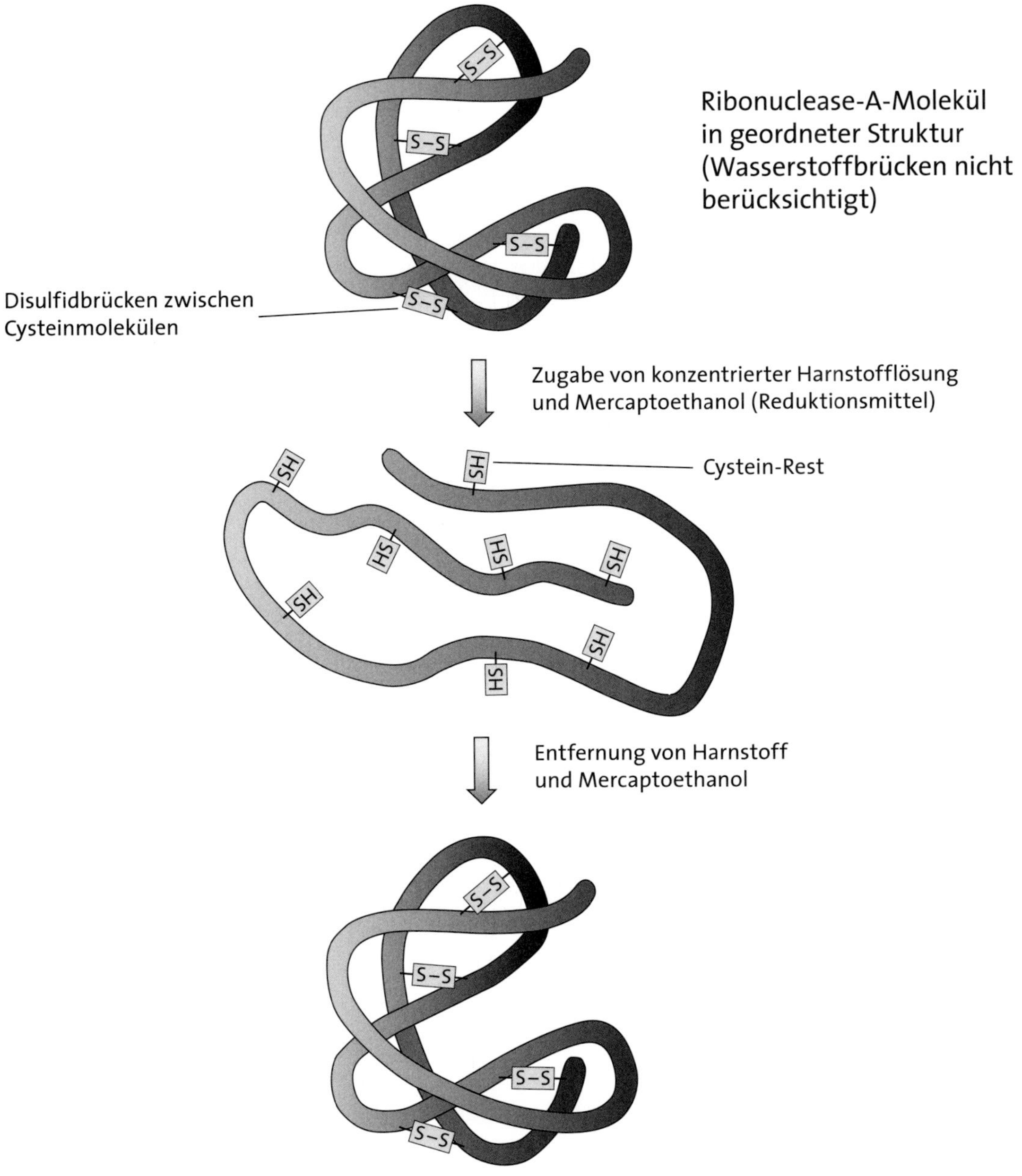

Aufgaben

1. Beschreiben Sie das Experiment und vergleichen Sie es mit der Ihnen bekannten Form der Hitzedenaturierung von Proteinen.
2. Stellen Sie je eine begründete Vermutung zur Wirkung des Harnstoffs und des Mercaptoethanols an. Hinweis: Harnstoff beeinflusst die Löslichkeitseigenschaften hydrophober Gruppen in Wasser.
3. Erläutern Sie die „klassische Proteindenaturierung“ am von der Lehrperson vorgeführten Modellexperiment. Analogisieren Sie die Modellelemente und fertigen Sie eine Modellkritik an.

I Lernvoraussetzungen

- Strukturmerkmale von Proteinen, insbesondere Alpha-Helix-Struktur
- Hitzedenaturierung
- Oxidation – Reduktion

II Erwartete Leistungen

1. Nach Zugabe der Reagenzien werden die vier Disulfidbrücken zerstört und die anfangs als funktionsfähige Alpha-Helix vorliegende Polypeptidkette verliert ihre Raumstruktur. Sie befindet sich nun in einem entfalteten Zustand, die Disilfidbrücken sind aufgebrochen und die Reste der acht Cysteinreste liegen frei. Nach Entfernung von Harnstoff und Mercaptoethanol nimmt die Polypeptidkette wieder ihre ursprüngliche Sekundärstuktur an.
Vergleich: Sowohl bei der Hitzedenaturierung als auch bei der Behandlung mit Harnstoff und Mercaptoethanol wird die räumliche Anordnung der Polypeptidkette unter Auflösung von Brückenbindungen in die zweidimensionale Form zurückgeführt und das Polypeptid somit funktionslos. Im Gegensatz zur Hitzedenaturierung geht jedoch das Molekül nach Ausschaltung des Denaturierungsfaktors wieder in die Ursprungsform über. Dabei werden die Disulfidbrücken sowie die Funktionsfähigkeit regeneriert. Während im ersten Fall die Denaturierung irreversibel ist, handelt es sich im Experiment um eine reversible Denaturierung.
2. Der Harnstoff sorgt zunächst dafür, dass sich hydrophobe Gruppen zwischen den Polypeptidabschnitten auflösen und so das Molekül in sich gelockert wird. Mercaptoethanol als Reduktionsmittel bewirkt anschließend die Reduktion der Disulfidmoleküle, sodass davon nach ihrer Zerstörung nur noch Cysteinreste verbleiben.
3. Bei einer Proteindenaturierung wird die Raumstruktur des Moleküls irreversibel zerstört. Dieser Vorgang wird durch das Wegdriften der nebeneinanderliegenden Schlingen nach Wegschmelzen des erhitzten Wachses veranschaulicht. Im Modellexperiment werden Bindungen zwischen den aneinandergelagerten Bereichen der gewundenen Helix aufgelöst. Das könnten Cysteinbindungen und Wasserstoffbrücken sein. Danach liegt das anfangs gewundene Molekül nur noch in zweidimensionaler Struktur vor.

Analogisierung:

Versuchselemente	Realität
• verschiedene Perlen	• (ca. 20) verschiedene Aminosäuren
• Perlenkette	• Aminosäurensequenz/Primärstruktur
• aneinandergelegte Schlingen	• Alpha-Helix-Struktur/Sekundärstruktur
• Wachskissen	• Bindungen zwischen den beiden Helices, z. B. Disulfid- oder Wasserstoffbrücke
• Erhitzen auf der Elektroplatte	• Erhitzen auf ca. 100 °C
• Auseinanderdriften der Ketten	• irreversible Auflösung der Raumstruktur

Kritik:

Veranschaulichung durch den Modellversuch	Grenzen des Modellversuchs
• Bau der Primär- und Alpha-Helix-Struktur • irreversible Denaturierung durch Auflösung der Raumstruktur infolge von Hitze	• Anordnung der Aminosäuren willkürlich • keine echte Raumstruktur, da Schlingen nur nebeneinanderliegen • Bindungen nicht als Kissen unter den beteiligten Polypeptidabschnitten • keine Differenzierung der aufgelösten Bindungstypen • Polypeptidabschnitte haben keine sichtbare Bewegung • keinerlei Einbindung in den stoffwechselphysiologischen Kontext

Anleitung zum Modellexperiment

III Einsatzmöglichkeiten

Während das Modellexperiment – vornehmlich wegen der Analogisierung und Kritik als ausgewiesene Aufgabenstellung – zur Festigung und Vertiefung der typischen irreversiblen Proteindenaturierung dient, verlangt das Verständnis des Arbeitsmaterials Transferdenken, insbesondere die Lösung der Aufgabe 2, denn die ungewöhnliche Form der reversiblen Denaturierung wird gewöhnlich im Unterricht nicht thematisiert. Die Hinführung zum Material kann über die Analyse des Enzymnamens Ribonuclease erfolgen und auch vorentlastend die Bedeutung eines Reduktionsmittels einbeziehen.
Dieses Modellexperiment ist als Demonstrationsexperiment durch die Lehrkraft vorgesehen. Die Beobachtung des Vorgangs ist für die Veranschaulichung vorrangig, nicht die eigenständige Durchführung seitens der Schüler/-innen.

IV Thema des Modellexperiments

Proteindenaturierung durch Hitze

V Vorbereitungszeit

Das Auffädeln der Perlen nimmt nicht viel Zeit in Anspruch, eher das Vorbereiten der Wachskissen. Insgesamt sind für den Aufbau ca. 30 Minuten zu veranschlagen.

VI Material und Geräte

- Holzperlenmischung
- Baumwollfaden von ca. 60 cm Länge
- Stopfnadel
- Wachsreste oder Paraffin
- kleiner, „ausgemusterter" Kochtopf zum Erhitzen des Wachses
- leerer Joghurtbecher o. ä.
- flache Aluminiumschale oder feuerfestes Glasbecken, das mit Aluminiumfolie ausgekleidet wird
- Heizplatte
- feuerfester Untersetzer

VII Durchführung

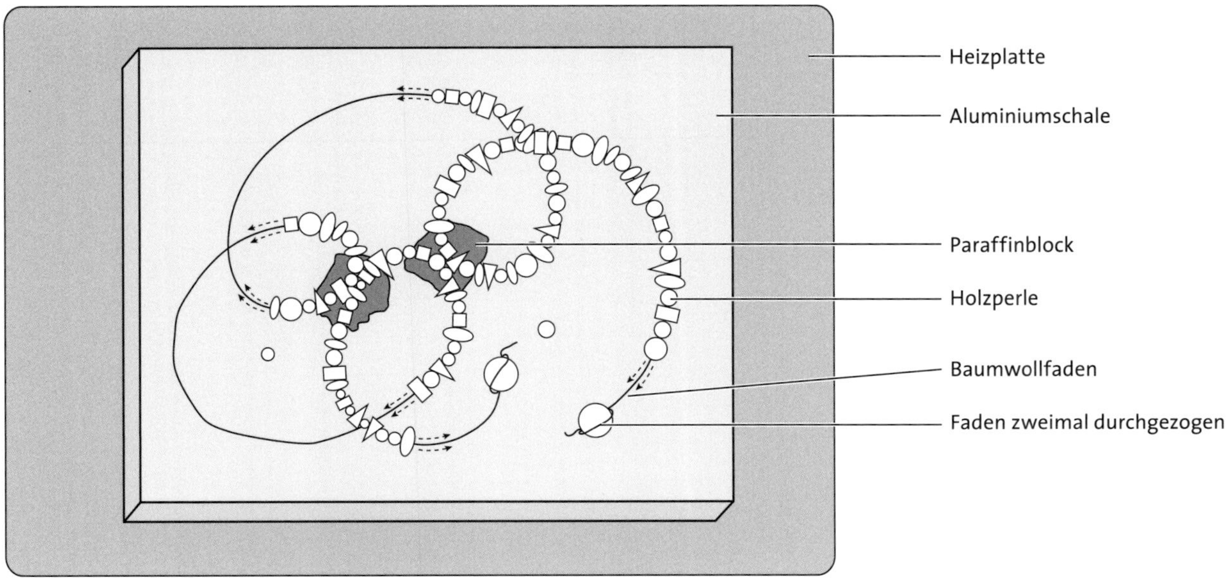

Man fädelt so viele Holzperlen in beliebiger Folge auf den Baumwollfaden, dass an beiden Enden jeweils ein Ende freibleibt. Dieses wird zur Befestigung der jeweils endständigen Perle zweimal durch diese geschlungen. In dem ausgemusterten Topf wird anschließend das Wachs geschmolzen. Sobald sich an der Wand eine Wachsschicht abgesetzt hat, gießt man den flüssigen Überstand in den Joghurtbecher, der zuvor auf den Untersetzer gesetzt wurde, und formt aus dem festwerdenden Material ein ca. 1 cm dickes Kissen. Insgesamt sind zwei Wachskissen notwendig. Solange sie noch nicht ausgehärtet sind, drückt man die zwei nebeneinanderliegenden Schlingen der Perlenkette fest in das Material hinein. Nachdem die Kissen fest geworden sind, beginnt der Versuch. Die Kette wird vorsichtig in die Aluminiumschale gelegt und das ganze langsam auf der Heizplatte erhitzt.

VIII Beobachtung

Sobald das Wachs zu schmelzen beginnt, rücken die nebeneinanderliegenden Schlingen der Perlenkette auseinander und diese geht langsam in eine Streckung über.

IX Auswertung

Durch den hitzebedingten Verlust des Trägermaterials, das die beiden Schlingen zusammenhielt, verliert die Perlenkette ihre Raumstruktur und liegt nur noch fädig vor. Die Bindungsmechanismen sind dabei irreversibel zerstört worden.

X Analogisierung

Vergleiche Lösung zu Aufgabe 3.

XI Kritik

Vergleiche Lösung zu Aufgabe 3.

Tipp für den Unterricht
Unter www.lisa-rebmann.de/nano.htm wird ein Modellexperiment mit „Memory-Metall" gezeigt, das als Modellexperiment für die reversible Ribonuclease-A-Denaturierung dienen kann. Das Video ist zusammen mit den üblichen Arbeitsschritten der Übertragung und Kritik gut als modellhafte Veranschaulichung dieses Sachverhalts geeignet. Alternativ kann es auch separat im Rahmen der Behandlung der „normalen" irreversiblen Hitzedenaturierung genutzt werden, etwa mit folgender Aufgabenstellung: „Prüfen Sie, ob das im Video gezeigte Experiment als Modellexperiment für die Hitzedenaturierung von Proteinen geeignet ist."

Stoffwechselbiologie
15 Sauerstoffbindung von Myoglobin und Hämoglobin

Arbeitsmaterial

In einem Experiment wird jeweils eine Lösung von Myoglobin und von Hämoglobin mit einem Gasgemisch durchspült, dessen Sauerstoffgehalt und damit auch der Sauerstoffpartialdruck in Kilopascal (pO_2 in kPa) ansteigt. Bei jedem neuen Partialdruck wird der prozentuale Anteil an bereits gesättigten Myoglobin- bzw. Hämoglobinmolekülen gemessen. Das Ergebnis sind Sauerstoffbindungskurven:

	?	?
pO_2 in kPa/% Sättigung	2/88	2/8
	4/97	4/44
	6/99	6/77
	8/100	8/93
	10/—	10/98
	12/—	12/100

(Daten nach: Müller, W./Frings. S.: Tier- und Humanphysiologie – Eine Einführung. 4. Aufl., Springer 2009, S. 198)

Aufgaben

1. Erstellen Sie eine Grafik (Ordinate: % Sättigung, Abszisse: pO_2) mit den beiden Sauerstoffbindungskurven und entscheiden Sie begründend, welche die O_2-Bindung von Myoglobin bzw. Hämoglobin darstellt.
2. Fassen Sie vergleichend die Kurvenverläufe sowie die Aussage bezüglich der Sauerstoffaffinität von Myoglobin und Hämoglobin zusammen.
3. Um dem Verbraucher möglichst appetitlich aussehendes, rotes Frischfleisch anbieten zu können, wird dieses in Supermärkten häufig in Verpackungen in einer sogenannten Sauerstoffschutzatmosphäre (Gasgemisch, das Sauerstoff enthält) angeboten. Stellen Sie eine Hypothese zum physiologischen Hintergrund dieser verkaufsfördernden Maßnahme auf. Orientieren Sie sich dabei an den Ergebnissen aus Aufgabe 1 und 2.
4. Führen Sie folgendes Modellexperiment durch: Jeweils 20 g Rinderhackfleisch werden in eine Petrischale gegeben und flachgedrückt. Eine Schale wird abdeckt, die andere bleibt offen. Zu Beginn und nach 3 Stunden protokolliert man bei beiden Proben an der Unter- und Oberseite der Gefäße die Farbgebung des Fleisches. Überprüfen Sie Ihre Hypothese anhand Ihres Versuchsergebnisses und erklären Sie dieses.

I Lernvoraussetzungen

- Funktion von Myoglobin und Hämoglobin
- Affinitätsunterschiede bzgl. der Sauerstoffaufnahme
- Oxygenierung von Myoglobin- und Hämoglobin
- hyperboler, sigmoider Kurvenverlauf, Sättigungskurve

II Erwartete Leistungen

1.

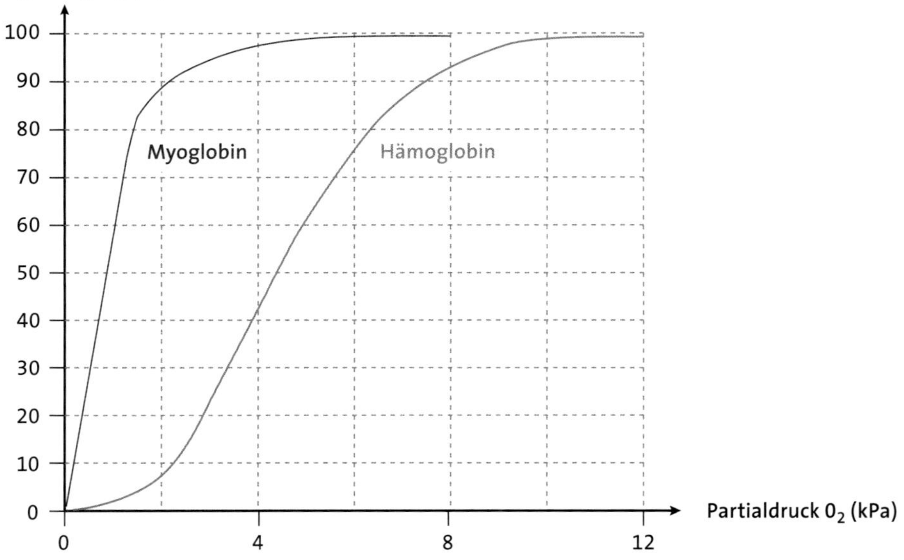

Begründung:
Die linke Kurve muss zum Myoglobin gehören, da hier der Sättigungswert früher erreicht ist als beim Hämoglobin (Alternativargumentation bzgl. der Hämoglobinkurve).

2. Während die Myoglobinkurve einen hyperbolischen Verlauf nimmt, ist die des Hämoglobins sigmoid. Beide Kurven sind Sättigungskurven. Im Vergleich zum Hämoglobin ist die Sauerstoffaffinität des Myoglobins deutlich höher, sodass hier die maximale Sättigung schon bei vergleichsweise geringerem Sauerstoffpartialdruck eintritt.

3. Hypothese: Oxygeniertes Myoglobin hat eine deutlichere Rotfärbung als nicht oxygeniertes. Daher bleibt das (Muskel-)Fleisch unter Sauerstoffzufuhr in der Sauerstoffschutzatmosphäre auch über längere Zeit (appetitlich) rot.

4. Ergebnis des Modellexperiments:
Zu Beginn haben beide Proben, sowohl von der Ober- als auch von der Unterseite der Schalenböden her betrachtet, denselben Grad an Rotfärbung. Nach 3 Stunden ist die Rotfärbung der unabgedeckten Probe intensiver geworden, während auf der Unterseite ein Farbrückgang zu sehen ist. Bei der abgedeckten Probe ist es genau umgekehrt: Der obere Bereich ist deutlich blasser geworden, wohingegen der dem Schalenboden aufliegende seine Ausgangsfärbung nahezu behalten hat.
Damit ist die Hypothese bestätigt, dass Sauerstoffzufuhr die Rotfärbung von (Muskel-)Fleisch begünstigt, denn O_2 bindet an Myoglobin, das in oxygenierter Form eine intensivere Rotfärbung annimmt. Unter Sauerstoffarmut geht die Ausgangsfärbung sogar wegen des fehlenden Sauerstoffs zurück.

Anleitung zum Modellexperiment

III Einsatzmöglichkeiten

Der Aufgabenteil ist überwiegend reproduktiv mit Reorganisationscharakter angelegt, trägt somit zur Wiederholung und Festigung bei. Der recht einfache Modellversuch eignet sich gut als Hausaufgabe.
Das Aufgabenmaterial kann noch weiter ausgeschöpft werden, indem die Kurvenverläufe analog zu Kurven zu Enzymaktivität analysiert werden: Die Myoglobin-Kurve folgt der Michaelis-Menten-Kinetik, die dann greift, wenn

Enzymen mit nur einer Substratbindungsstelle ansteigende Substratmengen angeboten werden. Der sigmoide Kurvenverlauf des Hämoglobins lässt auf ein allosterisch arbeitendes Enzym schließen.
(Details dazu vgl. Müller, W./Frings. S.: Tier- und Humanphysiologie – Eine Einführung. 4. Aufl., Springer 2009, S. 198f.)
Folgender Sachverhalt kann genutzt werden, um den Unterschied zwischen Oxidation und Oxygenierung zu festigen: „Metzgermeister X. erklärt einem Auszubildenden, dass Fleisch unter einer Sauerstoffschutzatmosphäre deswegen rot bleibt, weil das Myoglobin *oxidiert* wird." Aufgabenstellung: „Überprüfen Sie die Erklärung des Metzgermeisters."

IV Thema des Modellexperiments

Oxygenierung von Myoglobin und Hämoglobin

V Vorbereitungszeit

keine

VI Material und Geräte

- 40 g Rinderhackfleisch
- Labor- bzw. Haushaltswaage
- 2 Petrischalen, eine davon mit Deckel

VII Durchführung

Jeweils 20 g Hackfleisch werden abgewogen und flach auf den Boden der Petrischalen gedrückt. Eine Probe wird abgedeckt. Zu Beginn und nach 3 Stunden kontrolliert man die Farbintensität der Proben an der Oberfläche und von der Schalenunterseite aus.

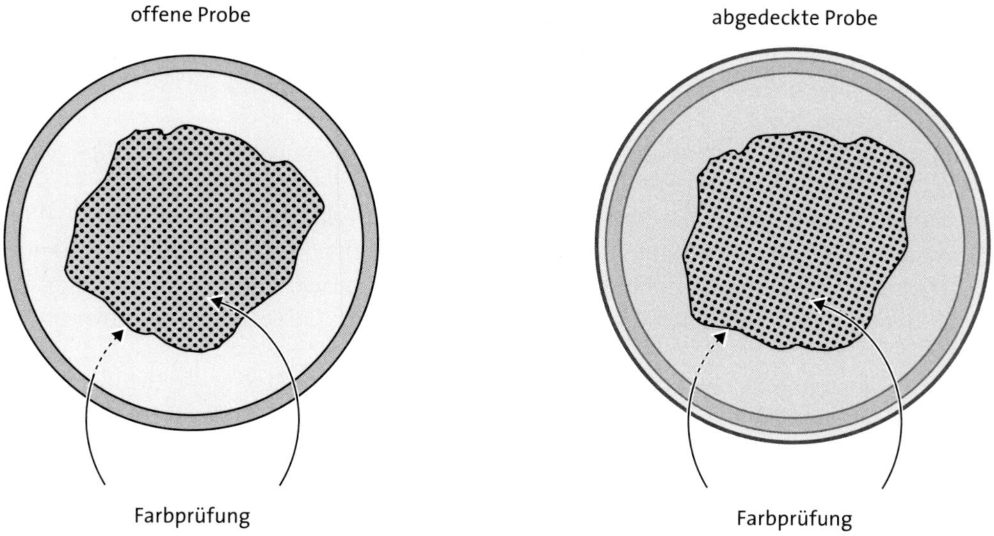

VIII Beobachtung

Vergleiche Lösung zu Aufgabe 4.

IX Auswertung

Da die offene Probe die ganze Zeit über Luftsauerstoff ausgesetzt war, konnte das Myoglobin bis zur Sättigung Sauerstoff binden. Daraus resultiert die vergleichsweise stärkere Rotfärbung. Beim abgedeckten Fleisch war die Sauerstoffbindung nur sehr begrenzt möglich, sodass hier ein Farbverlust eintrat.

X Analogisierung

Versuchselemente	Realität
• Rinderhackfleisch • abgedeckte Petrischale • nicht abgedeckte Petrischale	• verpacktes Frischfleisch aus dem Supermarkt • Verpackung mit Sauerstoffschutzatmosphäre • Fleisch ohne Sauerstoffschutzatmosphäre bzw. offen angebotene Ware

XI Kritik

Veranschaulichung durch den Modellversuch	Grenzen des Modellversuchs
• Oxygenierung von Myoglobin, was eine intensivere Rotfärbung zur Folge hat • Rückgang der Farbe bei begrenztem Sauerstoffangebot	• Ausschluss physiologischer Parameter, die im lebenden Organismus ebenfalls wirksam werden • keine laut Lebensmittelrichtlinien vorgegebene Kühltemperatur, Luftfeuchtigkeit • Raumluft entspricht nicht der Zusammensetzung der Luft in der Sauerstoffschutzatmosphäre • Sättigungsgrenze nicht nachweisbar • Farbveränderungen könnten auch durch andere, nicht berücksichtigte Umwelteinflüsse ausgelöst worden sein • Stoffwechselaktivität von eventuell sich auf dem bzw. im Fleisch befindlichen Mikroorganismen als weiterer Faktor, der das Aussehen der Oberfläche des Fleisches beeinflusst

Tipps für den Unterricht

Folgender auf osmotischem Wasserentzug beruhender Kurzversuch, der ebenfalls eine Intensivierung der Fleischfarbe vor den Augen der Schüler/-innen „im Zeitraffer“ erzeugt, erfordert Transferdenken: Auf 20 g flachgedrücktes Rinderhack wird Zucker gestreut. Innerhalb weniger Minuten wird das Fleisch dunkler und auf der Oberfläche bildet sich ein glänzender Film aus Zuckerwasser.

Die Transferleistung beruht darin, hier auf den osmotischen Wasserentzug unabhängig von einer Oxygenierung des Myoglobins zu schließen.

Um die sogenannte Umrötung zu demonstrieren, die bei Rohwürsten zur Erhaltung der roten Farbe („Pökelrot“) angewandt wird und direkt am Myoglobin ansetzt, versetzt man 20 g Rinderhackfleisch mit einem Gemisch aus 1 g Kaliumnitrat plus 1 g Kochsalz. Kaliumnitrat, ebenso wie Kalium- und Natriumnitrit, dient als Pökelstoff und stabilisiert die Molekülstruktur des Myoglobins. Damit wird der Vergrauung des Frischfleisches bei Anwesenheit von Sauerstoff entgegengewirkt.

(Weitere Sachinformationen zu den chemischen Hintergründen der Umrötung unter: www.red-arrow-deutschland.de/service/raeucherlexikon/umroetung)

Ökologie
16 Der Eisbär als Überlebenskünstler

Arbeitsmaterial

Der Eisbär lebt im Packeis des Nordpolarmeeres und an den arktischen Küstenregionen Kanadas, Grönlands und Russlands. Dort herrschen durchschnittliche Temperaturen von –40 °C.
An diese Kälte ist der Eisbär durch eine dicke Fettschicht und ein dichtes Fell optimal angepasst.
Unter dem gelblichweißen Fell befindet sich eine schwarze Haut. Bei starken Anstrengungen, z. B. nach Beutefang von Robben, wärmt sich der Körper des Eisbären so stark auf, dass ein Bad im kalten Meer für Abkühlung sorgt. Wenn er anschließend das Wasser verlässt, schüttelt er das restliche Wasser zügig aus dem Fell.

Abbildung 1: Der Eisbär

Abbildung 2: Körperbedeckung des Eisbären

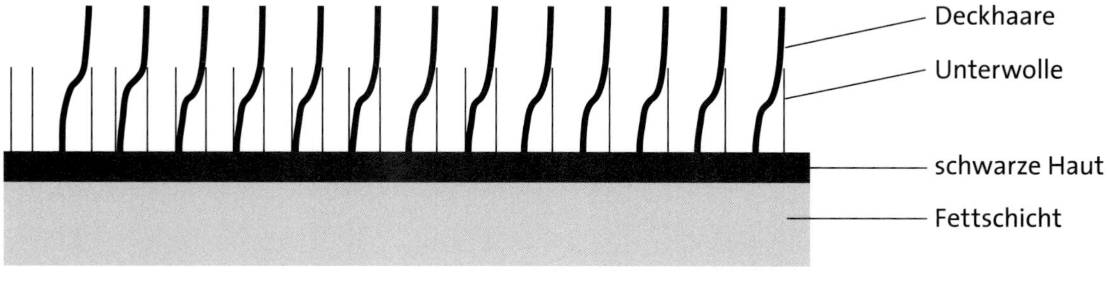

Ökologie
16 Der Eisbär als Überlebenskünstler

Aufgaben

Alle Aufgaben werden in Partnerarbeit durchgeführt.

1. Listet alle Körpermerkmale des Eisbären aus dem Begleittext und aus Abbildung 1 auf. Ordnet den jeweiligen Merkmalen die entsprechende Funktion zu oder stellt Vermutungen dazu auf.
2. Wärmekameras erfassen die Wärmestrahlung von Körpern und stellen diese durch verschiedene Farben als Wärmebild dar. Markiert in Abbildung 1 die Stellen am Körper des Eisbären, die eurer Meinung nach die meiste Strahlung abgeben. Lasst euch zum Vergleichen das Wärmebild eines Eisbären von eurer Lehrkraft aushändigen, korrigiert gegebenenfalls eure Markierungen und erklärt euch die Änderungen gegenseitig.
3. Entwickelt ein Modellexperiment zu dem Phänomen, dass der Eisbär unter seinem Fell eine schwarze Haut hat. Orientiert euch bei der Entwicklung des Versuchsaufbaus an Abbildung 2. Es stehen euch folgende Materialien zur Verfügung: Zwei Filmdosen mit jeweils einer kleinen Öffnung, ein weißes Blatt Papier, Schere, Tesafilm, ein Digitalthermometer und eine Stoppuhr. Stellt jeweils eine Messreihe über einen Zeitraum von 5 Minuten auf. Als Lichtquelle könnt ihr das Sonnenlicht, den Overheadprojektor oder eine Wärmelampe verwenden.
4. Notiert eure Beobachtungen in einer Tabelle und deutet eure Ergebnisse.
5. Erweitert das Modellexperiment zur Klärung der Frage, warum Eisbären trotz der Ergebnisse aus Aufgabe 4 kein schwarzes Fell, sondern ein gelblichweißes Fell besitzen. Benutzt die gleichen Materialien wie in Aufgabe 3 und setzt zusätzlich Luftpolsterfolie ein. Zur Herstellung der schwarzen Folie malt ihr ein Folienstück mit einem schwarzen Permanentmarker aus. Stellt auch hier eine Messreihe über einen Zeitraum von 5 Minuten auf und wertet euer Modellexperiment aus.
6. Erklärt, welche Eigenschaft das Fell des Eisbären haben muss, damit das Wasser im Fell nach einem Tauchgang im Meer so schnell abgeschüttelt werden kann.

I Lernvoraussetzungen

- Basiswissen zur Wärmelehre, Einflussgrößen des Wärmehaushaltes, Wärmeerzeugung, Wärmeaufnahme und Wärmeabgabe
- Regelung der Körpertemperatur bei gleichwarmen Tieren: Überwinterung von heimischen Tieren
- Wärmebilder von Tieren

II Erwartete Leistungen

1. Mögliche Tabelle

Merkmal	Funktion/Vermutung
gelblichweißes Fell	gute Tarnung im Schnee/Wärmeisolation
kleine Ohren	geringe Wärmeabgabe
kurzer Schwanz	geringe Wärmeabgabe
großer, massiger Körper	verhindert große Wärmeabgabe
kräftiges Raubtiergebiss	Fangen und Töten der Beute
schwarze Haut	Wärmeaufnahme
Sohlen mit Fell	sichere Fortbewegung auf dem Eis
breite Tatzenform	kraftsparende Fortbewegungsmethode nach dem „Schneeschuhprinzip“
kräftige Nasenform	guter Geruchssinn für die Jagd nach Beute
dichtes Fell	Isolation, geringe Wärmeabgabe
dicke Fettschicht	Isolation, Energiereserve
kräftige Krallen an der Tatze	sicherer Halt auf dem Eis, Krallen wirken wie „Spikes“, sind wichtig, um z. B. Robben aus dem Wasser zu ziehen
schnelles Abschütteln von Wasser aus dem Fell	Schutz vor Gefrieren des Wassers, Fell könnte wasserabweisend sein

2. Wärmeabgabe Eisbär

Wärmebild eines Eisbären

3./4. Messergebnisse: Anfangstemperatur: jeweils 26,1 °C, Lichtquelle: Sonne, Messdauer 5 Minuten:

Zeit in s	Temperatur in der Filmdose in °C	Temperatur in der mit weißem Papier umwickelten Filmdose in °C
30	26,7	26,1
60	27,4	26,2
90	28,1	26,3
120	28,9	26,4
150	29,5	26,5
180	30,0	26,6
210	30,4	26,7
240	30,8	26,8
270	31,1	26,9
300	32,8	27,0

Beobachtung: Der Temperaturverlauf in der Filmdose, die der Sonne ausgesetzt wurde, liegt nach 5 Minuten um 5,8 °C höher als der in der mit weißem Papier umwickelten Filmdose.
Deutung: Schwarze Körper erwärmen sich bei Bestrahlung mit der Sonne deutlich schneller als weiße Körper.
5.

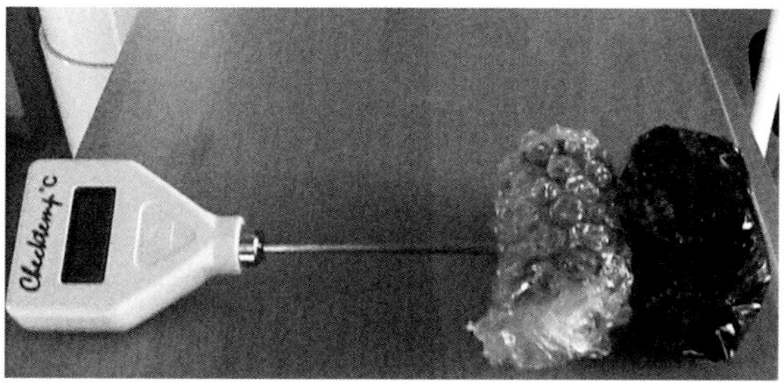

Messergebnisse: Anfangstemperatur: jeweils 26,1 °C, Lichtquelle: Sonne, Messdauer 5 Minuten:

Zeit in s	Temperatur in der mit durchsichtigem Luftpolster umwickelten Filmdose in °C	Temperatur in der mit schwarzem Luftpolster umwickelten Filmdose in °C
30	26,7	26,5
60	27,3	26,9
90	27,9	27,3
120	28,7	27,8
150	29,4	28,4
180	30,0	29,0
210	31,0	29,8
240	31,6	30,4
270	32,2	30,9
300	32,8	31,4

Beobachtung: Die Temperatur in der mit durchsichtigem Luftpolster umwickelten Filmdose steigt schneller an als unter der mit schwarzem Luftpolster umwickelten Filmdose.
Deutung: Die Luftpolsterfolie lässt die Wärmestrahlung hindurch, wird von der Oberfläche der schwarzen Filmdose aufgenommen und heizt diese auf. Die schwarze Luftpolsterfolie nimmt das Licht an der Oberfläche auf und erwärmt sich bereits dort. Somit wird die Oberfläche der unter der schwarzen Folie liegenden Filmdose weniger aufgeheizt.
6. Das Fell muss wasserabweisend sein, damit das Wasser zügig von den Fellhaaren abperlt und nicht gefrieren kann.

Anleitung zum Modellexperiment

III Einsatzmöglichkeiten

Nach Erarbeitung der Überwinterungsstrategien von heimischen Tieren bietet sich die Erlernung der Angepasstheiten von Säugetieren an extreme Lebensräume an. Die Modellexperimente veranschaulichen auf einfache Weise die Anpassungen des Eisbären zum Überleben in der Kälte. Da zur Bearbeitung der Regulation der Körpertemperatur auch Themen wie z. B. die Wärmelehre aus dem Fach Physik und der Lebensraum Antarktis aus dem Fach Erdkunde mit einfließen, wird durch diese Ausweitung des Themas das vernetzte Denken der Schüler/-innen gefördert.
Die Modellexperimente lassen sich in Gruppenarbeit zügig durchführen. Falls keine Sonne scheint, kann man als Lichtquelle einen Overheadprojektor und – je nach Verfügbarkeit – mehrere Wärmelampen einsetzen.

IV Thema des Modellexperiments

Der Eisbär als Überlebenskünstler

V Vorbereitungszeit

15 Minuten

VI Material und Geräte (pro Gruppe)

- Digitalthermometer
- zwei Filmdosen mit Deckel
- Luftpolsterfolie
- schwarzer Permanentmarker
- weißes Blatt Papier
- Stoppuhr
- Lichtquelle: Sonne, Wärmelampe oder Overheadprojektor
- Schere
- Tesafilm

VII Durchführung der Modellexperimente aus den Aufgaben 3 und 5

Man bohrt mit einer Scherenspitze oder mithilfe einer Stricknadel ein kleines Loch in die Mitte der Filmdose. In diese Öffnung steckt man die Spitze des Digitalthermometers und legt dieses in die Sonne. Als Lichtquelle kann je nach Verfügbarkeit auch eine Wärmelampe oder ein Overheadprojektor eingesetzt werden. Die Temperatur wird alle 30 Sekunden gemessen und über einen Zeitraum von 5 Minuten verfolgt.
Die Messung wird wiederholt mit der umhüllten Filmdose
- aus weißem Papier
- aus durchsichtiger Luftpolsterfolie
- aus schwarz angemalter Luftpolsterfolie

Aufgrund der Vergleichbarkeit der Messergebnisse ist darauf zu achten, dass die durchsichtige und die schwarz angemalte Luftpolsterfolie gleich groß sind. Die Ergebnisse lassen sich auch anhand von Grafiken gut visualisieren.

VIII Beobachtung

Siehe Erwartete Leistungen, Aufgabe 4 und Aufgabe 5.

IX Auswertung

Siehe Erwartete Leistungen, Aufgabe 4 und Aufgabe 5.

X Analogisierung

Versuchselemente	Realität
• Filmdose	• Körper des Eisbären
• Thermometer	• Messfühler der Körperwärme
• Sonnenlicht	• Sonnenlicht
• schwarze Filmdose	• schwarze Haut unter dem Eisbärfell
• durchsichtige Luftpolsterfolie	• gelblichweißes Eisbärfell

XI Kritik

Die Vorteile der Modellexperimente liegen zum einen in der Veranschaulichung der höheren Wärmeaufnahme von schwarzen Oberflächen und zum anderen in der Demonstration der durchgehenden Wärmestrahlung durch durchsichtige Materialien.
Die Grenzen des Modellexperiments liegen darin, dass sowohl der Einfluss von Wind auf den Wärmeverlust als auch der Auftrieb beim Schwimmen und Tauchen des Eisbären im Meer vernachlässigt wird. Die verwendete Filmdose für die Körperform und die Luftpolsterfolie für das Eisbärfell sind aufgrund ihrer Einfachheit nur in Grenzen analogisierbar.

Tipps für den Unterricht

Klärung der Frage „Warum frieren die Sohlen des Eisbären nicht am Eis fest?"/Konstruktion von Gipsmodellen/ experimentelle Untersuchung des Gegenstromprinzips
- Wärmedämmung nach dem „Eisbärprinzip", z. B. das „Eisbärhaus" in Kirchheim
- Entwicklung von Modellen zur Veranschaulichung der Körperbedeckung des Eisbären
- Einfluss des Klimawandels auf den Eisbärenbestand

Ökologie
17 Der See im Jahresverlauf/Sommerstagnation

Arbeitsmaterial

Im Sommer lädt mancher See zum Baden ein. Beim Schwimmen stellen die Badegäste allerdings fest, dass das Wasser nicht überall gleich warm ist: Je weiter man sich vom Ufer entfernt, desto kälter wird es an den Beinen.

Ökosystem See: Wassertemperatur im Jahresverlauf

Tiefe \ Datum	26.03.	19.04.	02.06.	31.08.	31.10.	06.12.
0 m	5,0 °C	14,8 °C	19,0 °C	18,2 °C	8,3 °C	4,2 °C
2 m	4,2 °C	11,0 °C	18,8 °C	18,0 °C	8,2 °C	4,2 °C
3 m	4,0 °C	7,4 °C	14,5 °C	18,0 °C	8,2 °C	4,2 °C
4 m	4,0 °C	5,7 °C	9,6 °C	16,5 °C	8,2 °C	4,2 °C
5 m	4,0 °C	5,3 °C	8,0 °C	13,0 °C	8,1 °C	4,2 °C
6 m	4,0 °C	5,1 °C	6,6 °C	9,2 °C	8,0 °C	4,2 °C
7 m	4,0 °C	5,0 °C	5,8 °C	7,2 °C	8,0 °C	4,2 °C
8 m	4,0 °C	5,0 °C	5,6 °C	6,7 °C	7,0 °C	4,2 °C

Aufgaben

1. Beschreibe die Temperaturänderungen im Wasser in Abhängigkeit von der Seetiefe im Jahresverlauf.
2. Erkläre anhand der Beobachtungen des durchgeführten Modellexperiments die Wassertemperaturen im Sommer (am 2.06.).
3. Der Tiefwarensee in Mecklenburg-Vorpommern liegt in einem touristisch gut erschlossenen Gebiet. Da die Sichttiefe in diesem See vor einigen Jahren nur ½ Meter betrug, sollte der See in kürzester Zeit saniert werden. Durch geeignete Maßnahmen konnte innerhalb von 4 Jahren die Sichttiefe von ½ Meter auf 8 Meter verbessert werden. Unter anderem wurde der See mit Raubfischen bestückt. Erkläre die Wirkungsweise der Raubfische. Nenne weitere mögliche Maßnahmen zur Sanierung des Sees.

I Lernvoraussetzungen

- Grobgliederung eines Sees
- Kenntnisse über die in einem See vorhandenen Biotope und Biozönosen
- Nahrungsketten

II Erwartete Leistungen

1. 26.03.: durchgehend konstante Temperaturen bei 4 °C, an der Oberfläche 1 Grad wärmer
19.04.: kontinuierliche Temperaturabnahme von 14,8 °C bis 7,4 °C von 0 m bis 3 m, danach Temperaturabfall bis 5 °C
02.06.: von 0 m bis 3 m Abnahme der Temperatur von 19 °C bis 14,5 °C, ab 3 m deutlicher Temperatursprung auf 9,6 °C bei 4 m Tiefe, ab da Abnahme bis auf 5,6 °C
31.08.: von 0 m bis 3 m nahezu konstante Werte bei 18 °C, kontinuierlicher Temperaturabfall bis maximal 6,7 °C, Temperaturunterschied von 3 m auf 4 m beträgt nur noch 1,5 °C
31.10.: nahezu gleichbleibende Werte von 8 °C bis 7 m, bei 8 m 1 Grad kälter
06.12.: konstante Temperatur von 4,2 °C in allen Tiefen
2. Die Wellenbewegungen, die der Fön verursacht, führen zu einer leichten blau-violetten Schlierenbildung in der Warmwasserschicht. Überträgt man diese Beobachtung auf die Situation im Sommer, so veranschaulicht das Modellexperiment die Zirkulation des Wassers von 0 m bis ca. 3 m am 02.06. Ab 4 m sinkt die Wassertemperatur deutlich, es entsteht eine Sprungschicht. Unterhalb dieser Schicht findet im Sommer keine Durchmischung des Wassers statt.
3. Raubfische dezimieren den Bestand der Friedfische. Die Abnahme der Friedfischpopulation bedingt eine Zunahme der Zoophyten. Folglich verringert sich die Algenkonzentration und die Sichttiefe im Tiefwarensee verbessert sich.
Weitere Maßnahmen sind:
- Belüftung
- Ausbaggern von Schlammboden
- Einbau von Phosphatfällungsanlagen in Kläranlagen
- Verhinderung von Nitrat- und Phosphateintrag durch Weideland

Anleitung zum Modellexperiment

III Einsatzmöglichkeiten

Als Einstieg in die Thematik „Zirkulation und Stoffkreisläufe im See" bietet es sich an, an die Alltagserfahrungen der Schüler/-innen anzuknüpfen: Jeder Schüler hat beim Baden im See bereits Temperaturschwankungen am eigenen Körper gespürt und Algenblüten im See oder im Weiher gesehen. Zeitungsartikel, Fotos, Filme über eutrophierte Gewässer verstärken das Interesse der Schüler/-innen, die Ursachen für die ihnen bekannten Phänomene kennenzulernen.
Das Modellexperiment für die Simulation der Sommerstagnation kann problemlos auf die weiteren Stoffkreisläufe im Frühjahr/Herbst und auf den Winter ausgeweitet werden (s. Tipp für den Unterricht). Die Zusammenstellung des Materials für das Modellexperiment kann mit den Schüler/-innen gemeinsam geplant werden.
Zur Durchführung bietet sich aufgrund der labilen Grenzschicht zwischen heißem und kaltem Wasser das Lehrerdemonstrationsexperiment an. Mögliche Fehlersuche und anschließende Diskussionen zur Verbesserung des Versuchs steigern die Kompetenzfähigkeit in der naturwissenschaftlichen Vorgehensweise.
Die gedankliche Weiterführung des Modellexperiments auf Sanierungsmöglichkeiten von eutrophierten Gewässern sensibilisiert die Schüler/-innen für unsere Umweltprobleme und verdeutlicht ihnen die Labilität von Ökosystemen, wenn der anthropogene Einfluss gegenüber der Fähigkeit zur Selbstregulation überwiegt.

IV Thema des Modellexperiments

Sommerstagnation im See

V Vorbereitungszeit

Als Lehrerdemonstrationsexperiment: 10 Minuten

VI Material und Geräte

- pneumatische Wanne oder Glasbecken
- Stativmaterial
- Fön
- Kaliumpermanganatkristalle (je nach Größe des Beckens ca. 3 bis 7 Kristalle)
- Spatel
- Einkaufstüte (Plastikfolie)

VII Durchführung

Die pneumatische Wanne wird zur Hälfte mit kaltem Wasser gefüllt. Dann legt man eine zugeschnittene Plastikfolie auf die Wasseroberfläche und lässt die Folie ca. 2 cm über den Beckenrand ragen. Anschließend gießt man langsam und in kleinen Portionen heißes Wasser auf die Folie, bis die pneumatische Wanne ca. zu 3/4 mit Wasser gefüllt ist. Danach zieht man an einem Rand die Folie vorsichtig heraus und lässt das Wasser bis zur Wellenberuhigung stehen. Die Kaliumpermanganatkristalle werden mit dem Spatel in die Mitte des Glasbeckens gegeben und der Luftstrom des Föns schräg auf die Wasseroberfläche gerichtet.

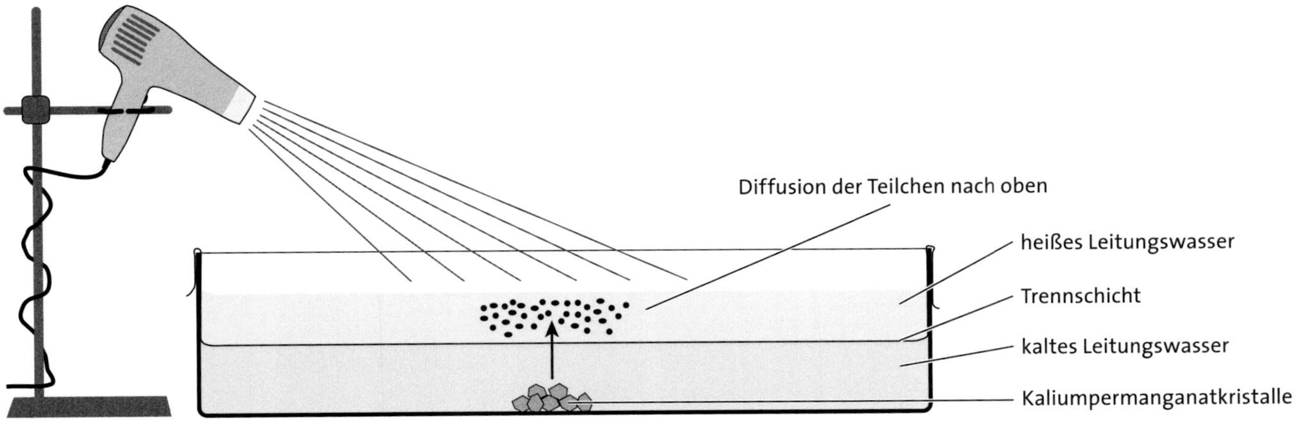

VIII Beobachtung

Die Wellenbewegungen, die der Fön verursacht, führen zu einer leichten blau-violetten Schlierenbewegung in der Warmwasserschicht. In der Kaltwasserschicht finden keine Zirkulationen statt, d. h., es ist keine Schlierenbildung zu erkennen.

IX Auswertung

Hat sich im Sommer eine Sprungschicht im See ausgebildet, findet im kalten Tiefenwasser keine Zirkulation des Wassers mehr statt (Stagnation). Nur im Epilimnion sorgt der Wind für eine Durchmischung, die zu einer gleichmäßigen Verteilung von Sauerstoff und Mineralstoffen führt (Teilzirkulation).

X Analogisierung

Versuchselemente	Realität
• Das Auflösen von Kaliumpermanganat als indirekter Nachweis für Wasserbewegungen (blau-violette Schlierenbildung)	• Zirkulation
• Fön	• Wind
• pneumatische Wanne	• Ökosystem See
• Plastikfolie	• Sprungschicht

XI Kritik

Veranschaulichung durch den Modellversuch	Grenzen des Modellversuchs
• Wasserzirkulation in der Warmwasserzone • Stagnation der Wasserbewegung in der Kaltwasserzone	• temporäre und instabile Sprungschicht • Temperaturmessung in der Sprungschicht nicht möglich • Bezug zum Sauerstoffgehalt/zur Nährstoffverteilung im Epi- und im Hypolimnion fehlt

Tipp für den Unterricht
Eigenständige Planung und Durchführung von Modellexperimenten, die die Frühjahrs- und Herbstzirkulation sowie die Winterstagnation veranschaulichen.

Stoffwechselbiologie
18 Evaporation und Transpiration

Arbeitsmaterial

Mit einem Verdunstungsmesser wurde einen Tag lang gemessen, wie viel Wasserdampf die Umgebungsluft aufnehmen kann.
Als Untersuchungsobjekte stehen zur Verfügung:
(1) eine freie Wasserfläche
(2) Buchenblätter an einem Baum
(3) frische Tomatenscheiben
(4) pürierte frische Tomaten.
Die Messung begann bei Sonnenaufgang und einer Lufttemperatur von ca. 15 °C, erstreckte sich über die Mittagszeit mit dem Sonnenhöchststand bei ca. 35 °C und endete bei Sonnenuntergang und ca. 15 °C Lufttemperatur. Allen Versuchsobjekten stand stets genügend Wasser zur Verfügung und es wurde mit vergleichbaren Gewichtsanteilen unter denselben Versuchsbedingungen gearbeitet.
In der Tabelle sind die gerundeten Messwerte angegeben.

relative Zeiteinheit	relative Verdunstungseinheit (Transpiration)	relative Verdunstungseinheit (Evaporation)
0	2	4
1	3	6
3	6	13
5	12	18
7	16	23
9	17	25
10	18	25,5
11	17	25
13	16	23
15	12	18
17	6	13
19	3	6
22	2	4

Aufgaben

1. Zeichne die beiden Kurven zur Transpiration und Evaporation in ein Koordinatensystem (x-Achse/Abszisse: relative Zeiteinheit, y-Achse/Ordinate: relative Verdunstungseinheit). Beschreibe die Kurvenverläufe und deren relative Lage zueinander.
2. Ordne die zu erwartende Art der Wasserdampfabgabe aus den vier Untersuchungsobjekten der jeweils richtigen Kurve zu und begründe deine Entscheidung.
3. Führt folgenden Modellversuch in Partnerarbeit durch: 2 g Rucolablätter werden als Ganzes und 2 g in einem Mörser zerquetsche Rucolablätter in je eine Petrischale gegeben, abgedeckt und in die pralle Sonne gestellt. Beobachtet 10–15 Minuten lang den Deckel der Petrischale und protokolliert, wann die Wasserdampfabgabe der beiden Untersuchungsobjekte beginnt. Ermittelt in der Klasse einen Durchschnittswert aller Untersuchungsergebnisse.
4. Erkläre dein/euer durchschnittliches Ergebnis und weise/weist beide Ergebnisse den Kurven aus Aufgabe 1 – mit Begründung – zu.

I Lernvoraussetzungen

- Grundlagen zu Diffusion und Osmose
- physikalische Grundlagen zur Luftfeuchtigkeit in Abhängigkeit zum Dampfdruckgefälle
- Grundlagen zum Bau eine Laubblattes
- Grundlagen zur Beschreibung einer Optimumkurve mit Minimum, Optimum, Maximum
- Merkmale und Unterschiede von Evaporation und Transpiration

II Erwartete Leistungen

1.

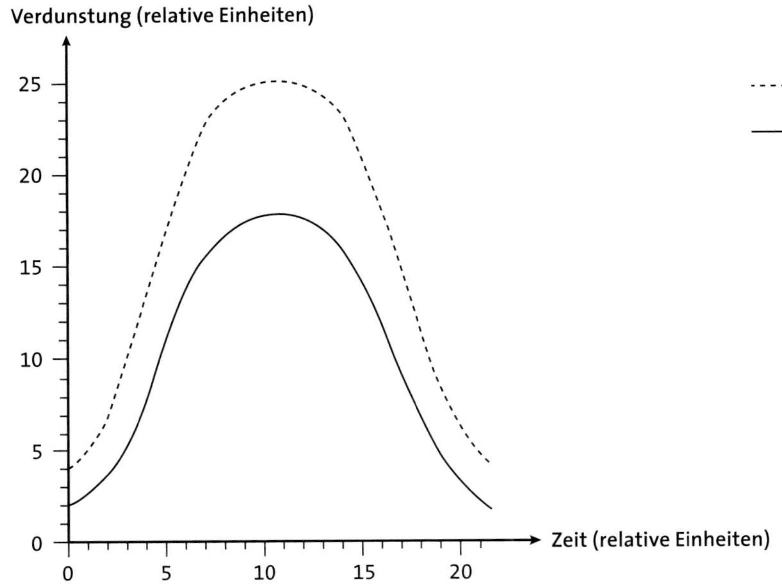

Beschreibung:
Die Transpirationskurve steigt vom Versuchsbeginn bis zur 11. Zeiteinheit von 2 relativen Einheiten Verdunstung (Minimum) auf ihr Optimum von 17 relativen Verdunstungseinheiten. Danach fällt sie spiegelbildlich wieder bis zum Ausgangswert von ebenfalls 2 relativen Einheiten um die 22. Zeiteinheit (Maximum).
Die Kurve zur Evaporation beginnt bei einem Minimum von 4 relativen Verdunstungseinheiten, erreicht um die 11. Zeiteinheit den Optimumwert von 25,5 und sinkt dann ebenfalls spiegelbildlich bis zum Ausgangswert von 4 (Maximum).
Beide Kurven sind vom Verlauf her gleich, wobei die Evaporationskurve deutlich über der Transpirationskurve liegt, insbesondere zwischen der 4. und 17. Zeiteinheit.

2. (1), (3), (4): Evaporation, (2): Transpiration. Nur bei den Buchenblättern handelt es sich um Transpiration, da hier durch die Spaltöffnungen eine kontrollierte, passive Wasserdampfabgabe erfolgt. Das relativ niedrigere Optimum beim Sonnenhöchststand/der höchsten Tagestemperatur im Vergleich zum Optimum der Evaporationskurve ist ein Beleg für einen Kontrollmechanismus. Zudem sind funktionsfähige/lebende Biomembranen beteiligt. Allen übrigen Untersuchungsobjekten wird uneingeschränkt Wasser entzogen. Bei den Tomatenscheiben und den pürierten Tomaten sind die Zellmembranen außerdem mehr oder weniger stark mechanisch zerstört worden, also weitestgehend funktionsunfähig.

3. Nach 10–15 Minuten zeigt sich vom Rand ausgehend unter dem Deckel der Petrischale mit der gemörserten Probe bereits eine Wasserdampfbildung. Erst ca. 5 Minuten später ist eine solche auch bei den vollständigen Blättern zu beobachten.

4. Die Wasserdampfabgabe aus dem zerstörten Blattgewebe ist das Ergebnis einer Evaporation, denn die Spaltöffnungen sind nicht beteiligt und die trockene Außenluft entzieht dem Pflanzenmaterial relativ schneller Wasser. Die funktionsfähigen Spaltöffnungen der vollständigen Blätter sorgen für einen kontrollierten, dem Dampfdruckdefizit der Luft folgenden Wasserverlust.

Anleitung zum Modellexperiment

III Einsatzmöglichkeiten

Dieses einfache Modellexperiment veranschaulicht den Schülerinnen und Schülern Grundlagen zum Unterschied von Evaporation und Transpirationssog in Abhängigkeit von der Luftfeuchte bzw. Tagestemperatur. Neben den biologisch bedeutsamen Hintergründen und Erkenntnissen sind hier physikalische Gesetzmäßigkeiten mit fächerverbindendem Charakter angesprochen. Da gewöhnlich die Idealkurven zur Evaporation und Transpiration den Schüler/-innen bekannt sind, bietet es sich an, solche selber anhand klarer Datenbelege erstellen zu lassen. Die Lehrkraft sollte aber darauf hinweisen, dass es sich um „Idealwerte" handelt, die zudem aus Gründen der Vereinfachung nur in relativen Einheiten angegeben werden. Somit bietet das Arbeitsmaterial ebenfalls eine Möglichkeit, die Schüler/-innen mit dieser vereinfachten Darstellung naturwissenschaftlicher Daten vertraut zu machen.
Für die Versuchsdurchführung sind nur wenige Geräte notwendig, die den Schülerinnen und Schülern im Unterricht oder in Einzelarbeit für die Durchführung zuhause, gegebenenfalls zusammen mit der Experimentieranleitung (vgl. Durchführung) ausgehändigt werden.
Sowohl während der Partnerarbeit als auch beim Zusammentragen der Werte aus den einzelnen Gruppen kommt es zu Schüler-Schüler-Gesprächen, die dem *Kompetenzbereich Kommunikation* Rechnung tragen.
Die Beobachtungszeit kann noch verlängert werden, wobei sich weitere Veränderungen bzgl. der Wasserdampfabgabe zeigen (vgl. Beobachtung).

IV Thema des Modellexperiments

Evaporation und Transpirationssog in Abhängigkeit vom Dampfdruckgefälle der Luft

V Vorbereitungszeit

ca. 10 Minuten

VI Material und Geräte

- frischer Rucolasalat oder frische Spinatblätter
- Labor- oder Haushaltswaage
- 2 Petrischalen mit Deckel
- Mörser mit Stößel

VII Durchführung

Für jede Probe werden 2 g Rucolablätter abgewogen. Eine Probe wird im Mörser zerquetscht. Man gibt beide Proben in eine Petrischale, legt den Deckel auf und stellt sie in die Sonne. Die Beobachtungszeit beträgt ca. 15 Minuten, kann aber bei Bedarf verlängert werden.

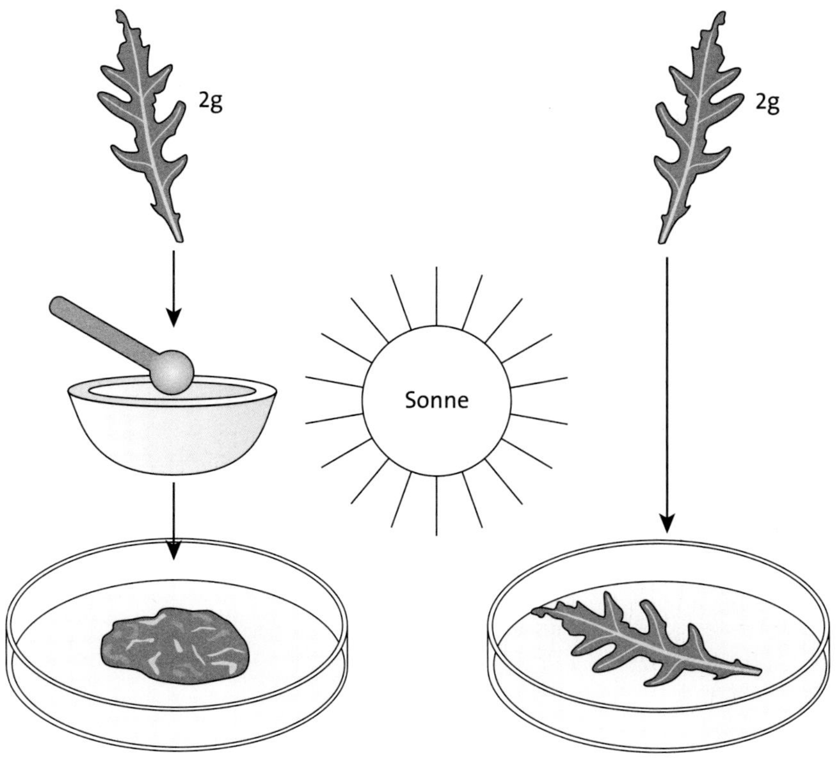

VIII Beobachtung

Vergleiche Lösung zu Aufgabe 3.
In beiden Gefäßen verstärkt sich der Effekt in den folgenden 15 Minuten, bis sich schließlich die Wassermoleküle im Wasserdampf zu Tropfen zusammenschließen und in den Schalenboden laufen.

IX Auswertung

Vergleiche Lösung zu Aufgabe 4.
Hier zeigt sich in beiden Fällen ein passiver Wasserentzug, denn beide Untersuchungsobjekte sind in das Dampfdruckgefälle zwischen der relativ trockeneren Luft und dem Wasserangebot im Gewebe eingeschaltet. Da beim gemörserten Pflanzenmaterial das Gewebe aufgebrochen ist, somit die Gewebeflüssigkeit ausgetreten ist, zeigt sich bei dieser Probe eine schnellere Wasserdampfabgabe als bei dem vollständigen Blatt, denn dort liegen noch funktionsfähige Spaltöffnungen vor. Hinzu kommt die cuticuläre Transpiration. Weil die Reaktion der Spaltöffnungen eine gewisse Zeit in Anspruch nimmt, dauert es etwas länger, bis ein Wasserentzug sichtbar wird.

X Analogisierung

Versuchselemente	Realität
• vollständiges Rucolablatt	• funktionsfähiges Laubblatt
• zerquetschtes Rucolablatt	• mechanisch zerstörtes Blattgewebe
• Petrischale mit Deckel	• Lebensraum ohne Wassernachschub
• Sonneneinstrahlung/damit verbundene trockene Luft	• Außenluft mit Dampfdruckdefizit
• Wasserdampfabgabe aus dem Pflanzenmaterial	• passiver Wasserentzug entsprechend dem Dampfdruckgefälle
• feinste Wassertröpfchen kurz nach Versuchsbeginn	• Wasserentzug durch Evaporation
• Wasserdampfabgabe einige Zeit später	• Wasserentzug infolge von Transpiration

XI Kritik

Veranschaulichung durch den Modellversuch	Grenzen des Modellversuchs
• Abgrenzung Evaporation – Transpiration • Evaporation bei nicht funktionsfähigen/fehlenden Biomembranen • Transpiration bei funktionsfähigen Biomembranen, hier in Stomata integriert	• Laubblatt ohne Einbindung in den Gesamtorganismus • Bodenwasser nicht berücksichtigt • keine Abgrenzung zwischen cuticulärer und stomatärer Transpiration • abgegebene Wasserdampfmengen nur relativ anhand der Stärke des „Beschlagens“ am Petrischalendeckel abschätzbar • Lebensraum nicht nach oben abgeschlossen • Gleichsetzung von intensiver Sonneneinstrahlung und Güteklasse der Luftfeuchte nur eingeschränkt gültig

Tipps für den Unterricht

Unter www.pilgift.se/index.php/Evaporimeter ist ein einfacher Modellversuch zur Evaporation als Bauanleitung verfügbar.
Im „Naturerbezentrum Rügen“ in Prora kann der Besucher sich selbst einen Eindruck in einem Pump-Simulationsexperiment davon verschaffen, wie hoch der Kraftaufwand eines Baumes bei der Wasseraufnahme ist.

Ökologie
19 Herstellung von Biogas

Arbeitsmaterial

Biogas ist eine der wichtigsten erneuerbaren Energiequellen. Die Anzahl an Biogasanlagen in Deutschland stieg im Zeitraum von 2008 bis 2011 von 3891 auf 7215 Anlagen an. In Biogasanlagen werden in einem Gärungsprozess neben Stallmist und Gülle vor allem Getreide, Mais oder Zuckerrüben verarbeitet. Das dabei entstehende Biogas lässt sich dann als Energieträger für die Wärme- und Krafterzeugung nutzen. Der durchschnittliche Heizwert eines Kubikmeters Biogas entspricht etwa 0,6 Liter Heizöl. Die vergorenen Pflanzenreste können als hochwertiger Dünger wieder in der Landwirtschaft eingesetzt werden.

Abbildung 1: Zusammensetzung von Biogas

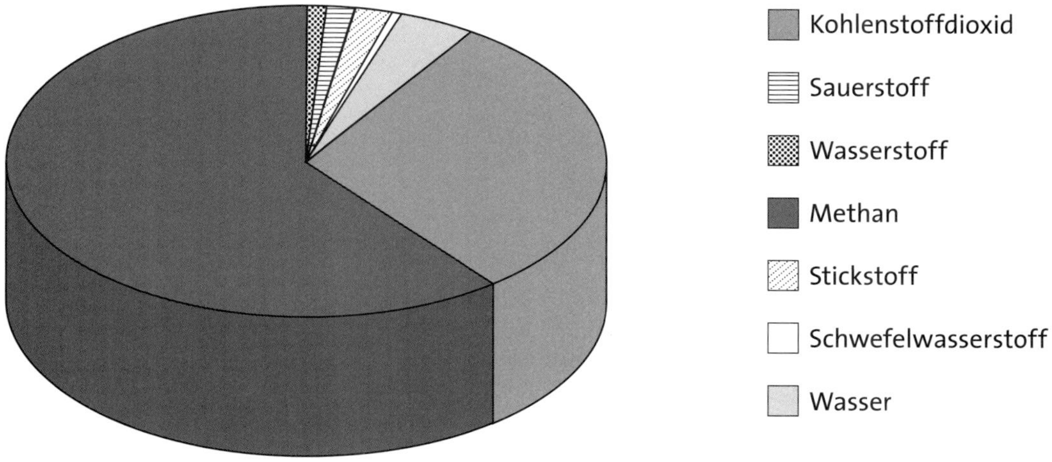

Abbildung 2: Eine typische Biogasanlage

Abbildung 3: Schema einer landwirtschaftlichen Biogasanlage

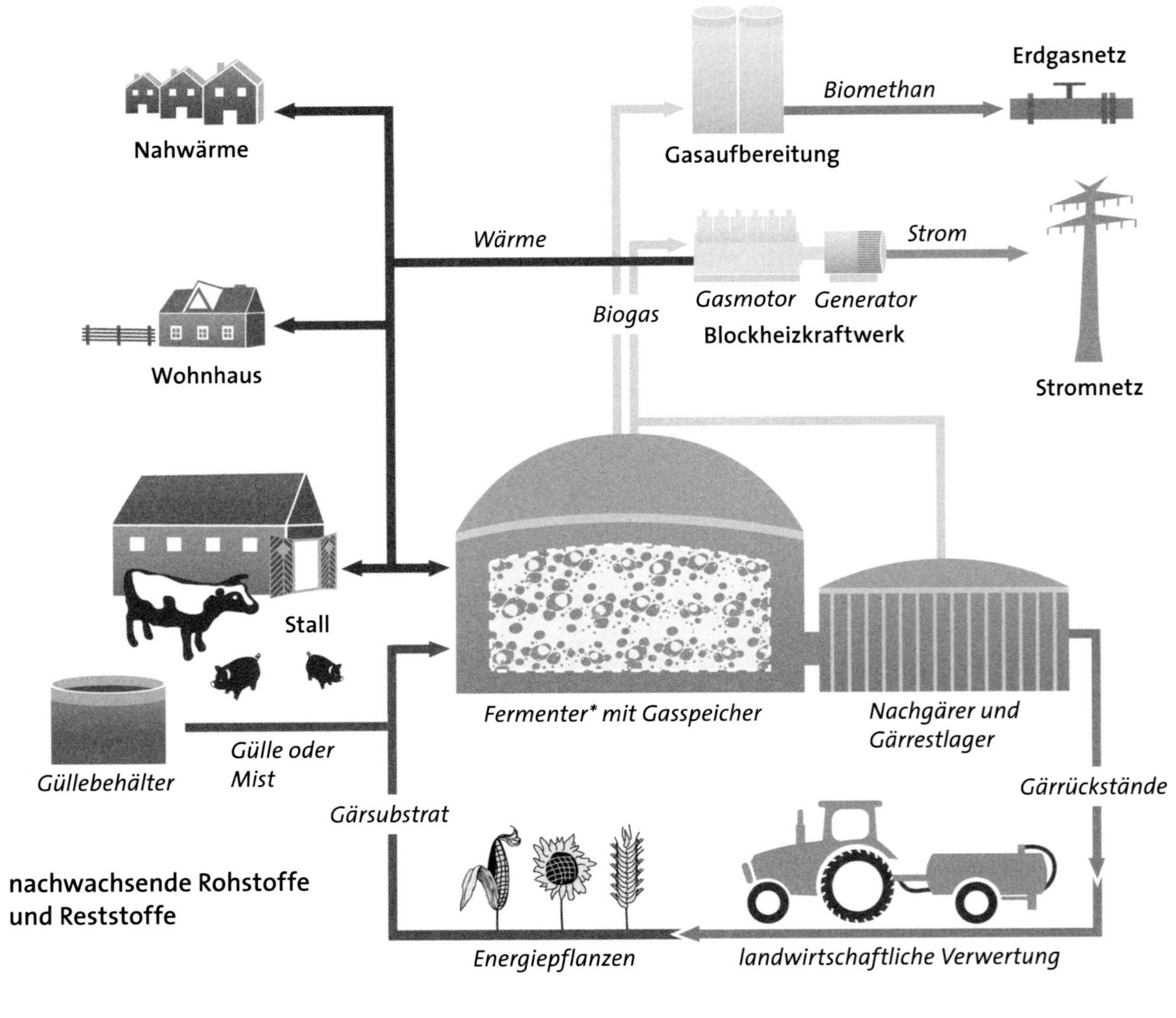

* Fermenter ist ein Bioreaktor, in dem Gärung stattfindet

Abbildung 4: Schematische Darstellung der einzelnen Abläufe zur Biogaserzeugung

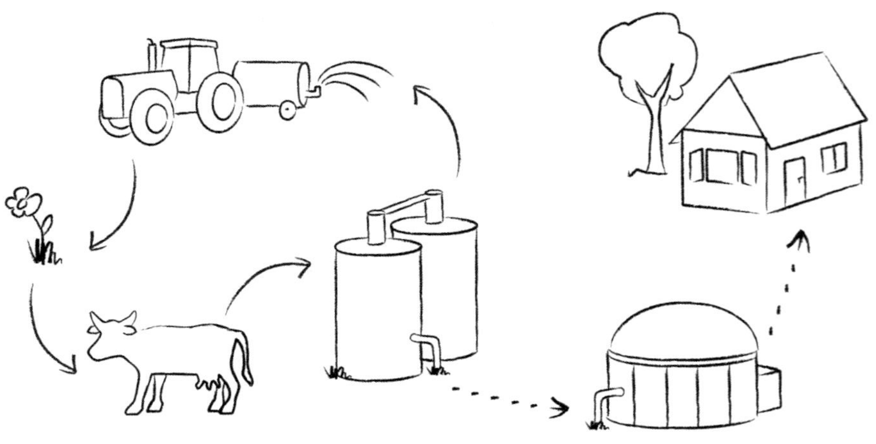

Abbildung 5: Verwertung von Futter bei Wiederkäuern

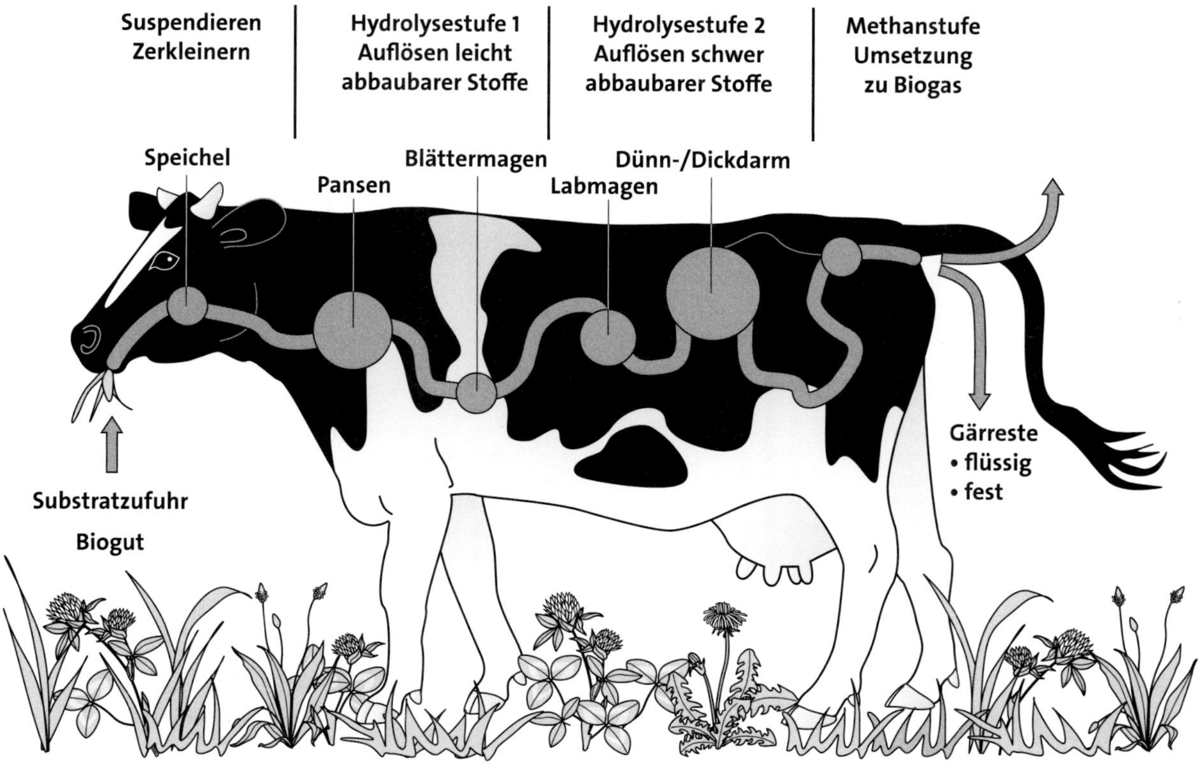

Aufgaben

Die Aufgaben 1 bis 4 werden in Partnerarbeit durchgeführt.

1. Ordnet mithilfe der Abbildung 1 die Gase nach ihrem Anteil am Biogas und beginnt mit dem Gas, das den geringsten Anteil hat.
2. Erstellt anhand der Abbildung 3 ein Fließdiagramm zur Funktionsweise einer landwirtschaftlichen Biogasanlage.
3. Baut ein Modellexperiment zur Funktionsweise einer Mini-Biogasanlage. Es stehen euch dabei folgende Materialien und Geräte zur Verfügung: Schneidebrett, Messer, Aluminiumfolie, ca. 400 g Küchen- und Gartenabfälle (Kartoffelschalen, Gemüseabfälle, Salatblätter, Grasschnitt, Laubblätter, Eierschalen), eine 1,5-l-Plastikflasche, ein Luftballon, ein Plastiktrichter, ca. sieben Esslöffel Kompost und ein Teelöffel Zucker. Stellt zunächst eine Bouillonlösung her, indem ein Viertel eines Brühwürfels in 500 ml handwarmem Wasser aufgelöst wird. In diese Bouillon gibt man die kleinzerschnittenen Abfälle und schüttelt. Anschließend fügt man fünf Esslöffel Komposterde und einen Esslöffel Traubenzucker hinzu, verschließt den Flaschenhals mit dem Luftballon und umwickelt die Plastikflasche mit Aluminiumfolie. Die Flasche wird für drei Tage an einen warmen Ort im Fachraum/Klassenraum gestellt. Notiert jeden Tag eure Beobachtungen.
4. Erklärt euch gegenseitig die Abläufe aus Abbildung 4.
5. Recherchiere zu Hause, was im Einzelnen in dem Fermenter einer Biogasanlage abläuft.
6. Erläutere Abbildung 5.

I Lernvoraussetzungen

- Gärung als anaerober Vorgang
- erneuerbare Energien
- Energiepflanzen
- physikalische Eigenschaften von Methan/GHS Gefahrstoffkennzeichnung

II Erwartete Leistungen

1. Schwefelwasserstoff, Wasserstoff, Sauerstoff, Stickstoff, Wasser, Kohlenstoffdioxid, Methan.
2. Mögliches Fließdiagramm:

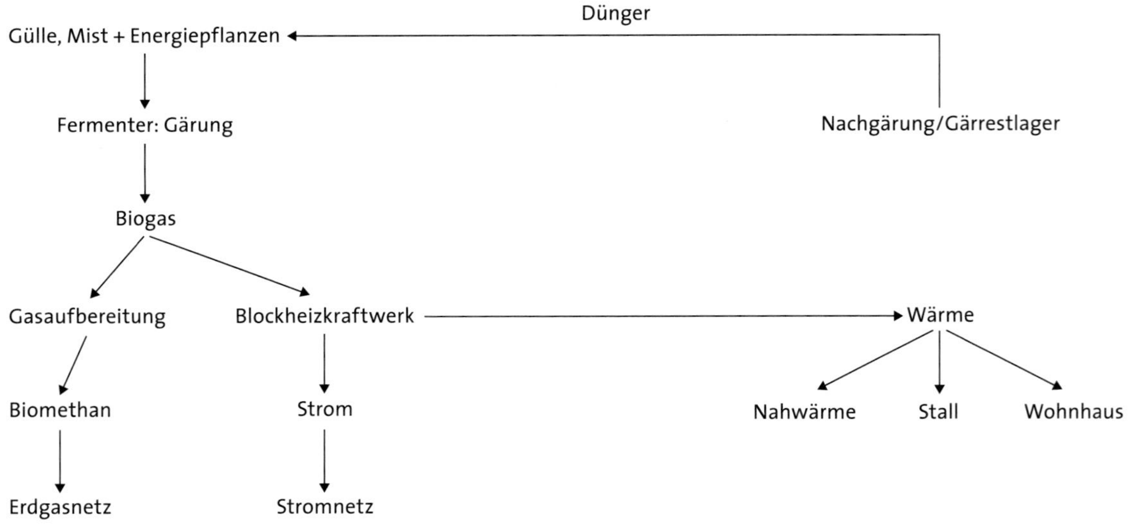

3. Aufbau des Modellexperiments:

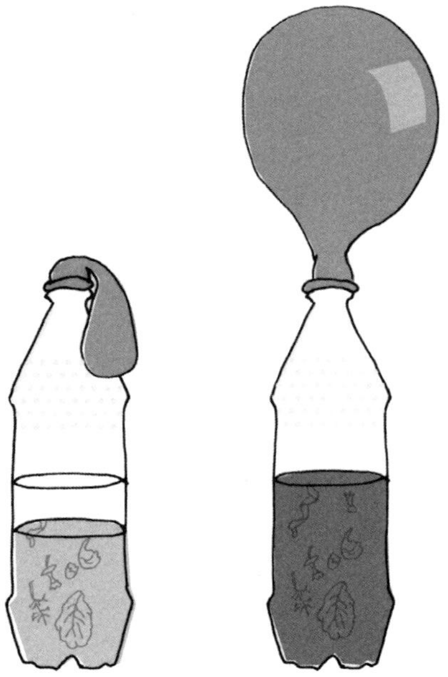

Beginn nach drei Tagen

Innerhalb von drei Tagen bläht sich der Luftballon auf. Es haben sich hauptsächlich Methan und Kohlenstoffdioxid gebildet.

4. Produktion von Nutzpflanzen; diese dienen als Futter für Kühe. Ausscheidungen der Kühe werden in Güllebehältern gesammelt, diese Gülle wird sowohl auf die Felder zur Düngung als auch in eine Biogasanlage gepumpt. Die Energie, die in Biogas steckt, wird für die Nahwärme genutzt.

5. Biomasse, wie z. B. Gülle oder Maissilage, wird in einem Fermenter unter Sauerstoffabschluss mithilfe verschiedener Mikroorganismen vergoren. In der ersten Phase werden die langkettigen Ausgangsstoffe in kürzere Bruchstücke abgebaut (Hydrolyse). In der zweiten Phase, der sogenannten Versäuerungsphase, werden aus diesen Bruchstücken kurzkettige Fettsäuren gebildet. In der 3. Phase entsteht aus diesen Fettsäuren Essigsäure. Diese wird dann durch methanbildende Bakterien zu Methan, Kohlenstoffdioxid und Wasser umgewandelt. Stickstoff, Wasserstoff, Sauerstoff und Schwefelwasserstoff sind nur in geringen Mengen vorhanden (s. Abbildung 1).
6. Wiederkäuer produzieren durch Abbauprozesse der Biomasse im Pansen, im Blättermagen, im Labmagen und im Dünn- und Dickdarm Methan.

Anleitung zum Modellexperiment

III Einsatzmöglichkeiten

Das Modellexperiment zur Herstellung von Biogas ist für einen Einstieg in das Thema Nachhaltigkeit gut geeignet, da man über die Produktion von Biogas zielgerichtet auf den effizienten Einsatz von Energie und unseren Ressourcen überleiten kann. Der Aktualitätsbezug ist sehr hoch und die Debatte über unsere Energienutzung führt unweigerlich zu einem Fächerübergriff. Themen wie z. B. Heizwertbetrachtungen und Energieausbeute aus dem Fach Physik, chemische Nachweisreaktionen für Methan und Kohlenstoffdioxid aus dem Fach Chemie, Landschaftswandel durch Monokulturen aus dem Fach Erdkunde und Kosten- und Nutzen-Analyse aus dem Fach Politik lassen sich ausgehend von dem Modellexperiment vertiefend behandeln.
Aufgrund der Komplexität kann das Modellexperiment als Basisversuch auch in der Sek. II eingesetzt werden.
Der Bau einer Mini-Biogasanlage ist für die Schüler/-innen sehr motivierend und weckt ihre Neugier, sich mit diesem Thema auseinanderzusetzen, zumal mittlerweile in vielen Regionen Deutschlands Biogasanlagen zu sehen sind.

IV Thema des Modellexperiments

Herstellung von Biogas

V Vorbereitungszeit

10 Minuten, Beobachtung der Biogasentwicklung nach drei Tagen

VI Material und Geräte

- ca. 400 g kleingeschnittene oder pürierte Küchen- und Gartenabfälle
- durchsichtige 1,5-l-Plastikflasche mit weiter Öffnung
- Luftballon
- Trichter
- ein Esslöffel Traubenzucker
- Aluminiumfolie
- ein Viertel Brühwürfel
- 500 ml handwarmes Wasser
- fünf Esslöffel Komposterde/Gartenerde
- Unterlage
- Messer oder alternativ Pürierstab

VII Durchführung

In die Plastikflasche gibt man ein Viertel Brühwürfel und löst diesen in ca. 500 ml handwarmem Wasser auf. Zu dieser Lösung werden anschließend mithilfe des Trichters ca. 400 g kleingeschnittene oder fein pürierte Küchen- und Gartenabfälle gegeben. Nach Zugabe von 5 Esslöffeln Kompost- oder Gartenerde und einem Esslöffel Traubenzucker wird der Flaschenhals mit dem Luftballon verschlossen, die Plastikflasche mit Aluminiumfolie umwickelt und an einen warmen Ort gestellt.

VIII Beobachtung

Nach drei Tagen hat sich der Luftballon aufgebläht.

IX Analogisierung

Versuchselemente	Realität
• Küchenabfälle	• Gärsubstrat (Biomasse)
• Plastikflasche	• Fermenter
• Luftballon	• Gasspeicher/Folienspeicher im Fermenter
• Kompost	• enthält anaerobe Bakterien
• Zucker	• Starter für die Gärung
• Bouillonlösung	• Nährlösung
• Aluminiumfolie	• Wärmeisolation

X Kritik

Vorteile:
- Freisetzen von Biogas aus der Gärung von Biomasse
- anschauliche und einfache Darstellung der Funktionsweise einer Biogasanlage

Nachteile:
- Reduktion der Biogasanlage auf den Gärungsvorgang im Fermenter, weitere Anlagen, wie z. B. der Nachgärer, Gärrestlager, Silos etc. fehlen
- Identifikation der Hauptkomponenten Methan und Kohlenstoffdioxid durch chemische Nachweise fehlt (s. Tipps für den Unterricht).

Tipps für den Unterricht
- Besichtigung einer Biogasanlage in der Region
- Nachbau einer Biogasanlage in einer Projektwoche
- Rollenspiel zum Thema „nachwachsende Rohstoffe" und „erneuerbare Energien" mit Interessenvertretern aus Politik, Wirtschaft, Landwirtschaft und der Gemeinde
- chemische Nachweise für Methan und Kohlenstoffdioxid
- Heizwertanalyse verschiedener Energieträger
- Gründe für den Rückgang der Biogasanlagen ab 2012

Stoffwechselbiologie
20 Cuticuläre und stomatäre Transpiration

Arbeitsmaterial

Abbildung 1: Transpirationsdifferenz

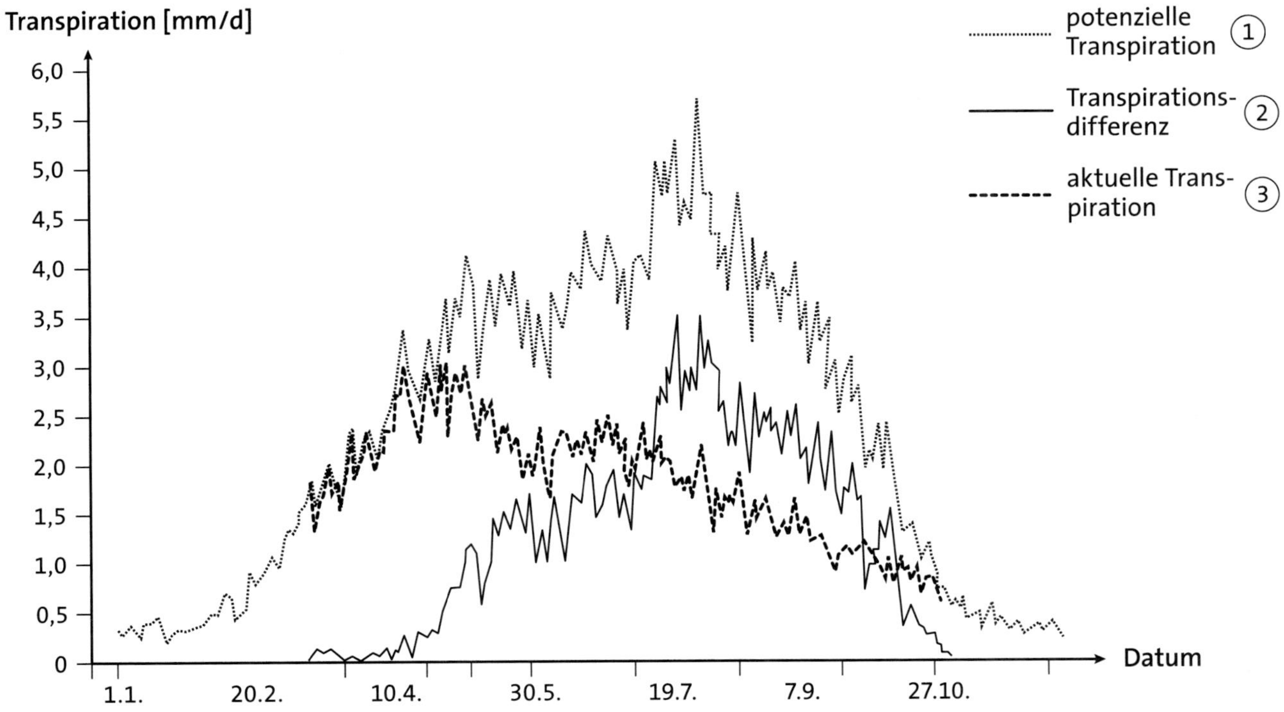

Abbildung 2: Versuche zur Transpirationsrate

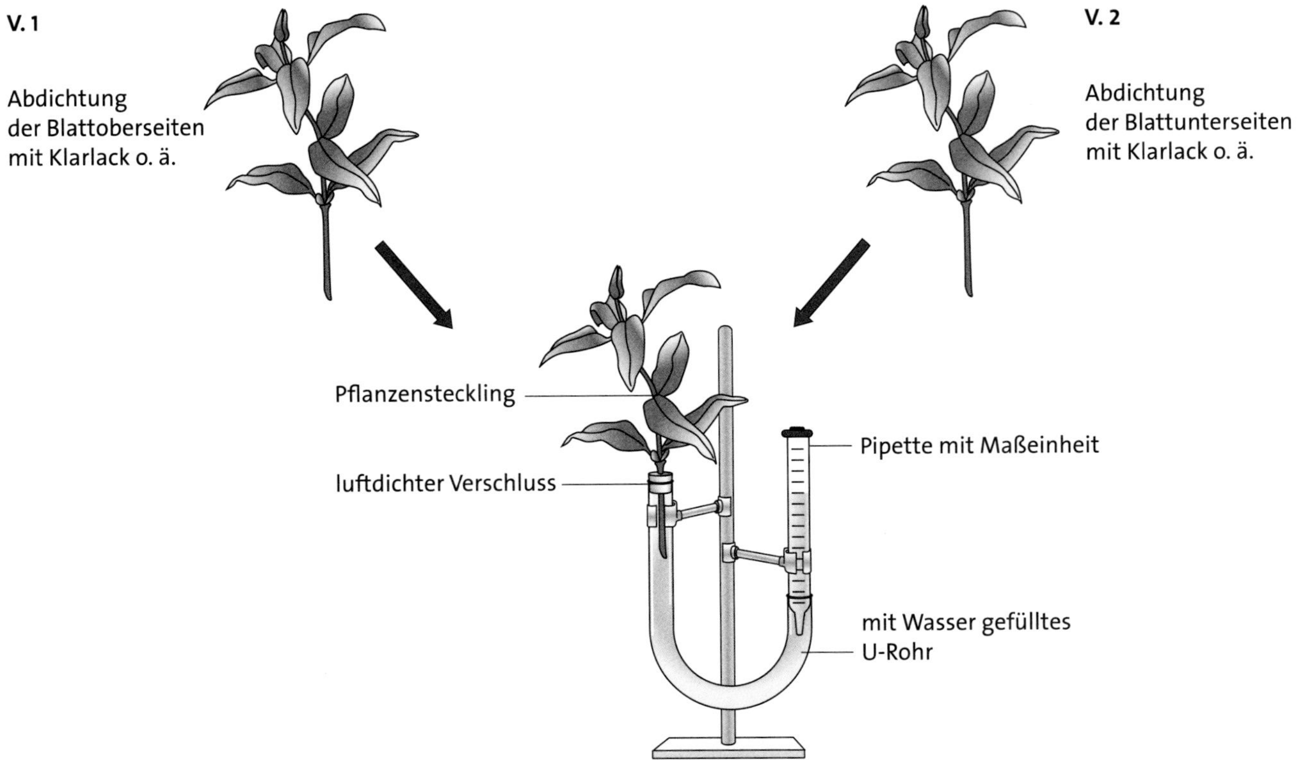

Stoffwechselbiologie
20 Cuticuläre und stomatäre Transpiration

Aufgaben

1. Die Grafik (Abb. 1) zeigt den Jahresgang der Transpiration eines Baumbestandes in Bayern zwischen 1971 und 2000: Formulieren Sie die Aussage der Kurven 1 und 3 und suchen Sie nach einer Erklärung für den Abfall der Kurve 3. Leiten Sie anschließend ab, welche Aussage die Transpirationsdifferenz (Kurve 2) den Wissenschaftlern ermöglicht.
2. Fertigen Sie eine beschriftete Skizze eines typischen bifazialen Laubblattes einer Buche aus dem mittleren Kronenbereich (mesomorph/Schattenblatttyp) an und erläutern Sie die anatomischen Unterschiede zwischen mesomorphen und xeromorphen Laubblättern (Sonnenblatttyp) unter dem Aspekt der Transpiration.
3. Mit einem Evaporimeter (Verdunstungsmesser, Abb. 2) wurden zwei voneinander getrennte Versuche zur relativen Transpirationsrate bei cuticulärer und stomatärer Transpiration an bifazialen Laubblättern durchgeführt. Dabei wurden jeweils die Blattoberseiten (V. 1) bzw. Blattunterseiten (V. 2) mit Klarlack oder einem ähnlichen Stoff luftdicht verschlossen. Stellen Sie eine Hypothese zur relativen Transpirationsleistung auf, die sich ergibt, wenn die beiden bestückten Evaporimeter ca. 30 Minuten in der prallen Sonne stehen.
4. Führen Sie folgendes Modellexperiment durch: Zwei gleichgroße Blätter Rucolasalat werden auf der Blattoberseite bzw. der Blattunterseite mit Klarlack besprüht. Nachdem die Flächen trocken sind, werden beide Blätter in je eine Petrischale gegeben, abgedeckt und in die Sonne gestellt. Protokollieren Sie den jeweiligen Transpirationsbeginn und die Art der Wasserdampfbildung. Überprüfen Sie anschließend Ihre Hypothese zum Ausgang des Realexperiments.

I Lernvoraussetzungen

- Bau eines bifazialen Laubblattes (mesomorph/Schattenblatttyp, xeromorph/Sonnenblatttyp)
- Transpiration in Abhängigkeit vom Dampfdruckgefälle zwischen Boden und Luft
- Abgrenzung und Bedeutung der cuticulären und stomatären Transpiration

II Erwartete Leistungen

1. Aussage Kurve 1: Die potenzielle Transpiration steigt kontinuierlich vom Jahresbeginn bis zu ihrem Optimum im August und fällt wieder etwas steiler bis zum Jahrsende hin. Alternative: Bei entsprechender Wasserverfügbarkeit ist die potenzielle Transpiration in den Sommermonaten am höchsten.
Aussage Kurve 3: Nur bis Mai steigt die erst im März beginnende Transpiration auf ihr Optimum, das nur ungefähr halb so hoch wie das der potenziellen Transpiration ist, und fällt danach bis zum Jahresende wieder langsam ab. Alternative: Die aktuelle Transpiration erreicht bereits im Mai ihren Höchstwert bei ungefähr der Hälfte der Maximaltranspiration aus Kurve 1 und fällt dann gleichmäßig bis zum Jahresende.
Der Abfall der Kurve 2 ist mit einem zu geringen Wasserangebot im Boden zu erklären.
Die Transpirationsdifferenz ist die Differenz zwischen potenzieller und wirklich erfolgter Transpiration. Sie ist ein Maß für Wassermangel im Boden. Wenn sie niedrig ist, ist der Wassermangel (relativ) gering/relativ geringer; bei einer großen Differenz war die Wasserversorgung vergleichsweise schlecht.
2.

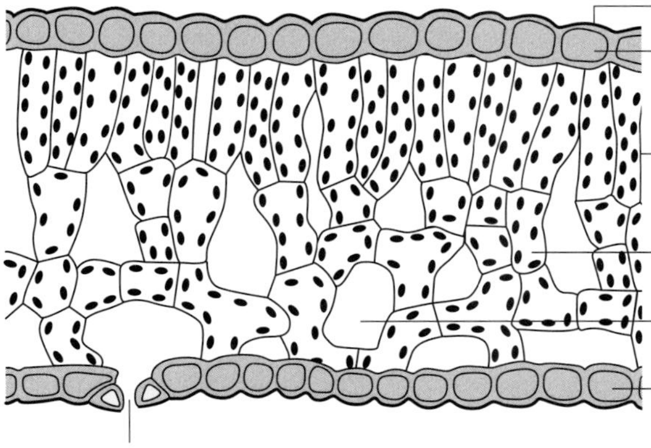

Da ein mesomorphes (Schatten-)Blatt eine nur dünne Cuticula besitzt, ist hier im Gegensatz zum xeromorphen (Sonnen-)Blatt die cuticuläre Wasserdampfabgabe – sofern ein entsprechendes Dampfdruckdefizit der Luft besteht – relativ höher. Das Gleiche gilt für die ungeschützt an der Blattunterseite befindlichen Spaltöffnungen. Sowohl die cuticuläre als auch die stomatäre Transpiration ist bei xeromorphen Blättern eingeschränkt, da die Cuticula verdickt ist und die Stomata zumeist eingesenkt sind, gegebenenfalls bedeckt mit toten Haaren (Transpirationsschutz).
3. Die Transpirationsleistung beim Blatt, dessen Blattoberseite abgedichtet wurde, müsste relativ höher sein, denn nur die im Vergleich zur stomatären Transpiration geringere cuticuläre Transpiration ist verhindert worden; die stomatäre Transpiration kann uneingeschränkt ablaufen. (Analoge Alternativbegründung bezüglich der cuticulären Transpiration möglich)
4. Nach ca. 10 Minuten zeigt sich beim Blatt, dessen Blattoberseite abgedichtet wurde (Verhinderung der cuticulären Transpiration), bereits eine deutliche Wasserdampfbildung unter dem Deckel der Petrischale, die rasch in eine Tröpfchenbildung übergeht. Bei der zweiten Probe mit der abgedichteten Blattunterseite stellt sich zeitlich verzögert die Bildung von sehr feinem Wasserdampf ein, wobei der Zusammenschluss zu größeren Aggregaten auch deutlich später erfolgt.
Damit ist belegt, dass die stomatäre Transpiration (V. 1) allein zu einem schnelleren und höheren Wasserentzug aus den Blättern führt. Die Hypothese ist somit bestätigt. (Alternativbegründung über die relativ geringere Wasserdampfbildung bei nur cuticulärer Transpiration in V. 2 möglich)

Anleitung zum Modellexperiment

III Einsatzmöglichkeiten

Dieses Material vereint mehrere Anforderungsniveaus. Nach dem Einstieg über die anspruchsvolle Aufgabe 1, die sogleich ein richtiges Gesamtverständnis der Sachlage in Form einer Synopsenbildung verlangt, folgt ein reproduktiver Bereich, der über eine Hypothesenbildung zur eigenständigen Verifizierung durch ein Modellexperiment führt. Hier wird somit die wissenschaftspropädeutische Vorgehensweise geübt. Gegebenenfalls ist eine Hilfestellung seitens der Lehrkraft bei der Durchführung des auch als Hausaufgabe geeigneten Modellversuchs notwendig. Je nach vorherigem Unterrichtsgang und Intention kann die Bearbeitung der 1. Aufgabe (zunächst) entfallen, denn erst mit Aufgabe 2 beginnt die eigentliche Hinführung zum experimentellen Teil. Aufgabe 1 könnte so zum Beispiel für eine Leistungsüberprüfung oder Hausaufgabe aufgespart werden.

IV Thema des Modellexperiments

Vergleich von cuticulärer und stomatärer Transpirationsintensität

V Vorbereitungszeit

ca. 5 Minuten

VI Material und Geräte

- 2 gleichgroße Blätter Rucolasalat
- Klarlack aus einer Sprühdose
- 2 Petrischalen mit Deckel

VII Durchführung

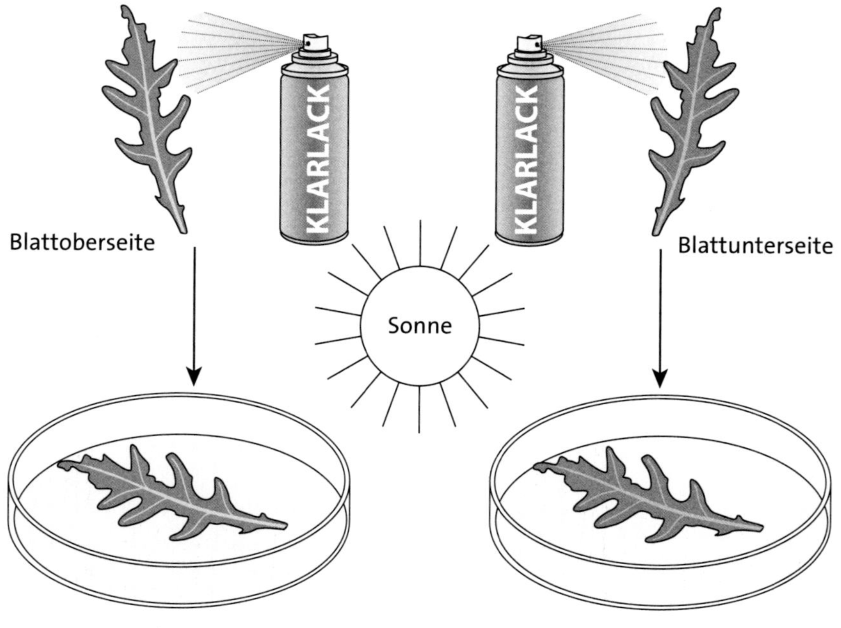

Ein Rucolablatt wird auf der Blattoberseite, das andere auf der Blattunterseite mit Klarlack eingesprüht. Nach Trocknung des Lackes legt man jedes Blatt in eine Petrischale, deckt diese ab und stellt die Gefäße in die Sonne. Die Beobachtung erfolgt solange (ca. 10 Minuten), bis sich eine deutliche Wasserdampf- bzw. Tröpfchenbildung unter den Deckeln zeigt.

VIII Beobachtung

Vergleiche Lösung zu Aufgabe 4.

IX Auswertung

Vergleiche Lösung zu Aufgabe 4.
Zudem ist erwiesen, dass stomatäre und cuticuläre Transpiration unabhängig voneinander ablaufen.

X Analogisierung

Versuchselemente	Realität
• Rucolablätter	• Versuchspflanzen
• abgedichtete Blattober- und unterseite	• Verschluss der Wasser abgebenden Poren in der Cuticula bzw. der Stomata
• Klarlack	• Versuchsraum
• Petrischalen mit Deckel	• Wasser im Steigrohr des Evaporimeters
• Wasserdampf unter dem Deckel	• Anstieg des Wassers im Steigrohr, gemessen in den dort angegebenen Einheiten
• Wasserdampfmenge, gemessen an der Güteklasse des Niederschlags	• Dampfdruckdefizit der Umgebungsluft
• Sonne bzw. Außenluft	

XI Kritik

Veranschaulichung durch den Modellversuch	Grenzen des Modellversuchs
• relative Transpirationsintensität bei cuticulärer und stomatärer Transpiration	• Laubblatt ohne Einbindung in den Gesamtorganismus
• beide Transpirationsformen unabhängig voneinander	• Bodenwasser nicht berücksichtigt
• Wasserdampfabgabe folgt dem Dampfdruckgefälle zwischen Boden und Luft, Pflanze passiv zwischengeschaltet	• keine Aussagen zur Transpirationsintensität bei cuticulärer plus stomatärer Transpiration
	• Parameter für die Regulation der Spaltöffnungsbewegung nicht eingearbeitet
	• abgegebene Wasserdampfmengen nur relativ anhand der Stärke des „Beschlagens" am Petrischalendeckel abschätzbar
	• Lebensraum nicht nach oben abgeschlossen
	• Gleichsetzung von intensiver Sonneneinstrahlung und Güteklasse der Luftfeuchte nur eingeschränkt gültig

Tipps für den Unterricht
Unter www.pilgift.se/index.php/Evaporimeter ist ein einfacher Modellversuch zur Evaporation als Bauanleitung verfügbar.
Unter http://bbf.dipf.de/cgi-opac/bil.pl?t_direct=x&fullsize=yes&f_IDN=b0091907hjld kann diese nebenstehende historische Zeichnung am PC in der Schule abgerufen werden.

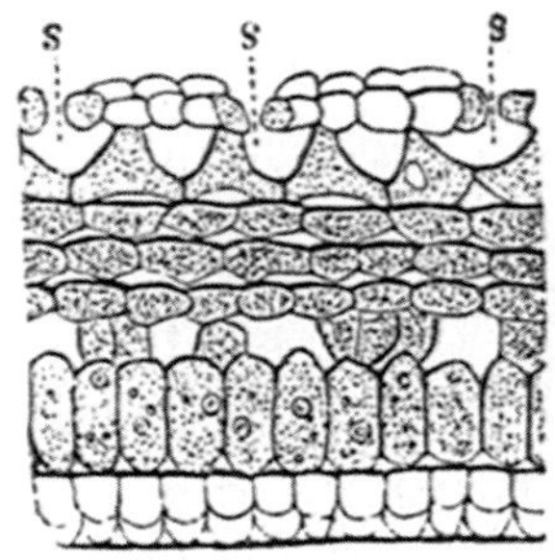

Durchschnitt eines Blattes.

Dazu könnten die Schüler/-innen folgende Aufgabe erhalten:
Prüfen Sie, ob diese Handzeichnung in Titel und Darstellung dem Ihnen bekannten Aufbau eines bifazialen Laubblattes entspricht.
Erwartete Leistungen: „Durchschnitt" ist nicht gleich „Querschnitt". Hier geht es nicht um einen Mittelwert, sondern um einen Längsschnitt durch die Blattgewebe. Zudem liegen bei der Handzeichnung die Spaltöffnungen in der oberen Epidermis. Dann folgen die Gewebe, so wie man sie von der oberen zur unteren Epidermis kennt, jedoch in umgekehrter Reihenfolge. Die Blattschichtung ist also insgesamt auf den Kopf gestellt worden. Dass die Epidermen doppelschichtig sind sowie weitere Zellschichten zwischen zwei Schichten Schwammgewebe liegen, ist ebenfalls nicht typisch für ein bifaziales Laubblatt.

Ökologie
21 Kapillarkräfte bei Landpflanzen

Arbeitsmaterial

„Die Gefäße wurden im Laufe der Evolution der Landpflanzen nach verschiedenen Kriterien optimiert. Die reine *Kapillarkraft*, die zum Aufsteigen einer benetzenden Flüssigkeit in einer offenen Kapillare führt, wirkt sich umso stärker aus, je kleiner der Radius *r* der Kapillare ist [...]. Eine Optimierung auf größtmögliche Wirksamkeit der Kapillarität würde also dahin tendieren, die Leitbahnen möglichst eng zu machen. Dieser Tendenz steht aber die starke Zunahme des Reibungswiderstands beim Volumenfluss in engen Gefäßen entgegen. Hales hat bereits um 1725 experimentell gezeigt, dass Kapillarkräfte allein keine Erklärung für den steigenden Saftstrom in der Pflanze abgeben. Er erkannte bereits ... [...].“
(aus: Mohr, H., /Schopfer, P.: Pflanzenphysiologie, 4. Auflage, Springer Heidelberg 1992, S. 496)

Abbildung 1: Modellvorstellung zum Tracheennetz einer Pappel *(Populus sp.)*

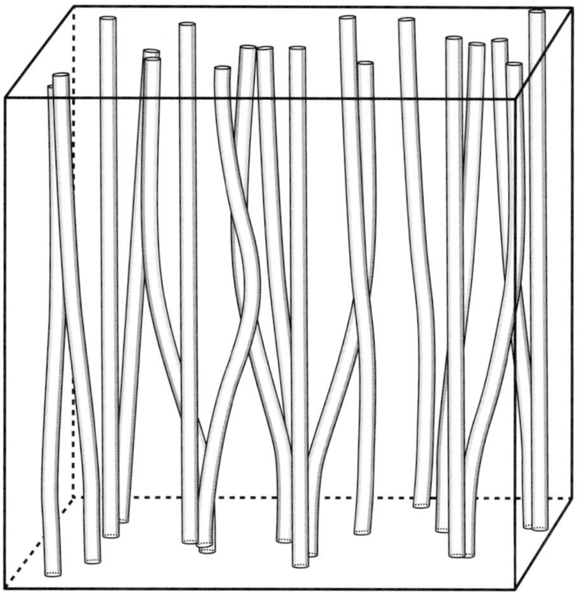

Abbildung 2: Intensität von Wasseraufnahme und Transpiration bei einer Sonnenblume *(Helianthus annus)*

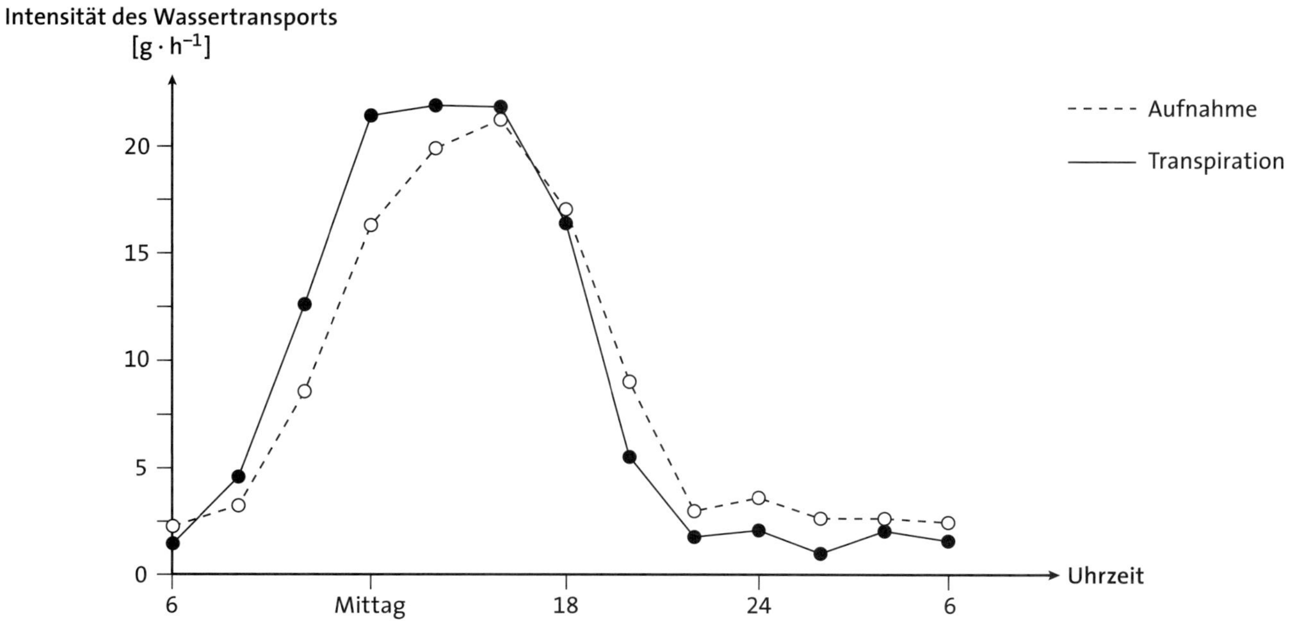

Ökologie
21 Kapillarkräfte bei Landpflanzen

Aufgaben

1. Stellen Sie einen Zusammenhang zwischen dem Zitat und Abb. 1 her. Welche evolutiv bedingte „Erfindung" macht es möglich, dass die Zunahme des Reibungswiderstandes kompensiert werden kann?
2. Leiten Sie aus Abb. 2 ab, was Hales erkannte. Begründen Sie die Erkenntnis anhand geeigneter Kurvenabschnitte.
3. Entwickeln Sie ein einfaches Modellexperiment zur Kapillarität (einfach zu beschaffende Materialien aus dem Alltag), in dem Sie Lösungen verschiedener Konzentrationen verwenden: Aqua dest., Leitungswasser, konzentrierte Kochsalzlösung. Protokollieren und vergleichen Sie die Ergebnisse.
4. Überprüfen Sie, ob sich Ihre Versuchsergebnisse vorbehaltlos auf die Wasseraufnahme in die Pflanzenwurzel durch Wurzelhaare übertragen lassen, an der auch Kapillarkräfte beteiligt sind.

I Lernvoraussetzungen

- Bau von Wasserleitungsbahnen (Tracheen, Tracheiden)
- Wirkmechanismus von Kapillarkräften
- Wasseraufnahme durch die Pflanzenwurzel
- Transpirationsvorgänge
- Wirkung hypertonischer und hypotonischer Lösungen (Plasmolyse, Deplasmolyse)

II Erwartete Leistungen

1. Die Tracheen der Pappel sind so gestaltet wie im Zitat beschrieben: kleinvolumige Röhren, die vermutlich einen hohen Reibungswiderstand aufweisen. Dieser wird durch ihre Vielzahl und Vernetzung kompensiert. Diese „Erfindung" ist durch Evolutionsmechanismen entstanden und ein Beleg für die im Zitat angesprochene Optimierung.
2. Hales erkannte, dass Kapillarkräfte aus den im Zitat genannten Gründen nicht ausreichen können, um das Bodenwasser bis in die Laubblätter zu transportieren. Hinzu kommt laut Abb. 2 der Transpirationssog, welcher der Pflanze passiv Wasser entzieht und so nach erfolgter Wasseraufnahme aus dem Boden den Transport im Zentralzylinder bewirkt. Der Kurvenverlauf zeigt sich fast überdeckende Kurven. Gemäß dem zur Mittagszeit hin abnehmenden und gegen Tagesende wieder zunehmenden Dampfdruckgefälle der Luft (Maximum um die Mittagszeit, Minimum am frühen Morgen bzw. gegen Abend) erfolgt ein passiver Wasserentzug durch Transpiration und leicht verzögert die Wasseraufnahme. Auch die hohen Werte gegen Mittag zur Intensität des Wassertransports sind alleine durch Kapillarwirkung nicht zu erklären bzw. nicht möglich.
3. Vorschläge (vgl. Durchführung):
Drei kleine Bechergläser werden gleich hoch mit Aqua dest., Leitungswasser und konzentrierter Kochsalzlösung gefüllt. Aus Filtrierpapier schneidet man drei gleichgroße Streifen und verteilt sie auf die Gefäße. Dann wird in bestimmten Abständen die Steighöhe des Wassers gemessen.
Alternativ zu den Filtrierpapierstreifen können drei gleichlumige Glaskapillarröhrchen verwendet werden.
Beobachtung: Nach ca. 2 Minuten liegt die Steighöhe im Filtrierpapier bei ca. 4 cm, nach 5 Minuten bei ca. 9 cm und nach10 Minuten bei ca. 12 cm. Sowohl zu Beginn des Modellexperiments als auch am Ende der Beobachtungszeit ist also die Steighöhe auf allen drei Streifen bzw. in allen drei Glaskapillaren gleich.
4. Bei der Wasseraufnahme durch die Wurzelhaare greift nur die Kapillarwirkung bzgl. des Leitungswassers, denn Aqua dest. als hypotonisches Medium ohne jegliche Mineralstoffe würde zu einem zu hohen Wassereinstrom führen, wohingegen eine konzentrierte Salzlösung den Wurzelhärchen Wasser entziehen würde. Bei der Wasseraufnahme aus einem Boden mit einem (relativ) hohen osmotischen Druck bzw. Wassersättigungsdefizit (z. B. versalzter Boden oder Wüstenboden) sind aktive Transportprozesse beteiligt, die zusätzlich zum passiv – per Kapillarkräften – erfolgenden Wassereintritt wirken.

Anleitung zum Modellexperiment

III Einsatzmöglichkeiten

Da sowohl bei der Bearbeitung der Arbeitsaufträge als auch bei der Entwicklung und prüfenden Übertragung des Versuchsergebnisses eine Reihe von Vorkenntnissen gefordert sind, die alle aus dem Themenbereich „Wasserhaushalt von Landpflanzen" stammen, ist das Material als Abschluss einer entsprechenden Unterrichtseinheit zur Vertiefung und Festigung geeignet.
Das Experiment kann dahingehend erweitert werden, dass Grundversuch 2 mit Glasröhrchen unterschiedlicher Lumina durchgeführt wird. So kann auch der Reibungswiderstand einbezogen werden.
Gegebenenfalls kann eine kurs- bzw. themenübergreifende Wiederholung in Richtung Evolution erfolgen, wenn das Zusammenspiel der an der Entstehung der „modernen" Wasseraufnahme beteiligten Evolutionsfaktoren (Rekombination, Mutation, Selektion) thematisiert wird.
Es ist sinnvoll, Aufgabe 3 als Hausaufgabe zu geben, damit die Schüler/-innen Gelegenheit haben, entsprechende Materialien zusammenzustellen. Für die folgende Unterrichtsstunde können zur Sicherheit von der Lehrkraft Filtrierpapier, Gefäße und die Flüssigkeiten bereitgehalten werden.

IV Thema des Modellexperiments

Wirkung von Kapillarkräften bei Landpflanzen

V Vorbereitungszeit

Die Vorbereitungszeit beträgt nur wenige Minuten, denn, falls die Schüler/-innen selbst keine Materialien finden, müssen lediglich Filtrierpapier bzw. Glaskapillare, Bechergläser sowie die drei Flüssigkeiten zur Verfügung stehen.

VI Material und Geräte

- 3 Bechergläser (250 ml)
- 3 Filtrier- oder Löschpapierstreifen (6,5 x 14 cm = 1/3 DIN-A5-Bogen)
- alternativ 3 Glaskapillaren (Hämatokrit-Röhrchen)
- Aqua dest.
- Leitungswasser
- konzentrierte Kochsalzlösung

VII Durchführung

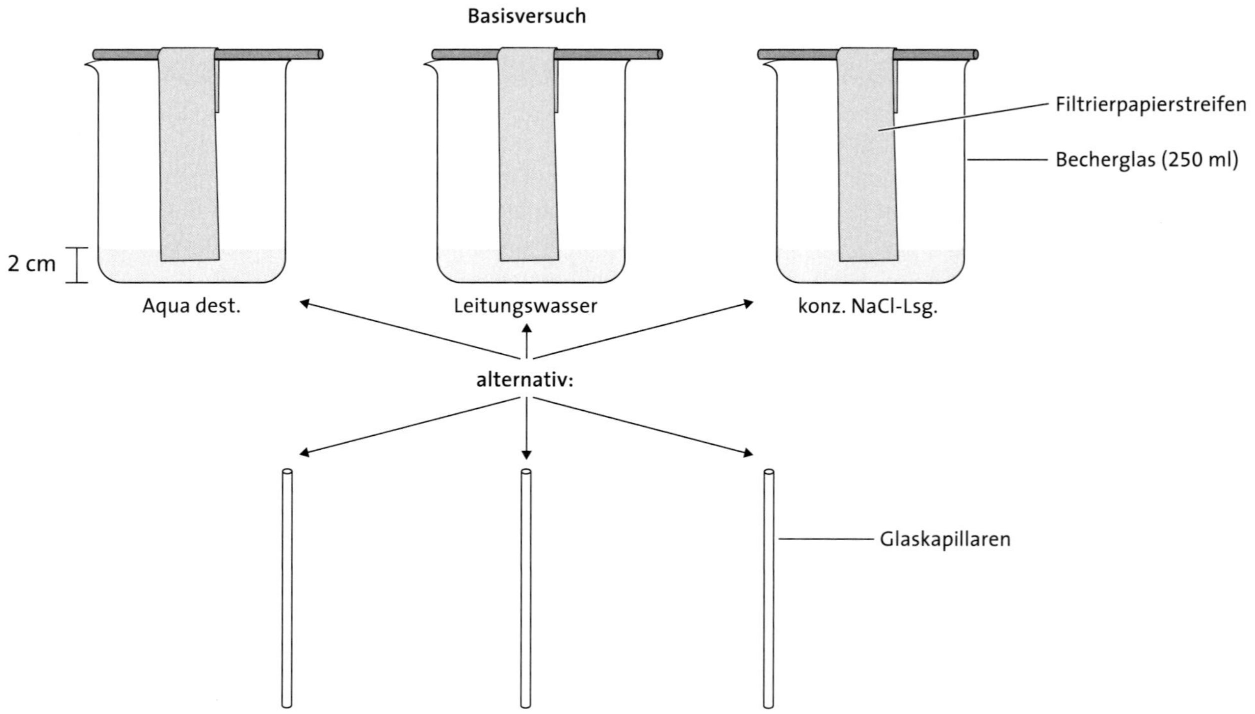

Vorgehensweise vergleiche Lösung zu Aufgabe 3.

VIII Beobachtung

Vergleiche Lösung zu Aufgabe 3.

IX Auswertung

Die haarfeinen Fasern des Filtrierpapiers sind hier die Kapillaren, in denen das Wasser passiv aufsteigt. Dabei spielt die Osmolarität der aufsteigenden Lösung keine Rolle.

X Analogisierung

Versuchselemente	Realität
• Filtrierpapierstreifen bzw. Glaskapillare	• Tracheen mit Kapillarwirkung in den Wasserleitungsbahnen sowie Wurzelhärchen
• Aqua dest., Leitungswasser, konzentrierte Kochsalzlösung	• Bodenwasser mit unterschiedlicher Osmolarität
• Aufsteigen der jeweiligen Flüssigkeit	• passiver Wassertransport aufgrund von Kapillarwirkung

XI Kritik

Veranschaulichung durch den Modellversuch	Grenzen des Modellversuchs
• passiver Wassertransport durch Kapillarkräfte, unabhängig von der Osmolarität des Mediums	• Kapillaren in pflanzlichen Geweben sind nicht flach bzw. nicht so glatt wie die Glasröhrchen. • keine abgestufte Veränderung der Osmolarität, so wie es bei Bodenwasser der Fall wäre • kein Vergleich der Wirksamkeit der Kapillarwirkung bei unterschiedlichen Lumina der Gefäße bzgl. des Reibungswiderstands • keine Einbindung in umliegende Gewebe • keinerlei Berücksichtigung aktiver Transportvorgänge im Gesamtorganismus

Tipp für den Unterricht

Ein für Schüler/-innen recht eindrucksvoller Modellversuch zur Kapillarität lässt sich mit einer Tintenpatrone und einem Zündholz durchführen. Man drückt die Verschlusskugel in die Patrone (z. B. mit einer Schere) hinein und steckt das Zündholz in die Öffnung. Schon nach kurzer Zeit steigt Tinte in den Holzfasern des Zündholzes auf.

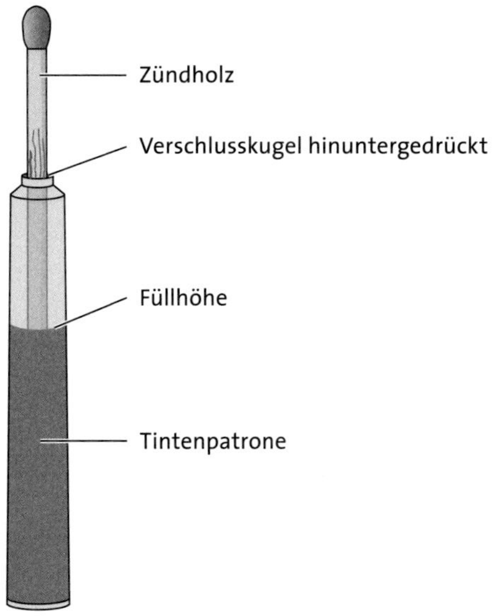

Weitere (Kurzversuche) zur Kapillarwirkung in: Freytag, K., Hrsg.: Biologische Kurzversuche, Bd. 1 und Bd. 2, Aulis Verlag Halbergmoos, 2010

Ökologie
22 Ökosystem Regenwald

Arbeitsmaterial

Das schematisierte Laubblatt in Abb. 1 steht exemplarisch für Laubblätter, wie sie in nahezu allen tropischen Regenwäldern der Erde vorkommen:

Abbildung 1: Schema eines Laubblattes

Abb. 2 zeigt eine bei uns als Zimmerpflanze beliebte Birkenfeige *(Ficus benjamini)*. Diese Pflanze gehört zu den Maulbeergewächsen und ist in südostasiatischen tropischen Regenwaldgebieten (Nepal, nördliches Indien, Bangladesch, Burma, südliches China, Malaysia) beheimatet. Eines ihrer auffälligsten Merkmale sind die lang ausgezogenen Blattspitzen („Träufelspitzen") sowie die glänzende Blattoberfläche, auf der Wassertropfen abrollen. Die Blatttextur als solche ist eher zart.

Abbildung 2: Blätter einer Birkenfeige

Ökologie
22 Ökosystem Regenwald

In Abbildung 3 werden charakteristische Klimaverhältnisse im Lebensraum von *F. benjamini* dargestellt:

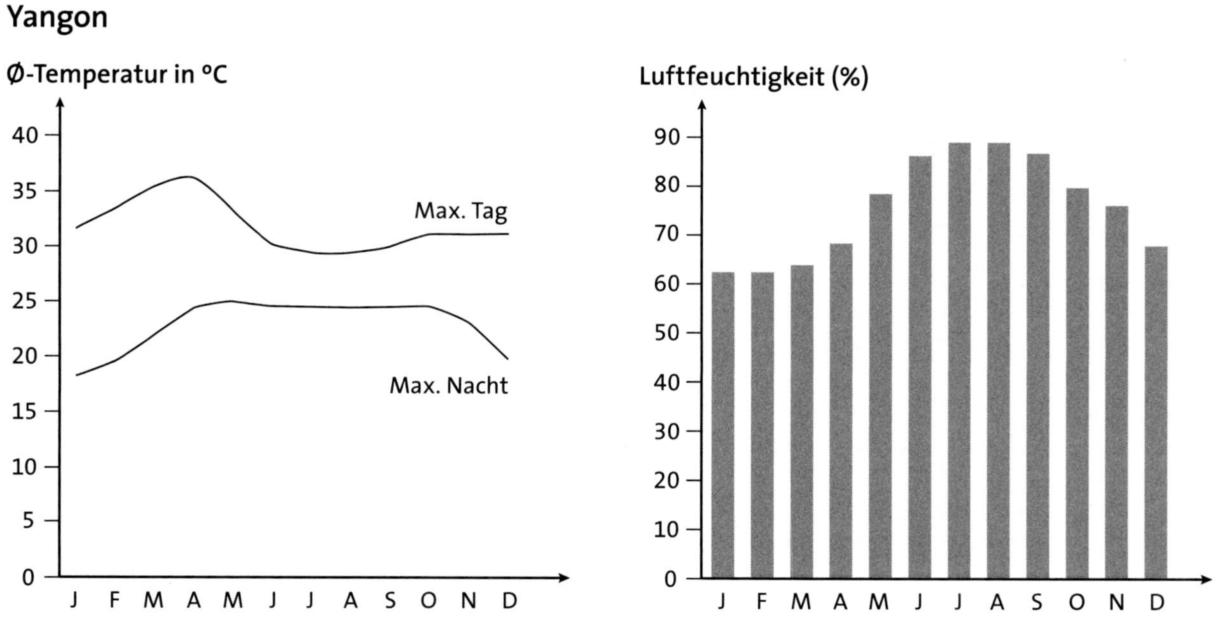

Aufgaben

1. Deuten Sie den Befund der Abb. 1 unter evolutiven Aspekten. Wie nennt der Ökologe den dahinterstehenden Sachverhalt?
2. Formulieren Sie die aus Abb. 3 hervorgehenden Klimabedingungen, denen *F. benjamini* in seinem Herkunftsland ausgesetzt ist und leiten Sie daraus Folgen für die Wasseraufnahme der Pflanze sowie mögliche anatomische Angepasstheiten als Gegenmaßnahmen ab.
3. Führen Sie mit den Modellelementen (Blattmodelle, Holzleiste, Reißzwecken, Pipette), die Sie von Ihrer Lehrperson erhalten, folgenden Modellversuch durch: Fixieren Sie beide Modellblätter in einem ca. 20°-Winkel in Schrägstellung und geben Sie jeweils einen großen Wassertropfen vom Blattstiel aus auf die Blattfläche. Protokollieren Sie das Versuchsergebnis und ermitteln Sie die biologische Bedeutung der Träufelspitze bzgl. der Transpirationsfähigkeit.
4. In tropischen Gebieten herrscht insbesondere um die Mittagszeit eine hohe Sonneneinstrahlung. Versuchen Sie, die Bedeutung der Träufelspitze in diesen Zusammenhang einzuordnen.

I Lernvoraussetzungen

- Analogie/konvergente Entwicklung
- Stellenäquivalenz, ökologische Planstelle
- Transpirationsintensität in Abhängigkeit vom Dampfdruckdefizit der Luft und der Wasserverfügbarkeit
- Bau eines hygromorphen Laubblattes
- Brennglaseffekt

II Erwartete Leistungen

1. Der gleiche Blatttyp in verschiedenen Regenwaldgebieten der Erde ist das Ergebnis einer konvergenten Entwicklung, die dazu geführt hat, dass unter gleichen Umwelt- bzw. Selektionsbedingungen und dem daraus resultierenden gleichgerichteten Selektionsdruck dieselben Formen bei nicht verwandten Pflanzenarten entwickelt wurden.
Der Ökologe würde auch von *Konvergenz* und von *Stellenäquivalenz* und *ökologischer Planstelle* sprechen, denn die ökologische Nische, an welche die betreffenden Pflanzenarten angepasst sind, gibt es in nahezu allen Tropenwäldern.
2. Das Klima ist durch eine ganzjährig hohe Luftfeuchte mit hohen Tagestemperaturen gekennzeichnet. Für die Pflanzen besteht folglich das Problem darin, trotz des geringen Dampfdruckgefälles zwischen Luft und Boden, in das sie passiv eingeschaltet sind, dem Boden Wasser und darin gelöste Mineralstoffe zu entziehen. Trotz eines reichlichen Wasserangebots leiden sie unter „water-stress". Möglicherweise haben solche Blätter transpirationsfördernde Einrichtungen, wie an der Blattunterseite hervorgehobene Spaltöffnungen mit lebenden, die Oberfläche vergrößernden Haaren. Die genannten Merkmale sprechen für hygromorphe Laubblätter.
3. Zur Versuchsanordnung vgl. Durchführung.
Auf beiden Blättern rollt der Wassertropfen zügig ab. Während er bei dem Blatt mit Träufelspitze das Blatt an der Spitze verlässt, rollt er bei dem anderen seitlich, aber dort nur verzögert, in Einzelfällen gar nicht ab.
Aus dem Versuchsergebnis folgt, dass die Träufelspitze offensichtlich für einen schnelleren Wasserabfluss von der Blattoberfläche sorgt. So kann sich dort trotz der hohen Luftfeuchte kein Wasserfilm bilden. Die Blattoberfläche kann schneller abtrocknen und die transpirationseinschränkende Wirkung der Cuticula (vgl. die glänzende Oberfläche) wird reduziert.
4. Wassertropfen, die länger auf der Blattoberseite verbleiben, würden zu einem Brennglaseffekt führen. Damit wäre eine Zerstörung von Blattgewebe verbunden und nicht nur der Wasserhaushalt wäre erheblich gestört. Auch Stoffwechselprozesse könnten nicht mehr geordnet oder gar nicht mehr ablaufen.

Anleitung zum Modellexperiment

III Einsatzmöglichkeiten

Arbeitsmaterial und Modellexperiment beleuchten auf der Basis von Wiederholung und Festigung von Grundlagenwissen die Transpiration aus einem mit Transferleistung verbundenen Blickwinkel. Sie stellen zugleich die Einbindung eines selektionsbegünstigten Baummerkmals, hier der Träufelspitze, im evolutiven Kontext dar. Dabei wird die Progression im Schwierigkeitsgrad von Aufgabe 1–4 eingehalten.
Das Modellexperiment lässt sich gegebenenfalls um ein drittes Laubblatt erweitern, das nur aus Zeichenkarton hergestellt wird und auf die Funktion der glatten Oberfläche hinführt. Des Weiteren kann der Lotuseffekt bzw. in allgemeinerer Form der Selbstreinigungseffekt von derartigen Blattoberflächen anhand des Materials thematisiert werden. Durch die Verhinderung eines feuchtwarmen Dauermilieus wird auch der Ausbreitung von Pilzen, Algen, Moosen und Flechten auf der Blattoberfläche entgegengewirkt.

IV Thema des Modellexperiments

Transpiration bei Pflanzen im tropischen Regenwald

V Vorbereitungszeit

Die Herstellung der Laubblattmodelle erfordert ca. 10 Minuten.

VI Material und Geräte

- 1 Bogen Kopierfolie (alternativ: transparenter Deckel von einem Schnellhefter aus Kunststoff)
- ca. 15 cm langes Kantholz mit 2,5 cm Kantenlänge
- 2 Reißzwecken
- Folienschreiber
- Schere
- Pipette

VII Durchführung

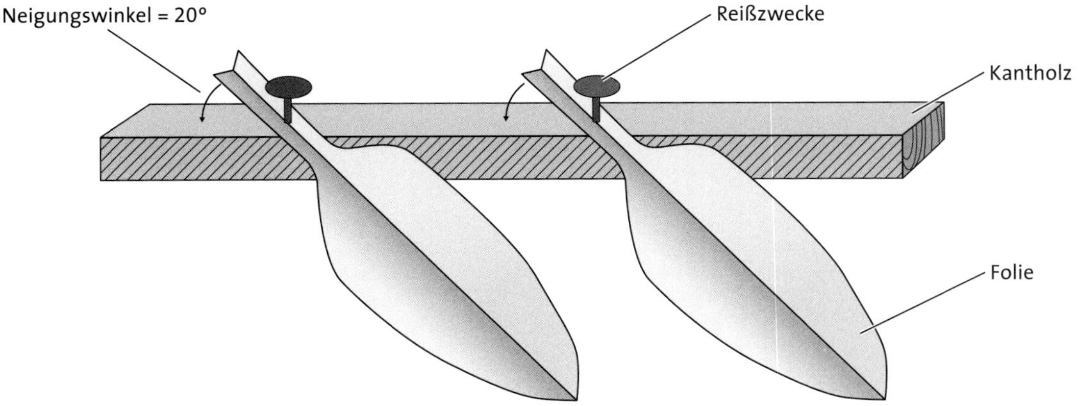

Die Abbildung wird in ca. der doppelten Größe auf Folie kopiert oder mittels einer entsprechenden Vorlage auf den transparenten Deckel übertragen. Die beiden Modelle werden entlang der Mittelrippe geknickt und mit je einer Reißzwecke in einem Winkel von ca. 20° auf dem Kantholz fixiert. Dabei muss die Blattspitze auf der Tischplatte aufliegen. Vom Blattstiel aus gibt man mit der Pipette einen großen Wassertropfen auf die Modelle und beobachtet die Bewegung der Wassertropfen.

VIII Beobachtung

Vergleiche auch Lösung zu Aufgabe 3.
Auf beiden Blättern rollt der Wassertropfen zügig ab. Während er bei dem Blatt mit Träufelspitze das Blatt an der Spitze verlässt, rollt er bei dem anderen seitlich ab, aber dort nur verzögert, in Einzelfällen gar nicht. Die Blattspitze wirkt ähnlich einer Führungsschiene, sodass ein kontrollierter Wasserabfluss erfolgen kann.

IX Auswertung

Blätter mit Träufelspitze trocknen schneller wieder ab, da über die Träufelspitze ein Wasserabfluss gewährleistet ist und dieser zudem kontrolliert erfolgt. Bei einem Blatt ohne Träufelspitze könnten Wassertropfen verbleiben, welche die Abtrocknung, somit die cuticuläre Transpiration, verzögern und erschweren. Hinzu kommt die Gefahr des Brennglaseffekts (vgl. Lösung zu Aufgabe 4).

X Analogisierung

Versuchselemente	Realität
• Blattmodell ohne Spitze	• Laubblatt ohne Träufelspitze
• Blattmodell mit Spitze	• Laubblatt mit Träufelspitze
• Knick in der Mitte	• Mittelrippe
• glatte Oberfläche der Folie	• glatte Blattoberfläche mit Cuticula
• Holzleiste	• Stängel, an dem das Laubblatt ansetzt
• Schrägstellung	• Winkel, in dem das Laubblatt vom Stängel leicht herunterhängt

XI Kritik

Veranschaulichung durch den Modellversuch	Grenzen des Modellversuchs
• Bedeutung der Träufelspitze zur gezielten Entfernung von Wassertropfen von der Blattoberfläche	• keine Einbindung in die Gesamtpflanze • keine Berücksichtigung umrahmender Klimabedingungen und physiologischer Faktoren • Fehlen weiterer Blattstrukturen, z. B. erhabene Leitbündel, welche die glatte Oberflächenstruktur stören (könnten) • Wasser gelangt nicht ausschließlich vom Blattstiel aus auf das Blatt, Berieselung von oben unberücksichtigt • Blätter liegen nicht in abgeschnittener, isolierter Form vor

Ökologie
23 Transpirationsleistung an Stomata

Arbeitsmaterial

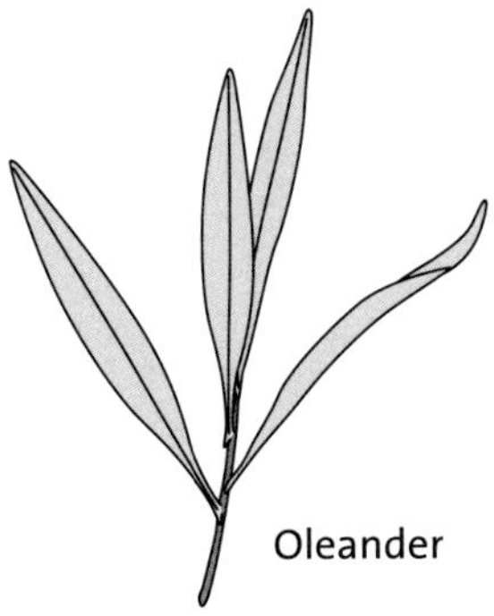

Oleander

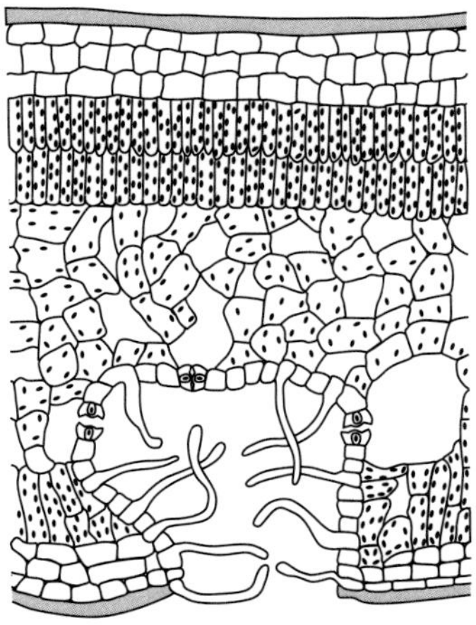

kleine, meist harte Blätter mit recht vielen, sich schnell öffnenden und schließenden Spaltöffnungen

Hainbuche

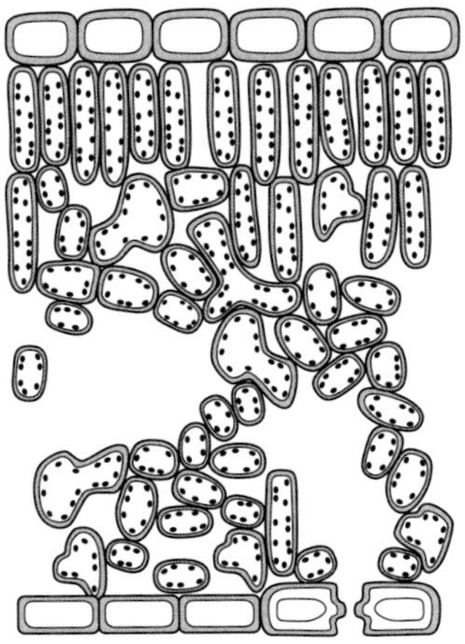

durchschnittlich große, recht weiche Blätter mit mäßig vielen Spaltöffnungen

Wasserknöterich

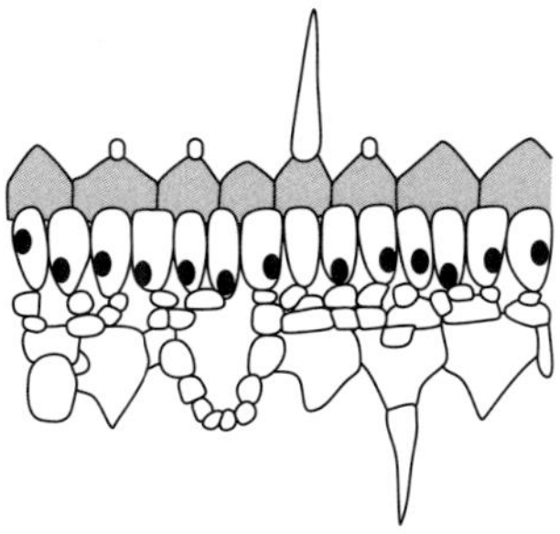

große, oft dünne Laubblätter mit vielen Spaltöffnungen

Aufgaben

1. Beschreiben Sie den Blattaufbau von Oleander, Hainbuche und Wasserknöterich anhand der Blattquerschnitte.
2. Interpretieren Sie die anatomischen Besonderheiten hinsichtlich des Standortes der Pflanzen (Mesophyt, Hygrophyt und Xerophyt).
3. Erläutern Sie vor dem Hintergrund der Ergebnisse aus Aufgabe 2 die textlichen Zusatzinformationen zu den Blattquerschnitten.
4. Führen Sie den Versuch gemäß der Beschreibung (vgl. VI und VII) durch und notieren Sie die Ergebnisse im Verlauf einer Woche.
5. Stellen Sie die Ergebnisse tabellarisch sowie als Graphen in geeigneter Weise dar.
6. Übertragen Sie den Modellversuch bzw. dessen Ergebnisse auf die Angepasstheiten von Xero-, Hygro- und Mesophyten.
7. Werten Sie die unterschiedlichen Ergebnisse der Messreihen bezogen auf Gefäßtypen, Abdeckungen und Wasserstände aus. Beziehen Sie Ihre Erkenntnisse aus Aufgabe 6 mit ein.

23 Transpirationsleistung an Stomata

I Lernvoraussetzungen

- Bau von Laubblättern
- Funktion von Spaltöffnungen
- Transpiration
- Angepasstheit/Ökofaktoren – Wasser, Licht
- Randeffekt
- Lichtkompensationspunkt

II Erwartete Leistungen

1. *Oleander:* dicke Cuticula, mehrschichtige Epidermis, mehrschichtiges Palisadengewebe mit vielen Chloroplasten, recht dicht gepacktes Schwammgewebe mit Interzellularen und Atemhöhlen, untere Epidermis mit Einstülpungen im Bereich der Stomata, Härchen in den Einstülpungen vor den Spaltöffnungen
Hainbuche: normal ausgeprägte Cuticula, einschichtige Epidermis, einschichtiges Palisadengewebe mit entsprechend vielen Chloroplasten, lockeres Schwammparenchym mit großen Interzellularen und Atemhöhle vor den Spaltöffnungen, untere Epidermis mit ebenen Stomata
Wasserknöterich: epidermale Zellen mit Ausstülpungen, obere Epidermis einschichtig, Palisadengewebe einschichtig, recht schmales Schwammgewebe mit z. T. ausgeprägten Interzellularen, untere Epidermis mit hervorgehobenen Spaltöffnungen.
2. *Oleander:* Viele anatomische Besonderheiten dienen dem Transpirationsschutz: ausgeprägte Cuticula, Härchen, eingesenkte Spaltöffnung; andere Besonderheiten zeigen, dass der Oleander an sonnigen Standorten anzutreffen ist: mehrschichtiges Palisadengewebe mit vielen Chloroplasten und entsprechend hoher Fotosyntheseleistung und hoher Lichtkompensationspunkt; Fazit: Xerophyt
Hainbuche: Es gibt keine besonderen Hinweise auf eine spezielle Angepasstheit bzgl. extremer Standorte: ebene Stomata, durchschnittlich dicke Cuticula, einfaches Palisadengewebe, mittelmäßige Fotosyntheseleistung sowie Lichtangebot am Standort; Fazit: Mesophyt.
Wasserknöterich: Die Angepasstheiten des Wasserknöterichs sind diametral gegenüber denen des Oleanders, alle anatomischen Einrichtungen sind transpirationsfördernd: keine oder sehr dünne Cuticula, Ausstülpungen der Stomata – Verstärkung des Randeffekts, Ausstülpungen an den epidermalen Zellen und die damit korrelierende Oberflächenvergrößerung, recht wenige Chloroplasten, niedriger Lichtkompensationspunkt, schattiger Standort; Fazit: Hygrophyt
3. *Oleander:* kleine, dicke Blätter: verkleinerte Oberfläche, Verdunstungsschutz; viele sich schnell öffnende oder schließende Stomata: schnelle Reaktion der Stomata bei ausreichender Wasserversorgung, weil nur kurzfristig genügend Wasser zur Verfügung steht, schneller Gasaustausch
Hainbuche: Blätter von durchschnittlicher Größe: durchschnittlich große Blattoberfläche, kein besonderer Verdunstungsschutz; mäßig viele Stomata: durchschnittlicher, gleichmäßiger Gaswechsel an selbigen
Wasserknöterich: große, dünne Blätter: vergrößerte Oberfläche, erhöhte Transpirationsleistung; viele Spaltöffnungen: erhöhte Transpirationsleistung

4. Beispiel

Messzeitpunkt / Glaskörper	11.06.2012 08:00 Uhr	11.06.2012 19:45 Uhr	12.06.2012 10:00 Uhr	12.06.2012 18:45 Uhr	14.06.2012 08:15 Uhr	14.06.2012 18:00 Uhr	15.06.2012 18:00 Uhr	18.06.2012 08:30 Uhr
100 ml Becherglas ohne Abdeckung	183,1 g	181,8 g	179,8 g	178,8 g	173,3 g	171,8 g	168,5 g	161,1 g
100 ml Becherglas mit Glaswolle	186,1 g	183,6 g	181,8 g	180,5 g	179,0 g	178,5 g	177,7 g	175,7 g
100 ml Becherglas mit Öl	199,3 g	199,3 g	199,3 g	199,3 g	199,3 g	199,3 g	199,3 g	199,3 g
200 ml Becherglas ohne Abdeckung	215,1 g	213,8 g	212,0 g	211,0 g	206,1 g	204,5 g	201,3 g	194,2 g
200 ml Becherglas mit Glaswolle	221,5 g	221,0 g	220,6 g	220,2 g	219,0 g	218,7 g	217,9 g	216,1 g
200 ml Becherglas mit Öl	230,4 g	230,4 g	230,4 g	230,3 g	230,3 g	230,3 g	230,3 g	230,3 g
100 ml Kolben ohne Abdeckung	162,3 g	162,2 g	162,1 g	162,0 g	161,7 g	161,6 g	161,5 g	161,0 g
100 ml Kolben mit Glaswolle	161,2 g	161,1 g	161,0 g	160,9 g	160,7 g	160,7 g	160,5 g	160,2 g
100 ml Kolben mit Öl	167,7 g	167,7 g	167,7 g	167,7 g	167,7 g	167,7 g	167,7 g	167,7 g
250 ml Kolben ohne Abdeckung	214,7 g	214,1 g	213,6 g	213,2 g	211,9 g	211,4 g	210,5 g	208,2 g
250 ml Kolben mit Glaswolle	222,8 g	222,5 g	222,3 g	222,1 g	221,5 g	221,2 g	220,7 g	219,7 g
250 ml Kolben mit Öl	241,4 g	241,4 g	241,3 g	241,2 g	241,2 g	241,2 g	241,2 g	241,2 g

5. Darstellung der Ergebnisse in Graphen

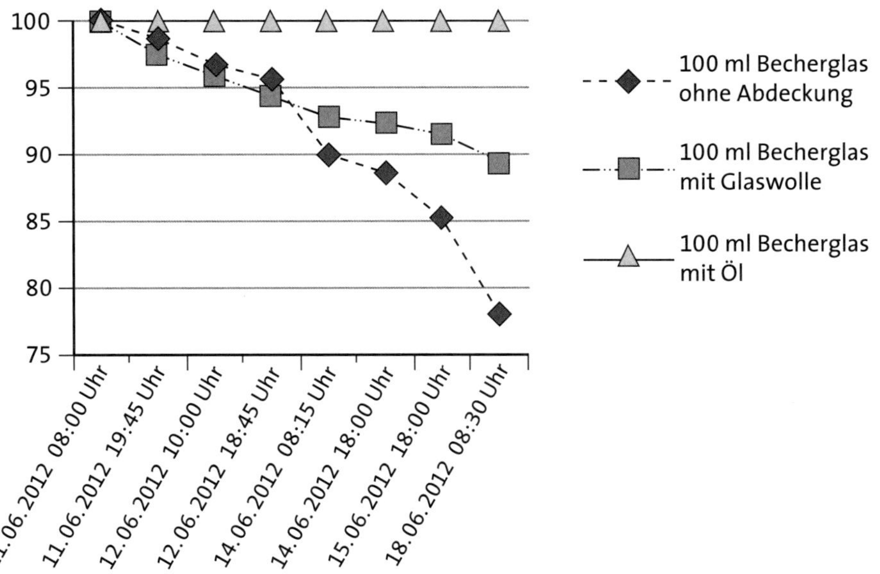

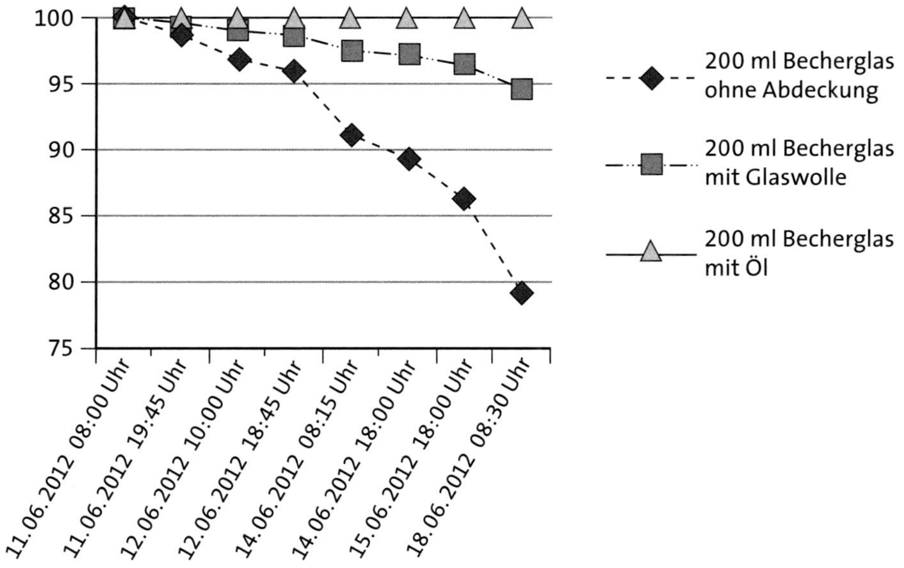
100
95
90
85
80
75
11.06.2012 08:00 Uhr
11.06.2012 19:45 Uhr
12.06.2012 10:00 Uhr
12.06.2012 18:45 Uhr
14.06.2012 08:15 Uhr
14.06.2012 18:00 Uhr
15.06.2012 18:00 Uhr
18.06.2012 08:30 Uhr
200 ml Becherglas ohne Abdeckung
200 ml Becherglas mit Glaswolle
200 ml Becherglas mit Öl

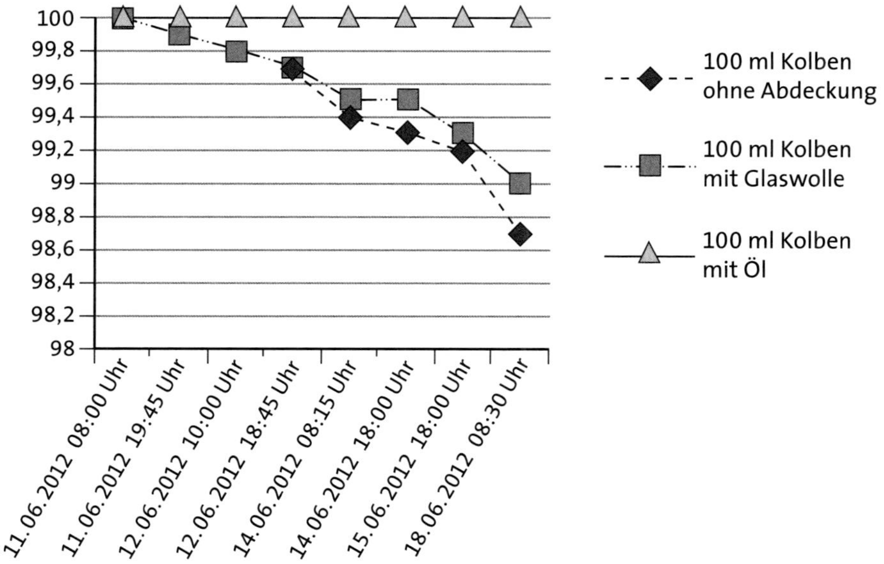
100
99,8
99,6
99,4
99,2
99
98,8
98,6
98,4
98,2
98
11.06.2012 08:00 Uhr
11.06.2012 19:45 Uhr
12.06.2012 10:00 Uhr
12.06.2012 18:45 Uhr
14.06.2012 08:15 Uhr
14.06.2012 18:00 Uhr
15.06.2012 18:00 Uhr
18.06.2012 08:30 Uhr
100 ml Kolben ohne Abdeckung
100 ml Kolben mit Glaswolle
100 ml Kolben mit Öl

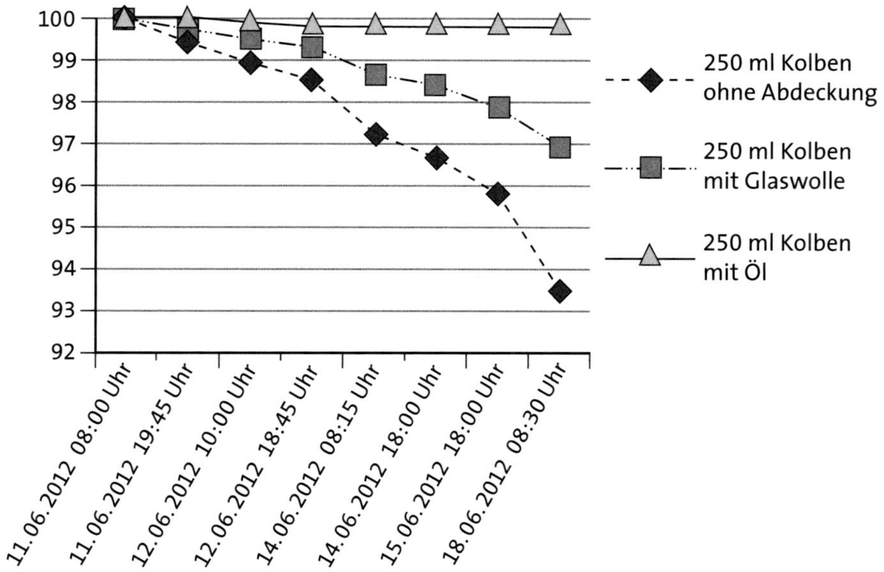
100
99
98
97
96
95
94
93
92
11.06.2012 08:00 Uhr
11.06.2012 19:45 Uhr
12.06.2012 10:00 Uhr
12.06.2012 18:45 Uhr
14.06.2012 08:15 Uhr
14.06.2012 18:00 Uhr
15.06.2012 18:00 Uhr
18.06.2012 08:30 Uhr
250 ml Kolben ohne Abdeckung
250 ml Kolben mit Glaswolle
250 ml Kolben mit Öl

6. Dem Verdunstungsschutz beim Oleander entsprechen Öl, Glaswolle, niedriger Wasserstand, kleinere Öffnungen, insbesondere bei den Kolben, wobei der niedrige Wasserstand in den Gefäßen und die kleineren Öffnungen nur analog zu den eingesenkten Spaltöffnungen stehen.
Die recht hohe Transpirationsleistung der Hygrophyten wird durch die Gefäße simuliert, welche eine große Öffnung und einen recht hohen Wasserstand haben und keinen besonderen Transpirationsschutz besitzen.
Die übrigen Gefäße spiegeln die Verhältnisse der Mesophyten wider.
7. *Vergleich der Gefäßtypen untereinander:* Die Größe der Öffnungen der Gefäße ist ganz entscheidend für die Verdunstung. Während aus den Bechergläsern ohne Abdeckung viel Wasser verloren geht, ist der Wasserverlust bei den Kolben ohne Verdunstungsschutz stark eingeschränkt. Analog dazu gilt dies, wenn Glaswolle als Abdeckung dient.
Der bauchige Bereich des Kolbens, in dem sich kein Wasser befindet, ist mit Wasserdampf gefüllt, dort dringt kein Wind ein, welcher den Wasserdampf verwirbeln könnte, sodass neuer Wasserdampf entsteht. Mit einer Abdeckung aus Glaswolle ist die Verdunstung noch geringer.
Vergleich der Abdeckungen: Nur in den Gefäßen mit Öl als Schutzschicht entweicht so gut wie kein Wasser im Verlauf der Woche, sodass diese Art des Verdunstungsschutzes am effektivsten ist. Die dicke Cuticula der Xerophyten stellt also einen besonders guten Transpirationsschutz dar. In abgestufter Form gilt dies einerseits für Glaswolle analog zu einem mäßigen Transpirationsschutz und andererseits für die Gläser ohne Verdunstungsschutz, bei welchen verhältnismäßig viel Wasser verdunstet (Meso- und Hygrophyten).
Vergleich der Wasserstände: Es ist gut zu erkennen, dass das Becherglas (100 ml) ohne Abdeckung und mit einem recht hohen Wasserstand im Verlauf der Woche das meiste Wasser verliert. Dieses Modell spiegelt am ehesten die Verhältnisse bei Hygrophyten wieder.

Anleitung zum Modellexperiment

III Einsatzmöglichkeiten

Das Material und dieser Versuch dienen zur Sicherung der Themen Umweltfaktoren und Angepasstheit in einer Unterrichtsreihe zur Ökologie. Der Versuch kann zuerst durchgeführt werden, um dann die Ergebnisse auf die betrachteten Pflanzentypen übertragen zu lassen.
Das Arbeitsmaterial soll als Vorbereitung auf den Versuch dienen. Die Ergebnisse aus dem Modellexperiment können sowohl im Unterricht gedeutet als auch ohne Deutung lediglich festgehalten werden.
In letzterem Fall bleibt die eigentliche Interpretation und Analogisierung der Klausur vorbehalten. Im Zuge einer immer stärker verzahnten Interaktion aus praktischen Erfahrungen und theoretischen Überlegungen wäre diese Vorgehensweise denkbar.

IV Thema des Modellexperiments

Transpirationsleistung an Stomata

V Vorbereitungszeit

Für das Aufstellen der Gläser und das Abwiegen des Wassers sowie für die Bestückung mit dem Verdunstungsschutz sollte ca. eine Dreiviertelstunde eingeplant werden. Wichtig ist dabei auch, dass die so vorbereiteten Gläser noch einmal gewogen werden, da diese ein Eigengewicht (Öl, Wolle etc.) haben (vgl. VII Durchführung).

VI Material und Geräte

- 12 Bechergläser, Glaskolben o. ä. (3 mit jeweils dem gleichen Fassungsvermögen und der gleichen Form)
- Glaswolle, Watte o. ä.
- Öl
- Feinwaage

VII Durchführung

Zu Beginn des Versuches werden die unterschiedlichen Gefäße jeweils mit der gleichen Menge Wasser gefüllt (z. B. 100 g), diese Menge wird mit einer Feinwaage abgemessen. Das Gewicht des Glases wird mittels der Tara-Taste der Feinwaage vor der Befüllung auf Null gesetzt.
Im Anschluss wird das Wasser in zwei von drei gleichförmigen Behältnissen mit den verschiedenen Materialien (Öl, Watte etc.) abgedeckt, zum Vergleich bleibt das letzte der drei Gläser mit der gleichen Form ohne Abdeckung. Es sollten für eine Messreihe die gleichen Gefäße eingesetzt werden, sodass wie in diesem Beispiel jeweils ein Becherglas mit z. B. 200 ml Fassungsvermögen mit Öl, Watte versehen sind und eines ohne Abdeckung bleibt.
Nachdem diese Schritte durchgeführt worden sind, werden die Gläser ohne bzw. mit der Abdeckung und dem Wasser gewogen und die Ergebnisse in einer Tabelle notiert.
In bestimmten Abständen werden die Gläser mit dem Inhalt nun erneut gewogen und die Ergebnisse werden über einen Zeitraum von z. B. einer Woche in eine Tabelle eingetragen.

VIII Beobachtung

Siehe Aufgabe 4 unter Erwartete Leistungen.

IX Auswertung

Siehe Aufgabe 7 unter Erwartete Leistungen.

X Analogisierung

Versuchselemente	Realität
• Glasöffnungen (unterschiedliche Durchmesser) • Watte, Glaswolle auf den Bechergläsern • Öl auf der Wasseroberfläche • Wasserstände in den Gläsern	• Stomata (Öffnungsgrad der Stomata) • Härchen auf den Stomata als Verdunstungsschutz • dicke Cuticula • Stomata mit oder ohne Einstülpung

XI Kritik

Veranschaulichung durch den Modellversuch	Grenzen des Modellversuchs
• Verdunstungsleistung der verschiedenen Pflanzentypen • Einstülpungen der Stomata • Rolle der Cuticula	• physiologischer Kontext fehlt • unterschiedliche Anatomie der Stomata • Schließmechanismus und dessen energetischer Hintergrund fehlen • Randeffekt wird nicht deutlich

Ökologie
24 Die Versauerung der Ozeane

Arbeitsmaterial

Die Weltmeere haben seit der Industrialisierung ca. die Hälfte des Kohlenstoffdioxids aus der Verbrennung fossiler Energieträger aufgenommen. Im Ozean laufen chemische Reaktionen ab, die zur Änderung des pH-Wertes in den Ozeanen führen. Der antarktische Ozean und der Nordatlantik sind stark von der Versauerung betroffen.

Abbildung 1: Entwicklung des pH-Wertes im Meerwasser

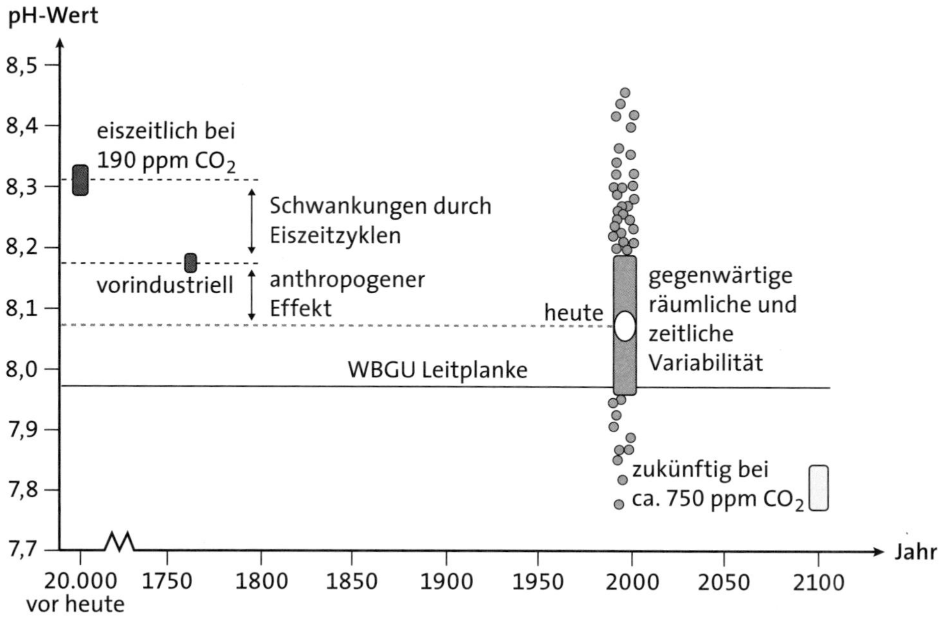

WBGU: Wissenschaftlicher Beirat der Bundesregierung Globale Umweltveränderung
ppm: parts per million

Abbildung 2: Löslichkeit von Kohlenstoffdioxid in Wasser in Abhängigkeit von der Temperatur bei Normaldruck

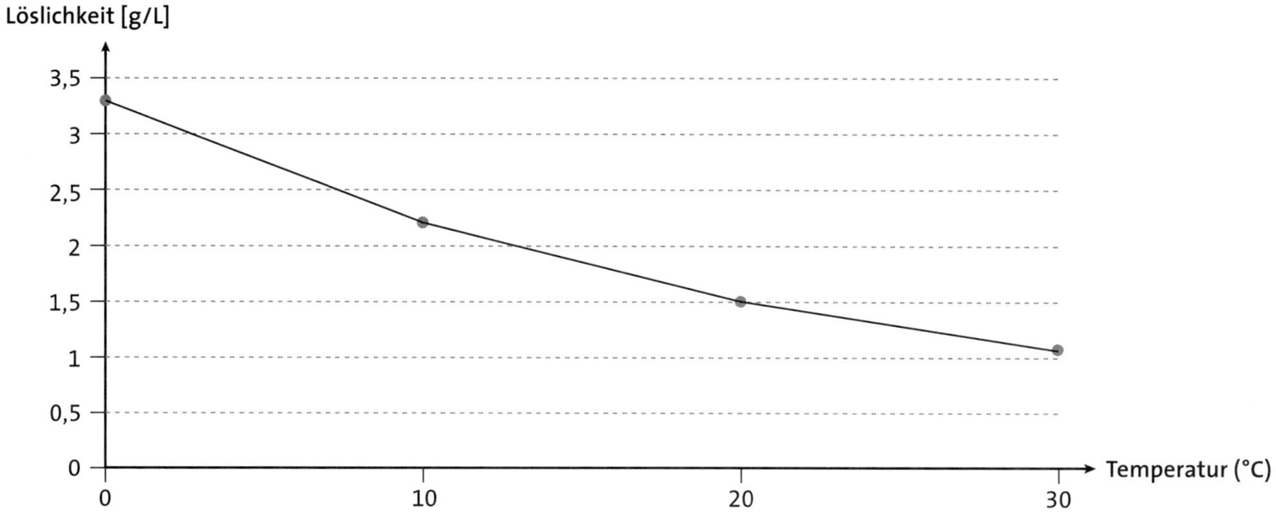

Abbildung 3: pH-Wert-Skala

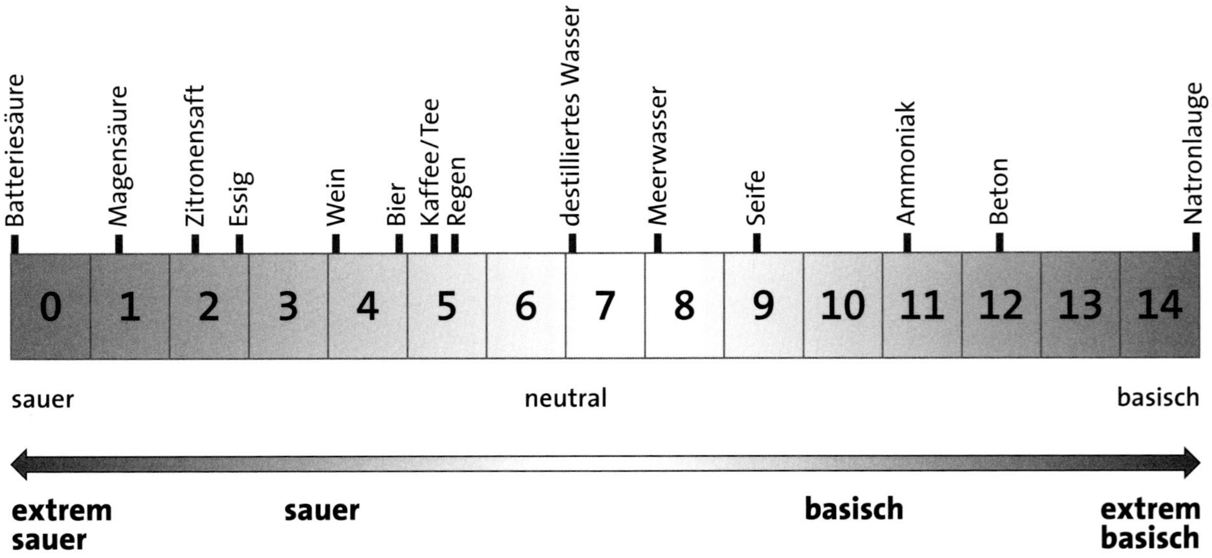

Abbildung 4: Chemische Vorgänge im Meer

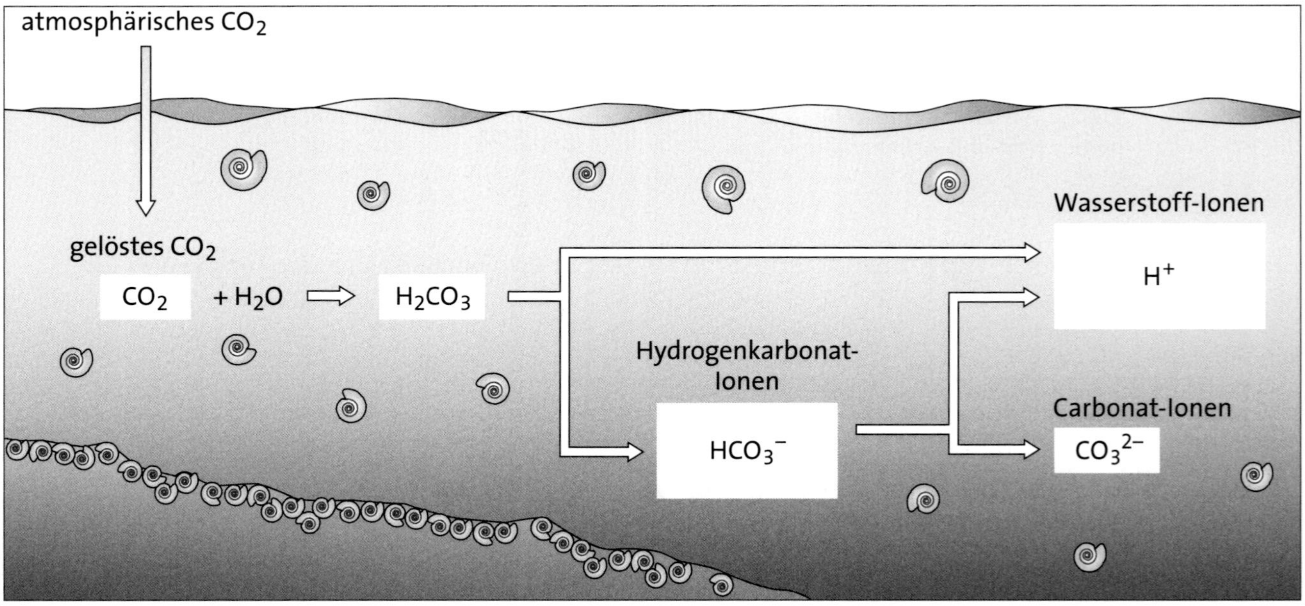

Die niedrigeren pH-Werte beeinträchtigen den Kalkbildungsprozess aus Calcium- und Carbonat-Ionen, der z. B. für wirbellose Meeresbewohner mit Kalkpanzer, wie Muscheln, Korallen oder Seeigel lebenswichtig ist.

Ökologie
24 Die Versauerung der Ozeane

Abbildung 5: Mesokosmos

Wissenschaftler der IFM-GEOMAR-Expedition erforschen die Folgen des Klimawandels und die Ozeanversauerung vor der norwegischen Stadt Bergen. Dort haben sie neun orangefarbene Gerüste, die sogenannten Mesokosmen versenkt. Diese bestehen aus je sechs langen Röhren, die durch Metallschienen miteinander stabilisiert sind. Zwischen den Röhren befindet sich ein großer Plastikschlauch, der 17 Meter lang ist, einen Durchmesser von zwei Metern und ein Fassungsvermögen von 65.000 Litern hat. In dem Plastikschlauch befinden sich Bakterien, Phytoplankton und Zooplankton. In jeden Mesokosmos hat man Kohlenstoffdioxid unterschiedlicher Konzentration gepumpt und fünf Wochen lang während der Kalkalgenhochblüte u. a. die Empfindlichkeit der Kalkalgen auf unterschiedliche Kohlenstoffdioxidkonzentrationen untersucht. Dabei fanden die Forscher heraus, dass die Kalkalgen unter einer hohen Kohlenstoffdioxidbelastung zum größten Teil verschwunden waren.

Abbildung 6: Rasterelektronenmikroskop-Aufnahmen der Kalkalge *Calcidiscus leptoporus*

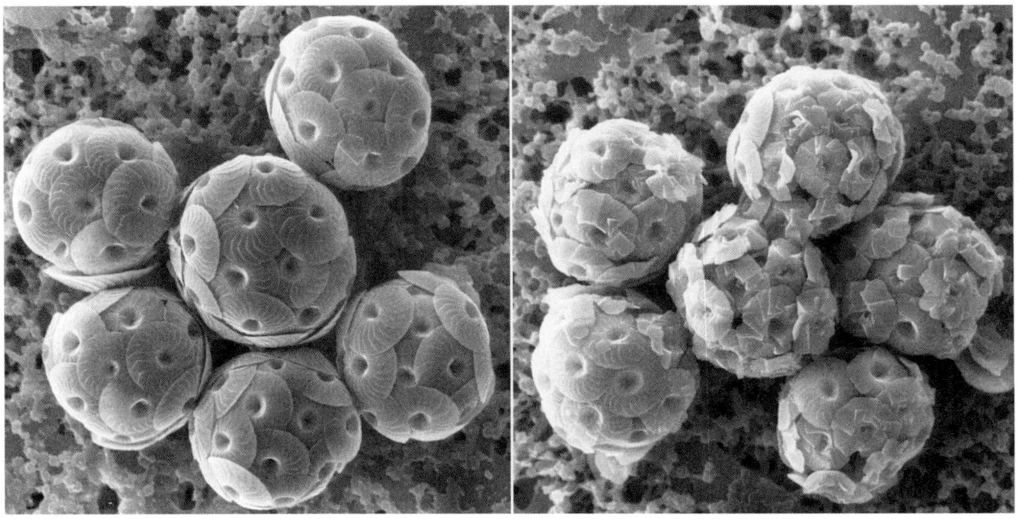

In der linken Abbildung sieht man sechs Kalkalgen, die im Labor in einem Medium mit der Kohlenstoffdioxidkonzentration gehalten wurden, wie sie heute im Ozean vorherrscht. In der rechten Abbildung sind hingegen Kalkalgen dargestellt, die bei der Kohlenstoffdioxidkonzentration gehalten wurden, wie sie für das nächste Jahrhundert prognostiziert werden (s. Abbildung 1). Im Gegensatz dazu entdeckten Forscher in den stark belasteten Meeresregionen vor Chile (pH-Wert liegt zwischen 7,1 und 7,6 statt durchschnittlich pH 8,1) Kalkarten mit extrem dicken Schalen.

(Adaptiert aus: http://www.n-tv.de/wissen/Kalkalgen-Schale-wird-duenner-article3966856.html)

Ökologie
24 Die Versauerung der Ozeane

Aufgaben

Die Aufgaben werden in Gruppen durchgeführt.

1. Ihre Aufgabe besteht darin, ein Modellexperiment zu entwickeln, das die pH-Absenkung in den Ozeanen veranschaulicht. Es stehen Ihnen pro Gruppe folgende Materialien zur Verfügung: Zwei 250-ml-Messzylinder, eine pneumatische Wanne, vier Vitamin-Brausetabletten, Leitungswasser, Eiswürfel, warmes Wasser und ein Pulvertrichter mit weitem kurzen Stiel. Stellen Sie Vorüberlegungen an, wie Sie das Experiment aufbauen wollen, begründen Sie Ihre Vorgehensweise und stellen Sie Hypothesen bezüglich der zu erwartenden Beobachtungen auf.
2. Führen Sie das Experiment jeweils zweimal durch und protokollieren Sie Ihre Ergebnisse. Deuten Sie Ihre Beobachtungen mithilfe der Abbildungen 1 bis 4.
3. Analogisieren Sie tabellarisch Ihre Versuchselemente mit der Realität.
4. Ändern Sie die Versuchsbedingungen des Modellexperiments mit dem Ziel, den Veranschaulichungsgrad zur Ozeanversauerung zu verbessern oder auszubauen und führen Sie diese Modellexperimente durch.
5. Übertragen Sie Ihre Ergebnisse aus den Modellexperimenten (Aufgabe 1 und 4) unter Einbindung der Abbildungen 3 und 4 auf die Ozeane. Welche Konsequenzen hat dies für die Rolle der Ozeane als Kohlenstoffdioxidspeicher? Welche Gefahr entsteht dadurch für die Organismen im Meer?
6. Bewerten Sie die Aussagekraft der Messergebnisse aus dem Textmaterial zur Abbildung 5 hinsichtlich der Situation in den Ozeanen.
7. Erklären Sie die Ausbildung der extrem dicken Schale von Kalkalgen vor der Küste Chiles aus ökologischer und evolutiver Sicht.

I Lernvoraussetzungen

- Treibhausgase
- natürlicher Treibhauseffekt
- anthropogener Treibhauseffekt

II Erwartete Leistungen

1. Vorüberlegungen:
- aus den Brausetabletten entweicht bei Kontakt mit Wasser Kohlenstoffdioxid
- pneumatisches Auffangen des Gases: Das Wasser in dem umgestülpten Messzylinder wird durch das Kohlenstoffdioxid verdrängt
- die Löslichkeit von Kohlenstoffdioxid ist abhängig von der Temperatur
- Im kalten Wasser löst sich laut Abbildung 2 mehr Kohlenstoffdioxid als im wärmeren Wasser.
  Hypothesen:
  - im kalten Wasser ist die verdrängte Wassermenge kleiner als im warmem Wasser
  - beim Lösen von Kohlenstoffdioxid in Wasser bildet sich Kohlensäure.

2. Die Menge des verdrängten Wassers im Messzylinder ist im kalten Wasser deutlich kleiner als die Menge des verdrängten Wassers im warmen Wasser.
Deutung: Beim Auflösen der Brausetablette wird Kohlenstoffdioxid frei (aus der Reaktion von Natriumhydrogencarbonat und einer organischen Säure). Das Wasser nimmt so lange Gas auf, bis es gesättigt ist. Danach entweicht das Gas und verdrängt das Wasser aus dem Zylinder nach unten.
Da die Löslichkeit von Kohlenstoffdioxid mit steigender Temperatur abnimmt (s. Abbildung 2), ist die Menge an verdrängtem Wasser im warmen Wasser größer als im kalten Wasser. Beim Lösen von Kohlenstoffdioxid in Wasser entsteht Kohlensäure, die in der ersten Protolysestufe in Protonen und Hydrogencarbonat-Ionen dissoziiert (Abbildung 4). Dadurch erniedrigt sich der pH-Wert des Wassers (Abbildung 3).

3. Analogisierung

Versuchselemente	Realität
• Wassermenge im Messzylinder	• Ozean
• Brausetablette zur Entwicklung von Kohlenstoffdioxid	• Kohlenstoffdioxidemission in die Atmosphäre
• warmes Wasser	• Äquatorialstrom im Pazifik, Karibische Strömung im Atlantik
• kaltes Wasser	• Ost- und Westgrönlandstrom im Atlantik, Humboldt-Strom im Pazifik
• pneumatische Wanne	• Habitat „Ozean"
• verdrängtes Wasservolumen	• ungelöstes Kohlenstoffdioxid/Abgabe von Kohlenstoffdioxid in die Atmosphäre

4. Änderung der Versuchsbedingungen:
- Variation des Salzgehaltes basierend auf der Kernfrage: Spielt der Salzgehalt in den Ozeanen für die Versauerung der Meere eine wichtige Rolle? Wiederholung der Versuche mit destilliertem Wasser und einer 3,5%igen Salzlösung (Simulation des Salzgehaltes in den Meeren)
- Variation des Säuregrades basierend auf der Kernfrage: Beeinflusst der pH-Wert die Fähigkeit des Wassers, Kohlenstoffdioxid aufzunehmen? Wiederholung der Versuche mit Leitungswasser und einer verdünnten Essigsäurelösung (oder anderen organischen Säuren, die sich gut in Wasser lösen)
- Variation der entwickelten Kohlenstoffdioxidkonzentration über eine erhöhte Anzahl an Brausetabletten
- Versuche mit Eierschalen, die z. B. in verschiedene Essigsäurekonzentrationen gelegt und über ein paar Tage beobachtet werden.

5. Meere in kalten Regionen, wie z. B. der antarktische Ozean nehmen besonders viel Kohlenstoffdioxid auf. Damit senken sie erheblich die Kohlenstoffdioxidkonzentration in der Atmosphäre und bremsen den Klimawandel (s. Abb. auf S. 122).
Auf der anderen Seite entstehen durch die Aufnahme von Kohlenstoffdioxid durch die Meere neben Hydrogencarbonat-Ionen Protonen, die den pH-Wert der Meere langsam verringern. Das hat weitreichende Folgen für die Organismen im Wasser: Es droht das weltweite Zusammenbrechen ganzer Ökosysteme. Eine Meeresversauerung

behindert z. B. die Biomineralisation von Korallen und von Zooplankton. Weiter sinkende pH-Werte haben einen deutlichen Einfluss auf die Wachstumsgeschwindigkeit von Korallenriffen, auf die Regulation des Säure-Base-Haushaltes von Meeresorganismen, auf die Fortpflanzungsfähigkeit und auf das Nahrungsgefüge in den Ozeanen.

6. Messungen, die unter Freilandbedingungen durchgeführt werden, erfolgen unter natürlichen Wind-, Sonnen-, Wasser- und Nährstoffverhältnissen. Die Messergebnisse beziehen sich nur auf die kurze Untersuchungsperiode von fünf Wochen während der Kalkalgenhochblüte und zeigen die Gefährlichkeit der pH-Wert-Verringerung des Wassers für kalkbildende Arten auf. Da sie auf Änderungen des pH-Wertes empfindlich reagieren, sind Algen dafür geeignete Bioindikatoren. Die gewonnenen Daten aus den Mesokosmen sind im kleinen Maßstab auf die Ozeane übertragbar und müssen durch Langzeitstudien an vielen verschiedenen Stellen in den Meeren verifiziert werden. Abiotische Faktoren, wie z. B. unterschiedliche Salinität, Einfluss von Wirbelstürmen, Einfluss von Strömungen, unterschiedliche Wassertemperaturen, Pufferkapazität des Wassers und biotische Faktoren, wie z. B. das Populationswachstum und die sich daraus entwickelten Veränderungen im Nahrungsgefüge müssen in ihrer Gesamtheit global betrachtet werden.

7. Die Zunahme der Schalendicke von bestimmten Kalkalgen zeigt, dass evolutive Anpassungsprozesse stattgefunden haben. Von Vorteil sind hierbei die hohen Populationsdichten und die kurze Generationsdauer dieser spezifischen Kalkalgen. Fraglich ist jedoch, ob Kalkalgen aus anderen Stämmen auch diese schnelle Anpassungsfähigkeit zeigen oder ob sie auf längere Sicht durch die Kalkalgen mit den dickeren Schalen verdrängt werden.

Anleitung zum Modellexperiment

III Einsatzmöglichkeiten

Das Modellexperiment zur Veranschaulichung der Meeresversauerung schließt sich nach der Erarbeitung des natürlichen und anthropogenen Treibhauseffektes an.

Es bietet zum einen die Möglichkeit, die Entstehung der Meeresversauerung in einem Basisexperiment zu veranschaulichen und zum anderen Verbesserungen und Erweiterungsexperimente zu planen. Das gemeinsame Entwickeln und Sammeln von Ideen, wie man das Modellexperiment mehr an die Realität anpassen kann, fördert die Kreativität der Schüler/-innen und steigert die Kommunikation untereinander. Das Modellexperiment kann auch dazu genutzt werden, fächerübergreifend zu arbeiten. Hierbei bieten sich z. B. Vertiefungen in die Themen Kohlenstoffdioxidpartialdruck aus dem Bereich Physik, Pufferkapazität aus dem Bereich Chemie und ozeanische Zirkulation aus dem Bereich Erdkunde an.

Das Modellexperiment als solches kann aufgrund des einfachen Aufbaus und des geringen Zeitaufwands auch in der Sek. I durchgeführt werden. Der fachliche Hintergrund muss dann dementsprechend didaktisch reduziert werden.

IV Thema des Modellexperiments

Die Versauerung der Ozeane

V Vorbereitungszeit

10 Minuten

VI Material und Geräte (pro Gruppe)

- pneumatische Wanne
- 2 Messzylinder (250 ml)
- 1 Pulvertrichter mit breiter Öffnung und kurzem Stiel
- 1 Petrischale
- Eiswürfel/kaltes Wasser
- Wasserkocher (oder Bunsenbrenner)/warmes Wasser
- 4 Vitamin-Brausetabletten

VII Durchführung

Man füllt die pneumatische Wanne ¾ voll mit kaltem Leitungswasser und gibt 2 bis 3 Eiswürfel dazu. Nach dem Auflösen der Eiswürfel gießt man den Messzylinder randvoll mit dem kalten Wasser aus der pneumatischen Wanne (Temperaturangleichung). Danach deckt man den Zylinder mit der umgedrehten Petrischale ab und stellt ihn kopfüber in die pneumatische Wanne. Nach Entfernen der Petrischale hält man den Messzylinder schräg und stellt den Trichter in die Messzylinderöffnung.
Während ein/e Schüler/in den Zylinder festhält, schiebt ein/e andere/r Schüler/in zügig die Brausetablette unter den Trichter.
Man muss darauf achten, dass die Tablette vollständig im Trichter liegt und nicht am Rand entweichen kann.

VIII Beobachtung

Die Menge des verdrängten Wassers ist im kalten Wasser deutlich geringer als im warmen Wasser. Die Menge des verdrängten Wassers ist in beiden Versuchen abhängig von dem Temperaturgradienten.

IX Auswertung

Das Kohlenstoffdioxid löst sich im kalten Wasser besser als im warmen Wasser. Folglich bildet sich mehr Kohlensäure, die weiter in Protonen und Hydrogencarbonat-Ionen dissoziiert. Das nicht mehr vom Wasser gebundene Kohlenstoffdioxid verdrängt das Wasser aus dem Messzylinder. Das Gasvolumen des mit Kohlenstoffdioxid gefüllten Zylinders ist aufgrund der schlechteren Löslichkeit von Kohlenstoffdioxid im warmen Wasser größer.

X Analogisierung

Siehe Erwartete Leistungen, Aufgabe 3.

XI Kritik

Veranschaulichung durch den Modellversuch	Grenzen des Modellversuchs
• hohe Löslichkeit von CO_2 in kaltem Wasser • geringe Löslichkeit von CO_2 in warmem Wasser	• keine direkte Messung der pH-Wert-Verringerung • Einfluss abiotischer und biotischer Faktoren fehlt (s. Erwartete Leistungen, Aufgabe 6.) • Fehlen der Pufferkapazität des Wassers

Tipps für den Unterricht
- Die Planung und Durchführung vertiefender Modellexperimente zum Thema „Versauerung der Ozeane" kann Gegenstand einer Projektwoche sein
- Interview mit Professor Ulf Riesbell zum aktuellen Mesokosmenexperiment in Kristineberg/Schweden, 2012 auf: www.radioeins.de/programm/sendungen/die_profis/
  Dauer: 7 min.

Ökologie
25 Wasserhaushalt der Pflanzen

Arbeitsmaterial

Die Abbildung zeigt in vereinfachter Darstellung das Wurzelhaar einer Pflanze, die in einem wassergesättigten Boden wurzelt.

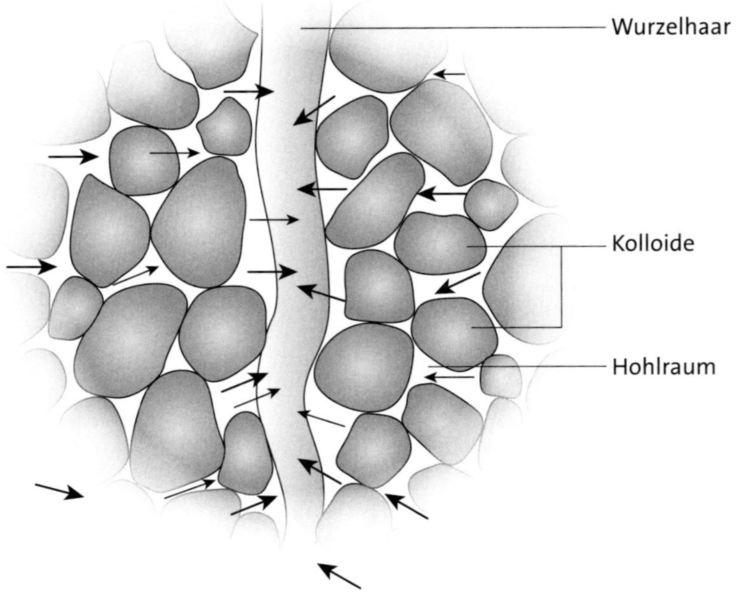

Aufgaben

1. Erläutern Sie die Abbildung unter Einbeziehung der osmotischen Bedingungen.
2. Stellen Sie den weiteren Weg des Wassers bis in die Laubblätter dar.
3. Formulieren Sie die besonderen Eigenschaften von Wassermolekülen, die für den pflanzlichen Wassertransport eine Rolle spielen und entwickeln Sie ein Modellexperiment (eine Transparentfolie für die Arbeitsprojektion oder eine Glasscheibe, Wasser), mit dem Sie diese Eigenschaften veranschaulichen können.
4. Wenden Sie Ihre Modellvorstellung auf die entsprechenden Vorgänge im pflanzlichen Wasserhaushalt an.

I Lernvoraussetzungen

- physikalische Eigenschaften von Wassermolekülen (Kohäsion, Adhäsion, Dipolcharakter)
- Kapillarwirkung, Wasserhaltevermögen von Bodenkolloiden
- osmotische Bedingungen der Wasseraufnahme durch die Rhizoide
- Mechanismen des Wassertransports durch die Pflanzenwurzel bis in den Zentralzylinder

II Erwartete Leistungen

1. Kapillarkräfte der Hohlräume im Boden sowie die Bodenkolloide halten einen Teil des Niederschlagswassers zurück, der überwiegende Teil des Wassers versickert gemäß der Schwerkraft in tieferliegende Bodenbereiche. Das Wurzelhaar entzieht von den Hohlräumen des Bodens zurückgehaltenes Wasser, da hier wegen der sehr feinen Wurzelhaarstruktur eine relativ höhere Kapillarkraft als zwischen den Bodenpartikeln wirkt und der osmotische Druck (die Konzentration an gelösten Stoffen) in den Wurzelhaarzellen höher ist als im Bodenwasser. Dabei werden zunächst die größeren Hohlräume entleert und aus den kleineren wieder gespeist.
2. Nachdem die Wurzelhaarzone passiert wurde, gelangt das Wasser in die Wurzelrinde. Bis hin zu deren innerster Schicht, der Endodermis, steigt der osmotische Druck kontinuierlich an. Dadurch wird der passive Wassertransport durch die vollständig durchlässigen Zellwände sowie durch die Protoplasten der Rindenzellen bis zur Endodermis ermöglicht. Da in der Endodermis der osmotische Wert im Verhältnis zu den Werten der vorgelagerten Rindenschichten stark abfällt und zudem die Querwände der Zellen durch Suberin-Einlagerungen (Caspary-Streifen) wasserundurchlässig sind, kann der Wassertransport nicht weiterhin osmotisch bedingt ablaufen. Aktive, Energie verbrauchende Transportvorgänge sorgen dafür, dass Wasser mit den darin gelösten Mineralstoffen entgegen dem Konzentrationsgefälle in den Zentralzylinder gelangt. Von hier aus erfolgt der weitere Wassertransport durch den Transpirationssog bis in die Laubblätter.
3. Maßgeblich für die Eigenschaften der Wassermoleküle ist der Dipolcharakter. Bei der Adhäsion haften Wassermoleküle an polaren Bereichen fremder Moleküle. Die Kohäsion hingegen beruht auf der Anziehung gleichartiger Moleküle, z. B. von Wassermolekülen. Ein Wassertropfen wird mithilfe einer Pipette oder einer Pinzette auf die Transparentfolie gegeben und diese wird hin- und herbewegt. Der Wassertropfen rollt über die Unterlage (Adhäsion). Dabei zerreißt er nicht (Kohäsionskräfte).
4. Beide im Modellexperiment veranschaulichten Eigenschaften von Wassermolekülen sind Voraussetzungen dafür, dass im Xylem der Leitbündel ein kontinuierlicher Wassertransport aus der Wurzel bis in die Laubblätter stattfinden kann. Weitere Bedingungen sind ein entsprechendes Wasserreservoir im Boden sowie ein Dampfdruckdefizit der Luft, das den ab dem Zentralzylinder greifenden Transpirationssog zur Folge hat. Dieser ist auch nur möglich, weil die Wassermoleküle dank ihrer Kohäsion zusammenhalten und der Wasserfaden nicht abreißt. Zudem wirken die Kohäsionskräfte den starken Zugspannungen im Xylem entgegen. Die Adhäsionskräfte zwischen den Wassermolekülen und den verholzten Xylemwänden bewirken, dass der Wasserfaden an den Wänden entlanggleiten kann.

Anleitung zum Modellexperiment

III Einsatzmöglichkeiten

Nachdem die Anatomie der Leitbündel sowie die Wasseraufnahme durch die Pflanzenwurzel erarbeitet wurden, bietet sich dieses Modellexperiment an, da es zum einen die Bedeutung der physikalischen Eigenschaften von Wassermolekülen zeigt sowie eine Zusammenschau in Form einer Anwendung auf den Realzustand verlangt und zum anderen fächerverbindenden Charakter hat. Die Aufgabe 4 kann wegen des geringen materiellen Aufwandes auch gut als Hausaufgabe gestellt werden.

IV Thema des Modellexperiments

Adhäsions- und Kohäsionskräfte von Wassermolekülen

V Vorbereitungszeit

Es sind nur wenige Minuten zur Vorbereitung notwendig, da lediglich Transparentfolien bzw. Glasscheiben sowie Wasser zur Verfügung gestellt werden müssen.

VI Material und Geräte

- Transparentfolie für die Arbeitsprojektion, alternativ eine Glasscheibe
- Gefäß mit Wasser
- Pipette

VII Durchführung

Einige Wassertropfen werden auf die Transparentfolie gegeben. Diese wird anschließend vorsichtig hin- und herbewegt und die „Reaktion" der Wassertropfen beobachtet.

VIII Beobachtung

Die Wassertropfen rollen als Kugeln leicht über die Unterlage.

IX Auswertung

Durch die Adhäsion der Wassermoleküle an der Folie kommt es zu der gleichmäßigen Gleitbewegung. Da zwischen den Wassermolekülen Kohäsionskräfte wirken, reißt der Wassertropfen nicht.

X Analogisierung

Versuchselemente	Realität
• Transparentfolie	• verholzte Wände einer Xylembahn
• Wassertropfen	• Wasser, das durch den Transpirationssog in die Blätter gelangt
• Bewegung der Transparentfolie	• Bewegung der Wassermoleküle (z. B. in Richtung Laubblätter)

XI Kritik

Veranschaulichung durch den Modellversuch	Grenzen des Modellversuchs
• Adhäsionskräfte, die zwischen Wassermolekülen und glatten Flächen wirken • Kohäsionskräfte zwischen Wassermolekülen	• keine Aufwärtsbewegung des Wassers veranschaulicht • kein Transpirationssog als „Motor" • nur Verwendung einzelner Wassertropfen, kein Wasserfaden • Unterlage ohne Strukturen, wie sie an den Wänden von Xylembahnen auftreten • keine Einarbeitung von Wasserverfügbarkeit im Boden und Dampfdruckdefizit der Luft

Tipp für den Unterricht

Das Modellexperiment lässt sich auch als Wettspiel in Form eines Fußballspiels in Partnerarbeit durchführen. Dazu erhält jeder Spieler ein auf grünen Zeichenkarton kopiertes Spielfeld, das mit Selbstklebefolie überzogen wird.

Wie beim Schachspiel wird ausgelost, wer „weiß" und wer „schwarz" ist. Außer den Fußballfeldern bekommt jeder Spieler eine Pipette, ein Gefäß mit Wasser und einen Zahlenwürfel.
Spielweise:
Per Losentscheid (zum Beispiel Münzwurf) wird ermittelt, wer „Anstoß" hat. Als Startpunkt für den Wassertropfen von ca. 1 cm Durchmesser („Ball") dient der Mittelkreis.
Die Spieler würfeln abwechselnd. Sie bewegen den Wassertropfen je nach Augenzahl – ohne Berührung („Foulspiel"), um entsprechend viele Kreise des Gegners („gegnerische Spieler") herum Richtung gegnerisches Tor. Der Tropfen muss immer wieder zum Stillstand kommen, bevor erneut „geschossen" werden darf. Bei jedem Würfelwurf

beginnt der Spieler erneut am Mittelkreis. Die Treffer ins Tor werden gezählt.
Wenn die Augenzahl abgearbeitet ist, bei einem „Foulspiel" oder einem „Ausball" bzw. einer „Ecke" (Tropfen gleitet an den entsprechenden Stellen aus dem Spielfeld hinaus), ist der Mitspieler an der Reihe. Eine „Sechs" erlaubt dem Spieler, seinen Wassertropfen auf den Elfmeter-Punkt zu legen und einen „Elfer zu schießen".
Das Spiel ist nach einer festgelegten Zeit beendet. Sieger ist derjenige, der die meisten Tore geschossen hat. Sofern mehr Zeit in das virtuelle Fußballspiel investiert werden soll, können die Spieler weitere Details zur Abwandlung bzw. Verschärfung der Spielregeln vereinbaren. So ist es beispielsweise möglich, das Spielfeld für den Gegner zu gestalten, indem man mithilfe von Klebepunkten seinen eigenen Spieler und die des Gegners auf den Kreisen positioniert.

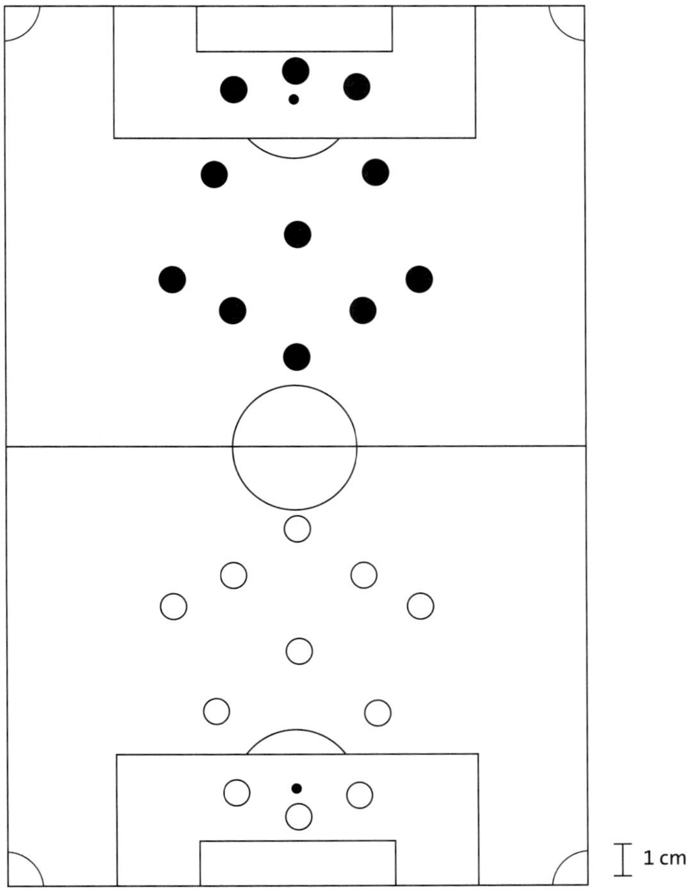

Ökologie
26 Winterstagnation im Ökosystem See

Arbeitsmaterial

Badegäste im See stellen im Sommer schnell fest, dass das Oberflächenwasser am wärmsten und das am Boden am kältesten ist. Im Winter ist es genau umgekehrt. Das führt dazu, dass der See von oben nach unten zufriert. Diese Phänomene führen zu unterschiedlichen bevorzugten Aufenthaltsbereichen von Fischen im Sommer und im Winter:
Im Sommer halten sie sich vorwiegend in den oberen Regionen des Sees auf, im frostigen Winter hingegen bevorzugen die Fische tiefere Regionen.

Aufgaben

Die Aufgaben werden in Gruppen bearbeitet.

1. Fassen Sie Ihre Ergebnisse für jede Jahreszeit in Stichworten zusammen und erläutern Sie die Abbildungen in Material 1.

2. Tragen Sie alle Informationen aus Material 1 über die Veränderungen und Besonderheiten des Sees im Winter zusammen. Gehen Sie dabei auch auf die Konzentrationen von Phytoplankton und Detritus und auf die Mineralstoffstoffdichte in der tropholytischen und in der trophogenen Zone ein.

3. Fertigen Sie ein Lernplakat an, indem Sie die Vorlage in Material 2 auf einen Pappkarton übertragen und anhand der vorgegebenen Farbkreise die Menge an Detritus, Mineralstoffen und Phytoplankton qualitativ in die Schemazeichnung des Sees einzeichnen. Erklären Sie sich dabei gegenseitig die Zusammenhänge und präsentieren Sie Ihre Ergebnisse im Plenum.

4. Führen Sie zur Klärung des Phänomens, warum Fische im frostigen Winter tiefere Regionen im See bevorzugen, das folgende Modellexperiment durch: Füllen Sie einen Standzylinder (250 ml) ungefähr $^3/_4$ mit Leitungswasser (Zimmertemperatur). Geben Sie 3 Körnchen Kaliumpermanganatkristalle in das Wasser. Entnehmen Sie mit Handschuhen vier mit Tinte angefärbte Eiswürfel aus einem Eiswürfelbehälter und legen Sie diese auf das Wasser. Fertigen Sie ein Protokoll an. Benutzen Sie zur Deutung des Modellexperiments Material 3 und erklären Sie die Begriffe „Dichteanomalie des Wassers“ und „Winterstagnation“.

5. Der Wostoksee ist der größte subglaziale See der Antarktis. Recherchieren Sie zu Hause die Besonderheiten dieses Sees bezüglich der Parameter Druck, Temperatur und Sauerstoffgehalt. Nehmen Sie dazu das Phasendiagramm des Wassers und die Löslichkeit von Sauerstoff in Abhängigkeit vom Druck zur Hilfe.

Ökologie
26 Winterstagnation im Ökosystem See

Material 1

Abbildung 1: Abhängigkeit abiotischer Faktoren im Jahresverlauf eines Sees

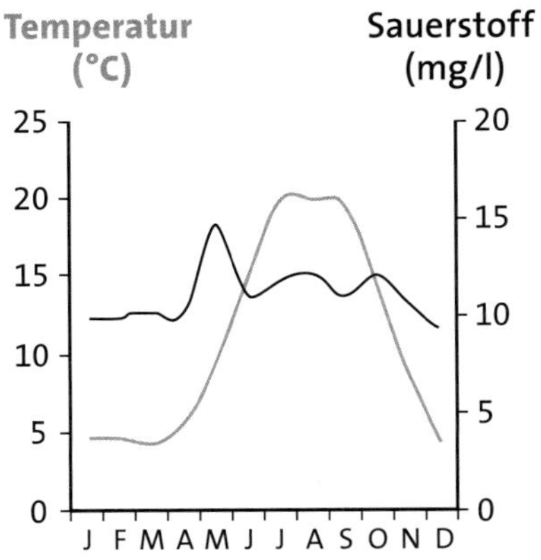

Abb. 1a)

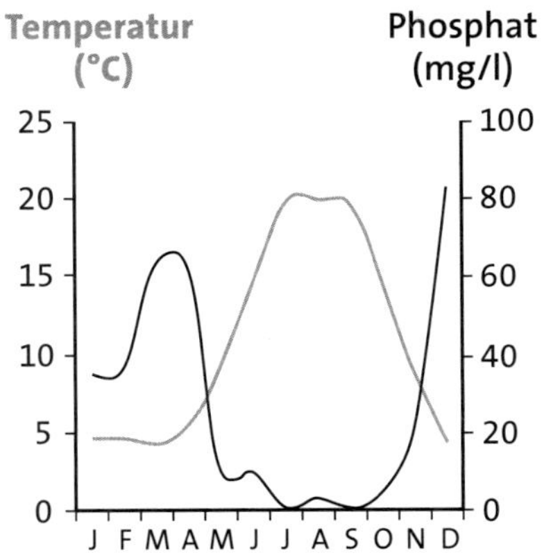

Abb. 1b)

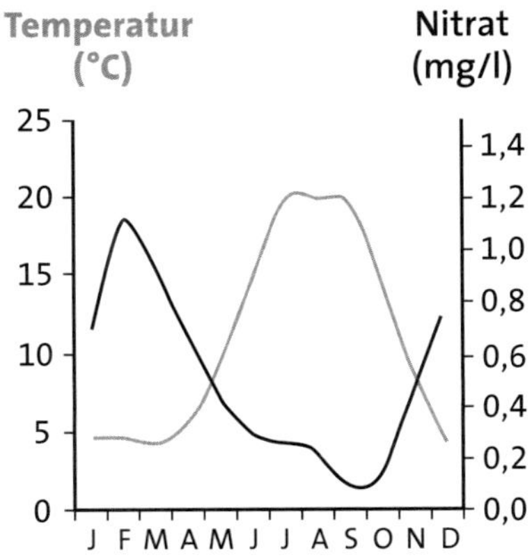

Abb. 1c)

Abbildung 2: Abhängigkeit der Biomasse von der Tiefe eines Sees

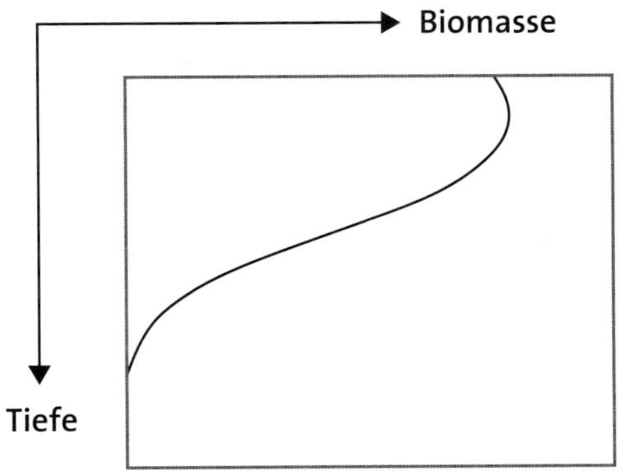

eutroph

Material 2

Abbildung 3:

Vorlage: Ökosystem See im Winter

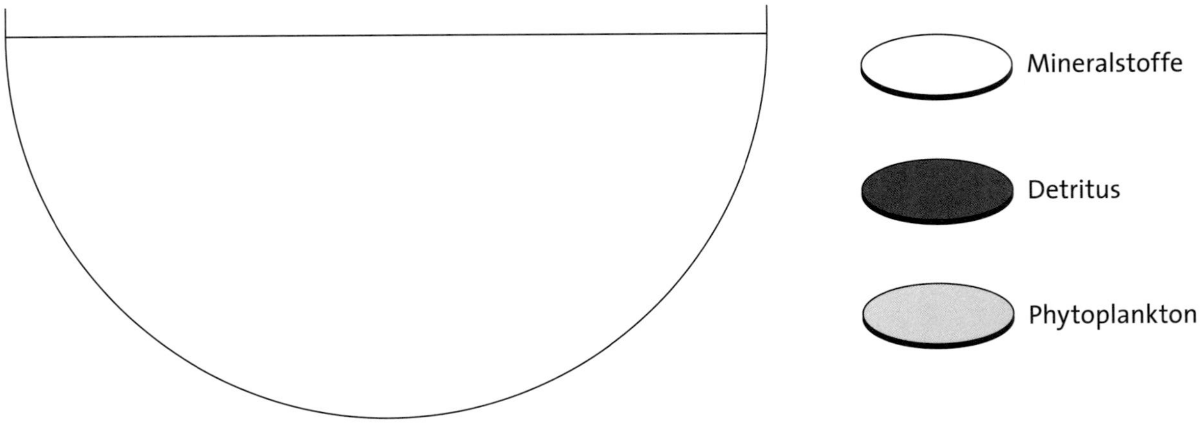

Material 3

Abbildung 4:

4a) Abhängigkeit der Dichte des Wassers von der Temperatur

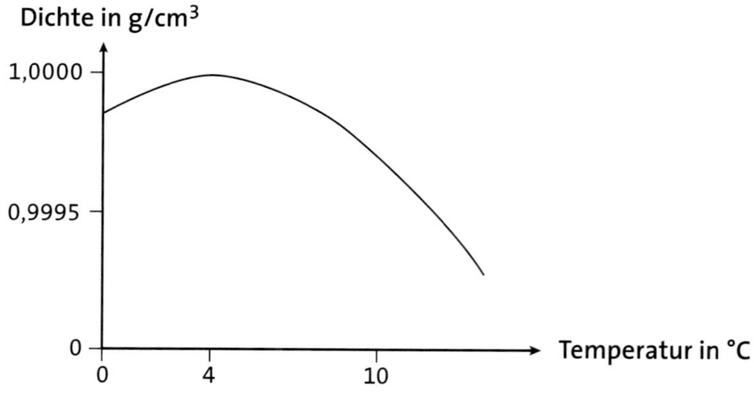

Die Dichte eines Stoffes ist definiert als der Quotient aus Masse und Volumen.

4b) Kristallstruktur von Eis

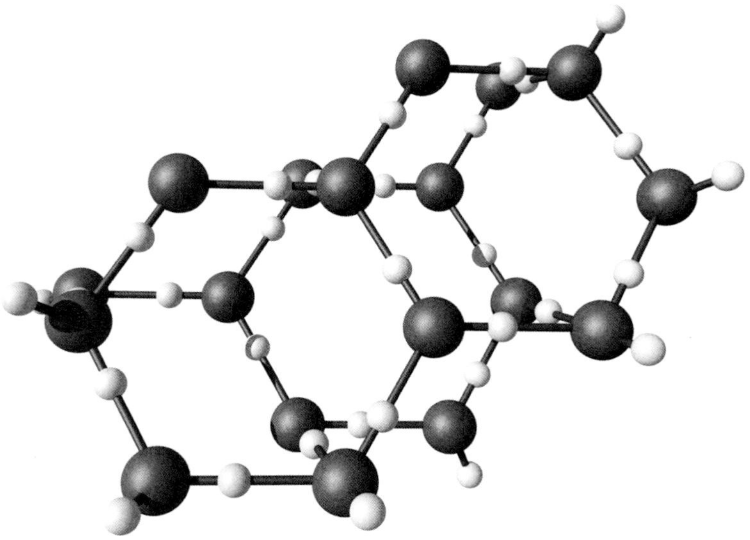

Beim Übergang von Wasser zu Eis werden Wassermoleküle in Kristallgitter eingebaut. Dadurch entstehen sechswinkelige, regelmäßige Schneekristalle. Obwohl nur ein Kristallsystem vorliegt gibt es mehr als 6.000 Kristallformen.

4c) Assoziate des Wassers von 0 °C bis 4 °C

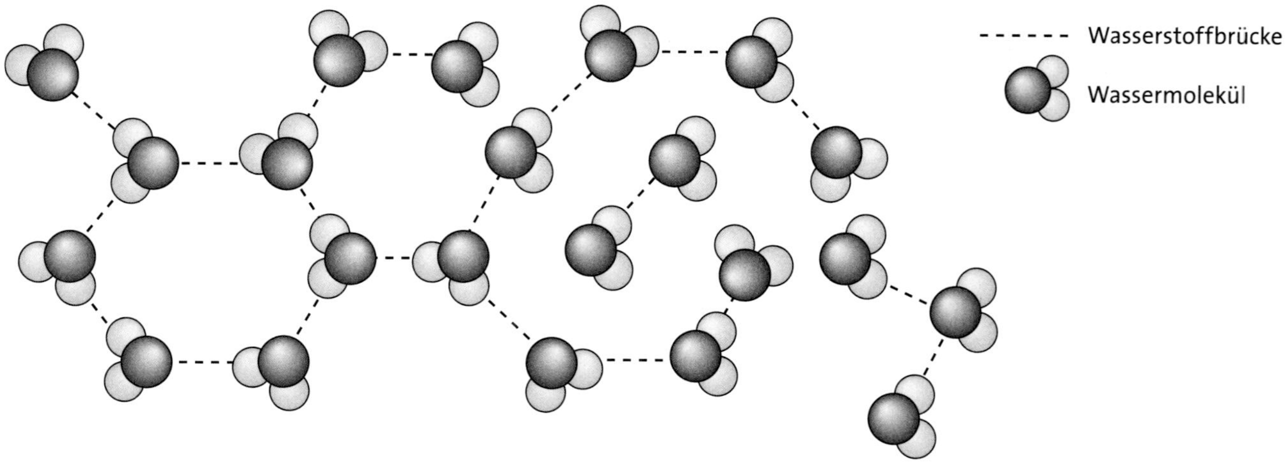

I Lernvoraussetzungen

- Gliederung des Sees
- Stoffkreisläufe im See
- Herbst- und Frühlingszirkulation
- Sommerstagnation

II Erwartete Leistungen

1. Zusammenfassung der Ergebnisse in Stichworten:
Winter (Monate Dezember bis Februar)
- In den Wintermonaten beträgt die durchschnittliche Wassertemperatur 4,4 °C.
- Der O_2-Gehalt liegt bei ca. 10 mg/l.
- Der Phosphatgehalt beträgt im Februar ca. 50 mg/l.
- Der Nitratgehalt beträgt im Februar ungefähr 1,1 mg/l.

Frühjahr (Monate März bis Mai)
- Die Wassertemperatur steigt von ca. 4,4 °C auf ca. 12 °C.
- Der O_2-Gehalt erhöht sich von ca. 10 mg/l auf ca. 14 mg/l.
- Der Phosphatgehalt verringert sich von 50 mg/l auf ca. 10 mg/l.
- Der Nitratgehalt verringert sich von 1,1 mg/l auf ca. 0,3 mg/l.

Sommer (Monate Juni bis August)
- Die Wassertemperatur steigt von ca. 12 °C auf ca. 20 °C.
- Der O_2-Gehalt beträgt im August ca. 12,5 mg/l.
- Der Phosphatgehalt nimmt bis auf ca. 1 mg/l ab.
- Der Nitratgehalt beträgt im August ca. 0,19 mg/l.

Herbst (Monate September bis November)
- Die Wassertemperatur verringert sich von ca. 20 °C auf ca. 7 °C.
- Der O_2-Gehalt verringert sich von ca. 12,5 mg/l auf ca. 10 mg/l.
- Der Phosphatgehalt steigt auf ca. 30 mg/l an, nimmt weiter bis ca. 80 mg/l zu.
- Der Nitratgehalt beträgt im November ca. 0,6 mg/l , nimmt weiter bis ca. 0,7 mg/l zu.

Erläuterung der Abbildungen 1a, 1b, 1c und 2 in Material 1:
Der Anstieg des Phosphat- und Nitratgehaltes im Februar/März und im November ist auf die Frühjahrs- und Herbstzirkulation zurückzuführen. Im April und Mai werden diese Mineralstoffe für die Vermehrung der Algen verbraucht. Im November und im Dezember steigt die Phosphat- und die Nitratkonzentration durch die Destruententätigkeit in der tropholytischen Zone jedoch wieder an.
Das Sauerstoffmaximum im Mai beruht auf der zunehmenden Photosyntheseleistung der Produzenten. Diese vermehren sich wegen der steigenden Wassertemperaturen, der Zunahme der Lichtintensität und durch das hohe Nährstoffangebot an Phosphaten und Nitraten im Mai sehr stark. Die Zunahme der Biomasse ist von der Tiefe des Sees abhängig, im Epilimnion ist aufgrund der günstigen Wachstumsbedingungen der Anteil an Phytoplankton am größten. Mit zunehmender Tiefe ist nicht mehr genügend Licht vorhanden, sodass das Phytoplankton dort abstirbt und als Detritus zu Boden sinkt. Detritus wird durch Bakterien unter Sauerstoffverbrauch remineralisiert. Das geschieht zum großen Teil bereits im Oberwasser. Das restliche tote organische Material mit den gebundenen Mineralstoffen sinkt zu Boden, folglich verringert sich der Anteil an Phosphaten und Nitraten im Epilimnion in den Sommermonaten erheblich.

2. Veränderungen und Besonderheiten des Sees im Winter:
- vergleichsweise niedriger Sauerstoffgehalt
- hohe Phosphat- und Nitrationenkonzentrationen
- geringer Anteil an Mineralstoffen in der trophogenen Zone
- geringe Detrituskonzentration am Boden
- geringe Phytoplanktondichte
- konstante durchschnittliche Wassertemperatur von ca. 4,4 °C
- See friert von oben nach unten zu/Dichteanomalie des Wassers
- Fische halten sich bevorzugt in tieferen Regionen im See auf
- Ausgleich von Mineralstoffen und Sauerstoff ist zwischen trophogener und tropholytischer Schicht nicht möglich: Stagnation

3. Mögliche Zeichnung:

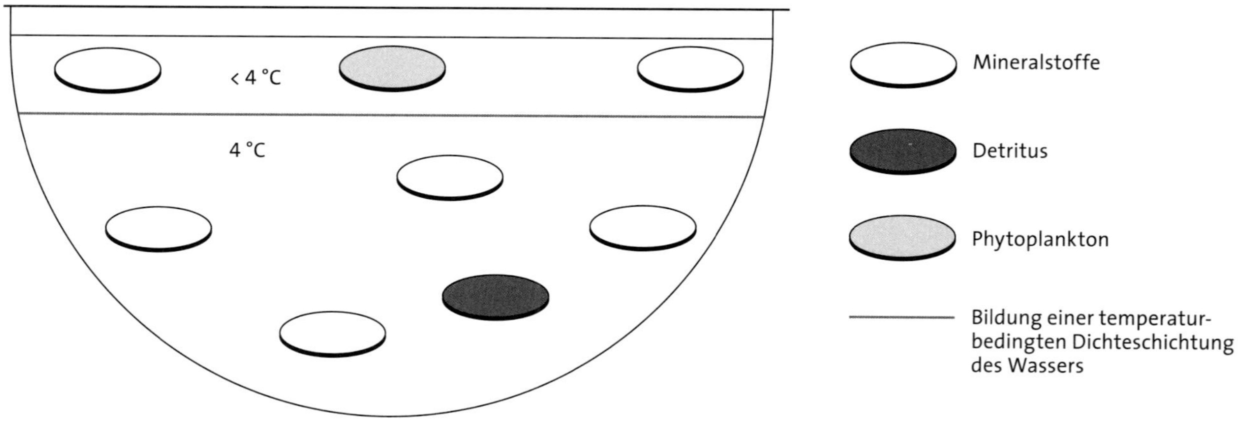

Mögliche Erklärungen:
Im Winter kühlt sich durch die sinkenden Außentemperaturen das Wasser an der Oberfläche ab und es bildet sich schließlich eine Eisdecke aus. Unter der Eisdecke kommt es aufgrund des Temperaturgefälles zur Ausbildung einer Dichteschichtung des Wassers. Sie besteht aus dem kälteren Oberflächenwasser und aus dem etwas wärmeren Tiefenwasser, das bei 4 °C die höchste Dichte aufweist. In diesem Bereich halten sich die Fische bevorzugt auf. Am Boden des Sees wird im Winter Detritus unter Sauerstoffverbrauch abgebaut und daher steigt in der tropholytischen Zone der Phosphat- und der Nitratgehalt an. Da die Konsumenten zusätzlich Sauerstoff verbrauchen, sinkt der Sauerstoffgehalt insgesamt im Vergleich zu den Sauerstoffkonzentrationen im Frühling und im Sommer. Die Phytoplanktondichte ist wegen der ungünstigen Bedingungen für die Photosynthese gering. Aufgrund der vorliegenden Dichteschichtung im See und durch eine feste Eisdecke ist ein Stoffaustausch zwischen trophogener und tropholytischer Zone nur noch in geringem Umfang möglich. Es kommt zur Stagnation des Stoffaustausches.
4. Protokoll
Beobachtungen, s. VIII.
Auswertung, s. IX.
5. Der Wostoksee friert trotz der Durchschnittstemperatur von – 3 °C nicht zu, da aufgrund des hohen Drucks von 30 bis 40 Megapascal unter der Eisdecke der Gefrierpunkt des Wassers sinkt.

Phasendiagramm des Wassers:

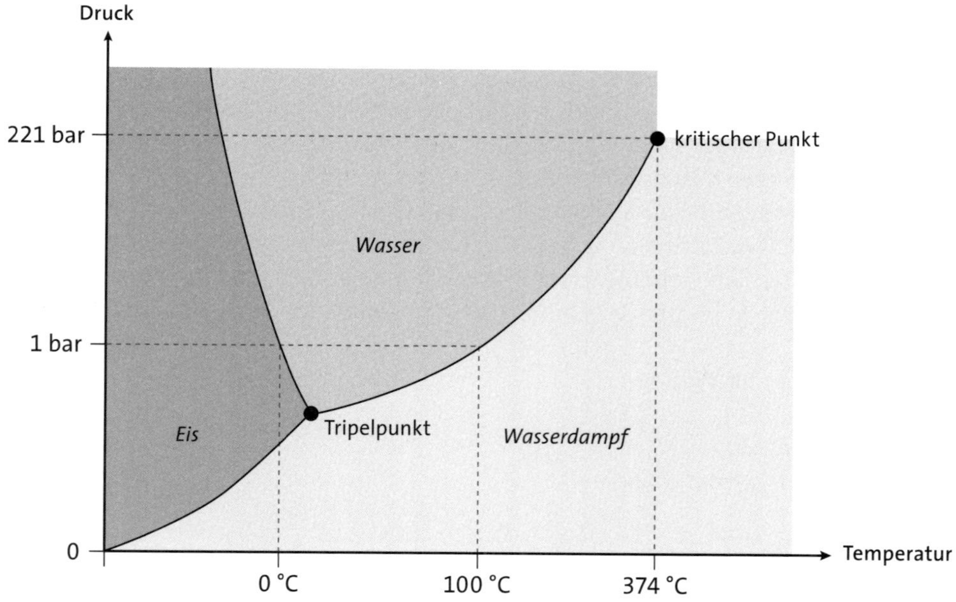

Der Sauerstoffgehalt unterhalb der Eisdecke ist ca. 50-mal höher als im normalen Süßwasser, da mit zunehmenden Druck auch die Löslichkeit von Sauerstoff in Wasser zunimmt.

Löslichkeit von Sauerstoff in mg/L in Abhängigkeit vom Druck und von der Temperatur:

hPa	1059,91	1053,25	1046,58	1039,91	1033,25	1026,58	1019,91	1013,25	1006,58	999,92	993,25	986,58
mmHg:	795	790	785	780	775	770	765	760	755	750	745	740
0,0 °C	15,3	15,2	15,1	15,0	14,9	14,8	14,7	14,6	14,5	14,4	14,3	14,2
0,5 °C	15,1	15,0	14,9	14,8	14,7	14,6	14,5	14,4	14,3	14,2	14,1	14,0
1,0 °C	14,8	14,7	14,7	14,6	14,5	14,4	14,3	14,2	14,1	14,0	13,9	13,8

Anleitung zum Modellexperiment

III Einsatzmöglichkeiten

Der Einsatz des Modellexperiments zur Winterstagnation bietet sich nach Erarbeitung der Sommerstagnation und der Herbst- und Frühlingszirkulation an, da die gewonnenen Kenntnisse zum einen gefestigt und zum anderen benötigt werden, um die Veränderungen des Sees im Winter in ihrer Komplexität zu verstehen und zu vertiefen.
Das Modellexperiment lässt sich mit geringem apparativen Aufwand von den Schüler/-innen durchführen und zeigt eindrucksvoll die Wasserbewegungen, die aufgrund der unterschiedlichen Temperaturen in Korrelation zu ihrer Dichte stattfinden.
Aufgrund der einfachen Durchführung des Modellexperiments lässt es sich auch problemlos in der Sek. I einsetzen. Ein weiterer Vorteil besteht darin, dass das Modellexperiment als Ausgangspunkt für weitere Experimente aus dem Bereich der Physik und aus dem Bereich der Chemie fungieren kann. Versuche zur exakten Bestimmung der Dichte von Wasser von 1 g/ml bei 4 °C oder zu den Besonderheiten im Wassermolekül (s. Tipps für den Unterricht) lassen sich gut anbinden und fördern so das vernetzte Denken der Schüler/-innen.

IV Thema des Modellexperiments

Winterstagnation im Ökosystem See

V Vorbereitungszeit

ca. 5 Minuten

VI Material und Geräte (pro Gruppe)

- Standzylinder (250 ml)
- Thermometer
- 3 Körnchen Kaliumpermanganatkristalle
- Spatel
- Handschuh
- Eiswürfelbehälter
- 5 ml Tinte oder alternativ Rote-Beete-Saft
- 4 mit Tinte angefärbte Eiswürfel

VII Durchführung

Die präparierten Eiswürfel werden einen Tag vorher hergestellt. Dazu gibt man 5 ml Tinte in 500 ml Wasser und gießt diese Lösung in mehrere Eiswürfelbehälter.
Der Standzylinder wird zu dreiviertel mit Leitungswasser gefüllt und mittels eines Spatels mit 3 Körnchen Kaliumpermanganat versetzt. Mit den Handschuhen entnimmt man anschließend die blau angefärbten Eiswürfel und gibt sie in das Wasser.

VIII Beobachtung

Nach Zugabe der blau angefärbten Eiswürfel sieht man sofort eine blaue Schlierenbildung in Richtung Boden des Standzylinders.
Gleichzeitig finden Wasserbewegungen vom Boden nach oben statt. Erkennbar ist dies an den pinkfarbenen Schlieren des Kaliumpermanganats. Nach ein paar Minuten ist eine gleichmäßige Färbung des Wassers zu erkennen.

IX Auswertung

Dichteanomalie des Wassers:
Im Eis sind die Wassermoleküle in einem weiträumigen Kristallgitter festgelegt (Abbildung 4b). Das Eis schwimmt deshalb auf dem Wasser, da es eine geringere Dichte als Wasser hat (Abbildung 4a). Beim Schmelzen von Eis wird diese Dichteanomalie wieder aufgehoben. Die Wassermoleküle sind im flüssigen Zustand aufgrund der Wasserstoffbrückenbindungen dichter gepackt als im weiträumigen Gitter des Eises (Abbildung 4a). Bei 4 °C hat das Wasser sein Dichtemaximum.
Deutung des Modellexperimentes:
Das kalte Schmelzwasser der blau angefärbten Eiswürfel sinkt infolge der höheren Dichte zu Boden. Im Gegenzug findet ausgehend vom aufgelösten Kaliumpermanganat am Boden des Standzylinders eine aufsteigende Strömung statt, die durch die pinkfarbene Schlierenbildung sichtbar gemacht wird; das wärmere Wasser mit der geringeren Dichte bewegt sich nach oben. Nach ein paar Minuten sind keine Wasserbewegungen mehr erkennbar und es hat sich eine homogene Lösung gebildet.
Winterstagnation:
Im Winter überlagert kaltes Oberflächenwasser mit einer Eisdecke das wärmere Tiefenwasser mit 4 °C. Durch diese temperaturbedingte Dichteschichtung des Wassers ist sichergestellt, dass unter der schützenden Eisdecke der See den Organismen als Lebensraum im Winter erhalten bleibt.

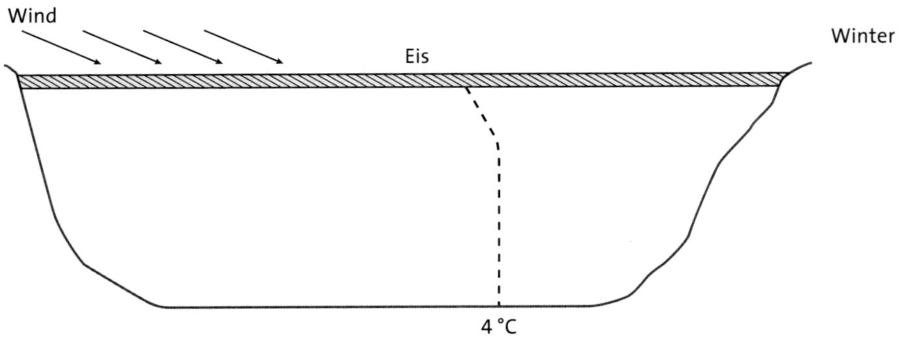

X Analogisierung

Versuchselemente	Realität
• mit Wasser gefüllter Standzylinder • Schlierenbewegung der mit Tinte angefärbten schmelzenden Eiswürfel von der Öffnung des Standzylinders nach unten • Schlierenbewegung des Kaliumpermanganats vom Boden des Standzylinders nach oben	• Lebensraum See • Wasserbewegungen vom kälteren Oberflächenwasser in das wärmere Tiefenwasser: Wasser mit höherer Dichte • Wasserbewegungen vom wärmeren Tiefenwasser in das kältere Oberflächenwasser: Wasser mit niedriger Dichte

XI Kritik

Veranschaulichung durch den Modellversuch	Grenzen des Modellversuchs
• Konvektion des Wassers aufgrund eines temperaturbedingten Dichtegradientens • Eis schwimmt aufgrund seiner geringeren Dichte auf dem Wasser (Dichteanomalie des Wassers)	• keine Temperaturschichtung von 0 °C bis 4 °C im See • Fehlen der stofflichen Vorgänge (Remineralisierung, Stagnation des Stoffaustausches zwischen tropholytischer und trophogener Zone)

Tipps für den Unterricht

Die Lernplakate können zur Festigung und zur Wiederholung auch für die Sommerstagnation und die Herbst- und Frühlingszirkulation angefertigt werden.

- Zum besseren Verständnis der Dichteanomalie des Wassers können weitere Experimente durchgeführt werden, z. B. der „Flaschenvulkan“ oder die experimentelle Ermittlung der unterschiedlichen Dichten von Wasser in Abhängigkeit von der Temperatur (s. III, Einsatzmöglichkeiten).
- Durchführung des Modellexperiments zur Frühlings- und Herbstzirkulation
- Wiederholung und Vertiefung der chemischen Grundlagen zum Aufbau des Wassermoleküls

Genetik
27 Ungekoppelter dihybrider Erbgang

Arbeitsmaterial

Die Tabelle zeigt in einem Kombinationsquadrat die Allele fiktiver Merkmale eines Kleinsäugers:

	FS	Phänotyp	Fs	Phänotyp	fS	Phänotyp	fs	Phänotyp
FS	FFSS		FFSs		FfSS		FfSs	
Fs	FFSs		FFss		FfSs		Ffss	
fS	FfSS		FfSs		ffSS		ffSs	
fs	FfSs		Ffss		ffSs		ffss	

F: Farbe des Fells dunkelbraun (d)
f: Farbe des Fells hellbraun (h)
S: Struktur des Fells kurzhaarig (k)
s: Struktur des Fells langhaarig (l)

Abbildung 1: Homologe Zwei-Chromatiden-Chromosomen

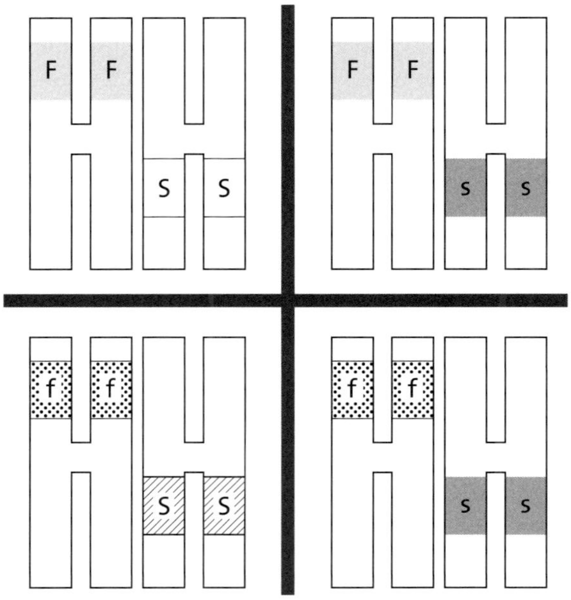

Aufgaben

1. Trage den jeweiligen Phänotyp (mit Abkürzungen) neben dem Genotyp in das Kombinationsquadrat ein und formuliere mit eigenen Worten die zugrundeliegenden Vererbungsregeln. Welche Voraussetzung muss grundsätzlich bei der Anwendung dieser Vererbungsregeln erfüllt sein?
2. Belege anhand der Tabelle, dass der hier vorgestellte dihybride Erbgang der Hintereinanderschaltung von zwei monohybriden Erbgängen entspricht.
3. Nimm Stellung zu folgender Aussage: Abbildung 1 veranschaulicht einen gekoppelten dihybriden Erbgang.
4. Arbeitet in Vierergruppen. Vollzieht mit den Materialien, die euch der Lehrer zur Verfügung stellt, nach, wie es zur Entstehung der 2. Filialgeneration in einem dihybriden Erbgang (mit Körper- und Geschlechtszellen) kommt. Schreibt zuvor auf, wofür die einzelnen Materialien stehen. Vergleicht zum Schluss das Ergebnis mit dem Kombinationsquadrat.

27 Ungekoppelter dihybrider Erbgang

I Lernvoraussetzungen

- 1. und 2. Mendel'sche Regel
- monohybrider Erbgang
- dihybrider Erbgang (ungekoppelt und gekoppelt)
- Allelbegriff

II Erwartete Leistungen

1.

	FS	Phänotyp	Fs	Phänotyp	fS	Phänotyp	fs	Phänotyp
FS	FFSS	dk	FFSs	dk	FfSS	dk	FfSs	dk
Fs	FFSs	dk	FFss	dl	FfSs	dk	Ffss	dl
fS	FfSS	dk	FfSs	dk	ffSS	hk	ffSs	hk
fs	FfSs	dk	Ffss	dl	ffSs	hk	ffss	hl

Hier sind die 2. und die 3. Mendel'sche Regel anwendbar.
2. Mendel'sche Regel: Aus der Kreuzung der (uniformen) Individuen der 1. Filialgeneration gehen Nachkommen hervor, deren Merkmalsausprägungen sich in einem bestimmten Zahlenverhältnis aufspalten, hier 9 : 3 : 3 : 1 (Spaltungsregel).
3. Mendel'sche Regel: Die Kreuzung reinerbiger Individuen, die sich in zwei oder mehr Merkmalsausprägungen unterscheiden, ergibt eine unabhängige Aufspaltung der Merkmalsausprägungen (Unabhängigkeits-/Neukombinationsregel).
Die Voraussetzung sind reinerbige Individuen in der Parentalgeneration.

2. Da sich die Merkmalsausprägungen unabhängig voneinander aufspalten (s. 3. Mendel'sche Regel) entspricht der ungekoppelte dihybride Erbgang dem Ablauf zweier monohybrider Erbgänge, bei denen die Weitergabe von zwei Merkmalsausprägungen gleichzeitig betrachtet wird.

3. Die Aussage ist falsch, denn zum einen liegen keine gekoppelten Gene vor und zum anderen befinden sich die Anlagen für je eine Merkmalsausprägung auf einem Partner des Chromosomenpaares. Nach dieser Zeichnung würde jedem Chromosomenpartner das Allel für das zweite zu betrachtende Merkmal fehlen.

4. Zuordnung der Versuchsmaterialien:
großes Becherglas – Körperzelle
kleines Becherglas – Geschlechtszelle
Reagenzglas – Chromosom
große Holzperlen – dominante Allele
kleine Holzperlen – rezessive Allele
Verteilung der Perlen s. nebenstehende Grafik

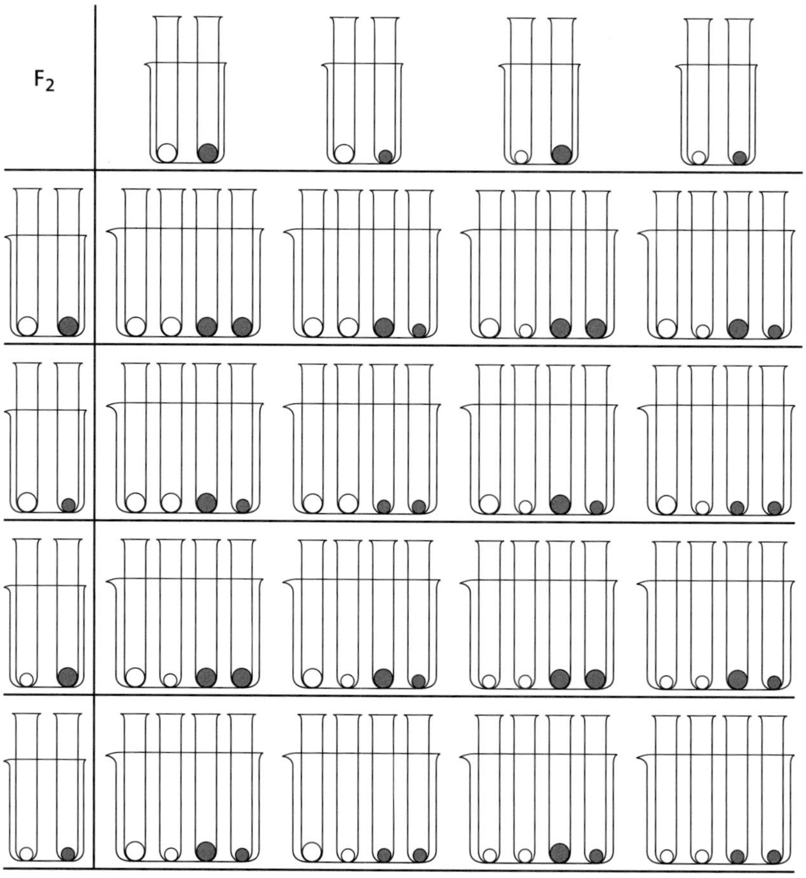

Das Ergebnis deckt sich mit den Phänotypen und der Allelverteilung in den Geschlechtszellen wie in der Tabelle.

Anleitung zum Modellexperiment

III Einsatzmöglichkeiten

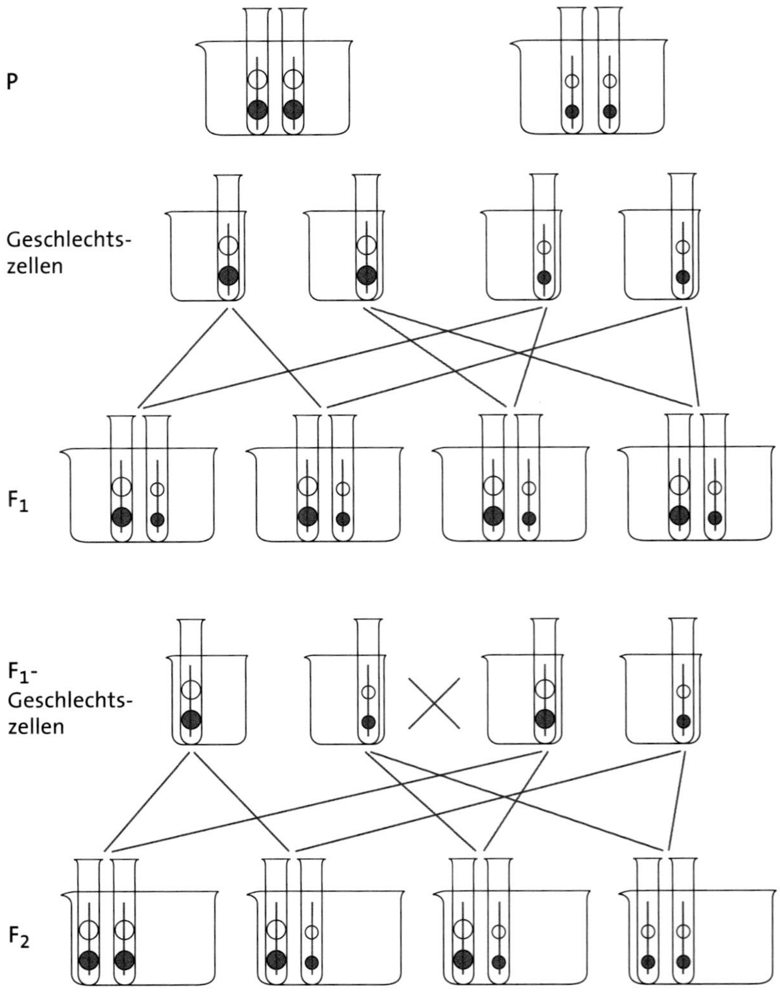

Die Aufgaben weisen eine Progression auf. Nachdem in Aufgabe 1 eine festigende Wiederholung gefordert wird, verlangt die 2. Aufgabe eine genauere Reflexion des Phänomens und danach ist die kritische Betrachtung eines kontroversen Sachverhalts gefragt. Da im Modellexperiment lediglich die Körper- und Geschlechtszellen der F2 ermittelt werden sollen, müssen die Schüler/-innen von alleine darauf kommen, dass sie sich zunächst die der F1 vergegenwärtigen müssen. Zudem liegt eine Transferleistung in der eigenständigen Analogisierung der Modellteile, die sie vom Lehrer „kommentarlos" erhalten.
Die Sozialform der Gruppenarbeit ist von Vorteil, denn die Schüler-Schüler-Gespräche zu möglichen Lösungsansätzen dienen nicht nur der Kommunikationskompetenz, sondern fördern auch den fairen Umgang miteinander, so, wenn beispielsweise abwegige Lösungsvorschläge gemacht werden.
Im Rahmen einer vertiefenden Hausaufgabe kann ein entsprechendes Modell von der Parental- bis zur 2. Filialgeneration mit einem gekoppelten dihybriden Erbgang von den Schülerinnen und Schülern entwickelt werden. Dazu müssten dann jeweils zwei gleiche Perlen durch zum Beispiel ein Stück Klingeldraht oder Pfeifenreiniger (28 jeweils 4 cm lange Drahtabschnitte) verbunden und die Enden umgebogen werden. (Vergleiche dazu „Tipp für den Unterricht".) Die Verteilung ist in der obenstehenden Grafik veranschaulicht.

IV Thema des Modellexperiments

Dihybride Erbgänge (ungekoppelt und gekoppelt)

V Vorbereitungszeit

Das Zusammenstellen des umfangreichen Versuchsmaterials und die Aufteilung für jeweils eine Vierergruppe dürfte 20–30 Minuten betragen, wenn die Perlen vorhanden sind.

VI Material und Geräte

Pro Schülergruppe zur Veranschaulichung eines ungekoppelten dihybriden Erbgangs:
- 16 Bechergläser (100 ml)
- 8 Bechergläser (50 ml)
- 80 Reagenzgläser
- je 20 Holzperlen (blau und rot, 13 mm Durchmesser; blau und rot, 7 mm Durchmesser)

VII Durchführung

Siehe Lösung zu Aufgabe 4.

VIII Beobachtung

Die Verteilung der Perlen entspricht der, wie sie auch aus dem Kombinationsquadrat (Tabelle) hervorgeht.

IX Auswertung

Die Allelverteilung bzw. die von der F1 gebildeten Geschlechtszellen führt zu Phänotypen, die im Verhältnis 9:3:3:1 stehen.

X Analogisierung

Siehe Lösung zu Aufgabe 4.

XI Kritik

Veranschaulichung durch den Modellversuch	Grenzen des Modellversuchs
• Veranschaulichung des Inhalts der 2. und 3. Mendel'schen Regel	• Allele nicht kugelförmig • Körper- und Geschlechtszellen keine Gefäße • Ausschluss von Zufallsparametern, die eine so stringente Verteilung in der Realität unmöglich machen • kein gezieltes Auswählen von Allelen • keine Berücksichtigung des zellulären Milieus • Meiosevorgänge nicht berücksichtigt • Ausschluss von Crossing-over

Tipp für den Unterricht

Bei Verwendung größerer Kugeln als Allele ist das Modellexperiment auch zur Lehrer- bzw. Schülerdemonstration geeignet. (Vergleiche dazu die Abbildung unter Einsatzmöglichkeiten.)

Material für einen ungekoppelten dihybriden Erbgang:
- je 20 Styroporkugeln (weiß und rot gekennzeichnet, 2 cm und 3 cm Durchmesser)
- 16 zum Beispiel hellgrüne Zeichenkartonbögen im DIN-A-4-Format
- 8 hellgelbe Zeichenkartonbögen im DIN-A-5-Format
- 80 längs halbierte hellgrüne DIN-A-5-Zeichenkartonbögen

Analogisierung

Versuchselemente	Realität
• DIN-A-4-Bogen	• Körperzelle
• DIN-A-5-Bogen	• Geschlechtszelle
• längs halbierter Zeichenkarton	• Chromosom
• große Styroporkugeln	• dominante Allele
• kleine Styroporkugeln	• rezessive Allele

Durchführung:

Die Kugeln werden entsprechend der Abbildung (siehe Lösung zu Aufgabe 4) auf die 3 Größen von Zeichenkarton, die auf hintereinander stehenden oder zusammengestellten Schülertischen liegen, verteilt.

27 Ungekoppelter dihybrider Erbgang

Material für einen gekoppelten dihybriden Erbgang von der Parental- bis zur 2. Filialgeneration (Vergleiche dazu „Einsatz im Unterricht").
- 10 DIN-A-4-Bögen (s. o.)
- 8 DIN-A-5-Bögen (s. o)
- 28 halbierte DIN-A-5-Bögen (s. o.)
- je 14 große, weiße sowie kleine, rot markierte Styroporkugeln
- 20 Zahnstocher
- ggf. Alleskleber
- Kombizange

Durchführung (vgl. Einsatzmöglichkeiten):
Durch jeweils zwei verschiedenfarbige große bzw. kleine Stryroporkugeln wird ein Zahnstocher geschoben und das überstehende Ende mit der Kombizange abgekniffen. Gegebenenfalls bestreicht man den entsprechenden Zahnstocherabschnitt zuvor mit Alleskleber. Die Modellteile werden entsprechend der Abbildung unter „Einsatz im Unterricht" verteilt.

Beobachtung:
Die Verteilung ergibt in der F1 einheitliche Nachkommen mit beiden dominanten Merkmalsausprägungen. In der F2 finden sich drei Individuen mit den dominanten Ausprägungsformen des Merkmals sowie eines mit den rezessiven Allelen.

Auswertung:
Der gekoppelte dihybride Erbgang entspricht in Phänotyp und Genotyp einem monohybriden Erbgang, der der 1. und 2. Mendel'schen Regel folgt.

Genetik
28 Vererbung der Bluterkrankheit (Hämophilie)

Arbeitsmaterial

Nachdem der als Thronfolger vorgesehene Zarensohn Alexei bereits im Jahre 1906 aufgrund seiner Bluterkrankheit einen Unfall mit inneren Blutungen erlitten hatte, die jedoch von den Ärzten gestillt werden konnte, führte ein Jahr später ein weiterer Unfall zu einem lebensbedrohlichen Zustand. Die Ärzte konnten den Blutverlust nicht stoppen, sondern nur noch mit Morphium gegen die Schmerzen helfen. In dieser nahezu aussichtslosen Situation wurde der als Wunderheiler gepriesene Mönch Rasputin gerufen. Das musste heimlich geschehen, und viele legendenartige Überlieferungen ranken sich um Rasputin, seine ungewöhnliche Fähigkeit, die Blutung bei Alexei zum Stillstand zu bringen und seinen immer stärker werden Einfluss – so auch bei der Großfürstin Anastasia – am russischen Hof.
Der Stammbaum zeigt vier Generationen des europäischen Hochadels, in dem unter anderem auch Alexei eingetragen ist.

Abbildung 1: Bluterkrankheit im europäischen Hochadel

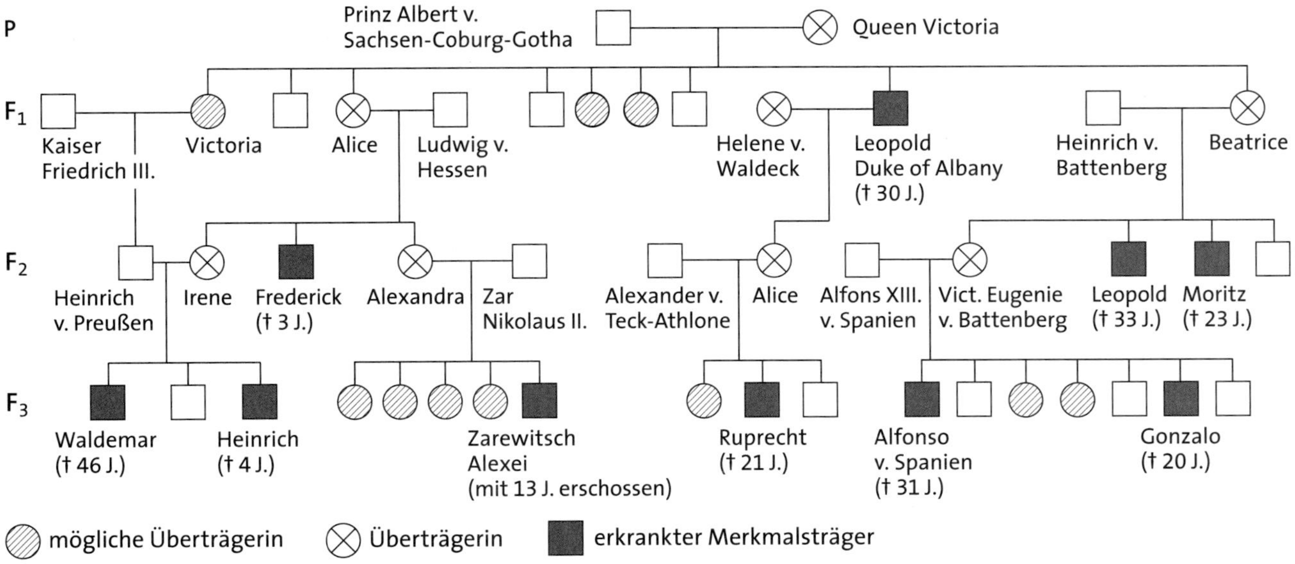

Das wichtigste Merkmal des Erbgangs bei der Bluterkrankheit ist die autosomal-rezessive Vererbung durch ein x-Chromosom.

Aufgaben

1. Leite aus dem Stammbaum die Art und Weise ab, wie die für die Bluterkrankheit verantwortlichen Anlagen vererbt werden.
2. Begründe, warum es Sinn macht, im Stammbaum zwischen Überträgerin und möglicher Überträgerin zu unterscheiden und anhand welcher Kriterien die Unterscheidung erfolgt.
3. Arbeitet nun zu zweit: Vollzieht mithilfe von 6 beschrifteten Tischtennisbällen (Becherglas 1: 2 x ein schwarzes X, 1 x ein rotes X; Becherglas 2: 1 x ein schwarzes X, 1 x ein rotes X, 1 x ein schwarzes Y) den Hämophilie-Erbgang nach. Führt 50 Ziehungen durch und stellt das Auftreten der möglichen Chromosomenkombinationen als Säulen in einem Säulendiagramm dar (Ordinate: Anzahl der jeweiligen Kombination, Abszisse: Ziehungen).
4. Welches Verhältnis von gesunden und bluterkranken Söhnen müsste sich theoretisch ergeben, wenn die Mutter Konduktorin und der Vater gesund ist? Warum sieht die Realität anders aus?

I Lernvoraussetzungen

- Karyogramm des Menschen
- X-chromosomal-gebundener, rezessiver Erbgang
- Symptome der Bluterkrankheit
- Vererbung des Geschlechts in Abhängigkeit von der Kombination der Heterosomen
- Anfertigung eines einfachen Säulendiagramms

II Erwartete Leistungen

1. Offenbar liegen die Gene für die Vererbung der Bluterkrankheit auf einem der X-Chromosomen, denn alle Symbole für Frauen sind markiert. Auffällig ist, dass es keine weiblichen Erkrankten gibt. Daraus ist zu schließen, dass das zweite X-Chromsom der betroffenen Frauen keine Schädigung aufweist und die fehlerhaft codierenden Anlagen des anderen X-Chromosoms überdeckt (rezessiv). Da nun die männlichen Nachkommen für das defekte X-Chromosom kein normal strukturiertes X-Chromosom als überdeckenden Ausgleich besitzen, sondern stattdessen ein Y-Chromosom, wirkt das an sich rezessiv angelegte X-Chromosom ihrer Mütter wie ein dominantes. Folglich sind sie erkrankte Merkmalsträger.

2. Die grafische Unterscheidung macht Sinn, da bei den Müttern, die erkrankte Söhne geboren haben, ganz sicher das geschädigte X-Chromosom in der befruchteten Eizelle enthalten war, es aber bei den anderen Frauen, also den Töchtern bzw. Ehepartnerinnen in der F1, F2 und F3 (hier nur Töchter) nicht ersichtlich ist, welches der beiden X-Chromosomen in die Zygote eingegangen ist.
Sobald eine Frau einen erkrankten Sohn hat, muss sie das defekte X-Chromosom weitergegeben haben, bei einem gesunden männlichen Nachkommen war das intakte X-Chromosom beteiligt.

3. Ergebnisse nach 50 Ziehungen:
- Konduktorin (schwarzes X/rotes X): 22-mal
- gesunder Sohn (schwarzes X/Y): 10-mal
- gesunde Frau (schwarzes X/schwarzes X): 7-mal
- Bluter (rotes X/Y): 6-mal
- Bluterin (rotes X/rotes X): 5-mal

4. Da eine 50:50-Chance besteht, dass das defekte X-Chromosom in die Zygote gelangt, müsste theoretisch die Hälfte der männlichen Nachkommen bluterkrank sein. Da sich jedoch aufgrund der Zufallsverteilung der Chromosomen in der Metaphase der 1. Reifeteilung der Meiose nicht zwingend in jeder zweiten befruchtungsfähigen Eizelle ein geschädigtes X-Chromosom befindet, entspricht das rechnerisch ermittelte Ergebnis nicht der Realität.

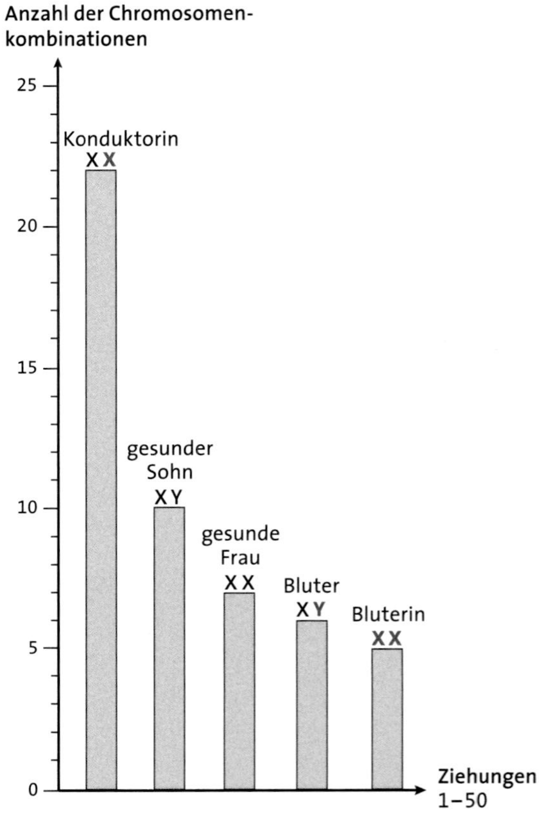

Hinweis: ein grau gedrucktes „X" oder „Y" ≙ der Farbe „Rot" im Text.

Anleitung zum Modellexperiment

III Einsatzmöglichkeiten

Das Modellexperiment ist vorgesehen, um den Schülerinnen und Schülern das Prinzip eines X-chromosomal-gebundenen, rezessiven Erbgangs zu veranschaulichen. Da es mit den heutigen medizinischen Möglichkeiten auch sein kann, dass ein von der Bluterkrankheit betroffener Mann ein Kind zeugt, wurde in das Gefäß mit den Modellchromosomen des Mannes ein defektes X-Chromosom hinzugefügt, sodass genau wie bei der Frau jeweils drei Chromosomen zur Auswahl stehen. Damit wird zugleich gezeigt, dass auch Bluterinnen auftreten können, die jedoch in der Regel keine lange Lebenserwartung haben (Blutverlust bei der Menstruation). Mit der vierten Aufgabe wird

direkt Bezug auf die Zufallsverteilung der Chromosomen in der Metaphase der 1. Reifeteilung (Reduktionsteilung) der Meiose sowie auf das theoretisch zu erwartende 50:50-Verhältnis Bezug genommen. Dieser Zusammenhang kann mit dem Modellexperiment auch bzgl. der Geschlechterverteilung gezeigt werden.
Neben dem experimentellen Charakter bietet das Material die Möglichkeit, die Folgen von rezessiven Anlagen im Zusammenhang mit dem historischen Beispiel der Inzucht zu thematisieren: Warum tritt im Stammbaum des europäischen Hochadels verstärkt in der 3. Filialgeneration Hämophilie auf?
Durch die letzte Aufgabe üben die Schüler/-innen statistisch relevante Daten grafisch darzustellen. Es bietet sich an, die Säulenhöhen zu den vier möglichen Chromosomenkombinationen von allen Schülergruppen zu vergleichen und ein Gesamtergebnis zu berechnen. Damit erhöht sich der statistische Aussagewert.

IV Thema des Modellexperiments

Vererbung der Bluterkrankheit (Hämophilie)

V Vorbereitungszeit

ca. 5 Minuten

VI Material und Geräte

- 2 1000-ml-Bechergläser (alternativ: 2 500-ml-Bechergläser)
- 6 Tischtennisbälle (alternativ: 6 helle Holzperlen von 1 cm Durchmesser)
- Folienschreiber in Schwarz und Rot
- Schal oder Halstuch zum Verbinden der Augen
- Schreib- und Zeichenmaterial

VII Durchführung

Je drei Tischtennisbälle werden an verschiedenen Stellen mit einem schwarzen X beschriftet. Zwei erhalten entsprechend ein rotes X sowie einer ein schwarzes Y. In das eine Becherglas gibt man zwei schwarze X-Bälle und einen roten X-Ball. Das Zweite erhält je einen schwarzen und einen roten X-Ball sowie den Y-Ball. Einer der beiden Schüler führt mit verbundenen Augen den Modellversuch durch, der Partner protokolliert. Zu Beginn werden beide Gefäße geschüttelt. Der Experimentator entnimmt jedem Gefäß einen Ball und der Mitschüler/die Mitschülerin notiert die Chromosomenkombination am besten tabellarisch per Strichliste. Nach jeder Ziehung werden die Bälle in ihre Ursprungsgefäße zurückgelegt und diese gut geschüttelt. Diesen Vorgang wiederholen die Schüler/-innen 50-mal. Anschließend werden die Ergebnisse als Balkendiagramm dargestellt.

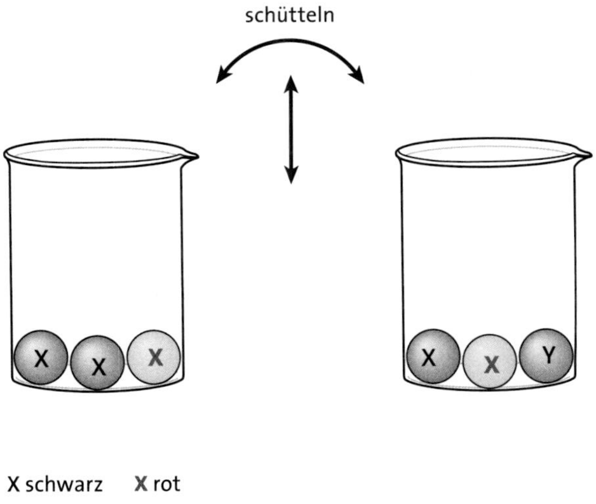

VIII Beobachtung

Siehe Erwartete Leistungen zu Aufgabe 3.

IX Auswertung

Das Modellexperiment belegt die sehr hohe Wahrscheinlichkeit (42 %), dass aus einer Ehe zwischen einem Bluter (geschädigtes X-Chromosom – normales Y-Chromosom) mit einer gesunden Frau Konduktorinnen hervorgehen (geschädigtes X-Chromosm – normales X-Chromosom). Da die Anlagen auf dem normalen X-Chromosom über die des defekten dominieren, ist diese Frau phänotypisch nicht betroffen, kann aber das defekte X-Chromosom sowohl an einen männlichen als auch an einen weiblichen Nachkommen weitergeben. Dabei ist die Wahrscheinlichkeit, dass ein gesunder Sohn (normales X-Chromosom – Y-Chromosom) bzw. eine gesunde Tochter (normales X-Chromosom – normales X-Chromosom) entsteht, am zweit- bzw. dritthöchsten (22 % bzw. 14 %). Zu 12 % tritt die Kombination defektes X-Chromosom – Y-Chromosom auf, also die phänotypische Ausprägung der Hämophilie, denn das Y-Chromosom besitzt keine Dominanz gegenüber dem geschädigten X-Chromosom. Am seltensten kommt es zu einer auch phänotypisch betroffenen Tochter, wenn sie sowohl von ihrer Mutter als auch von ihrem Vater das geschädigte X-Chromosom erbt (10 %). Diese besitzt kein dominantes X-Chromosom, das die betreffenden Anlagen des geschädigten X-Chromosoms überdecken könnte.

X Analogisierung

Element/Schritt des Modellversuchs	Realität
• Tischtennisbälle	• Eizell- bzw. Spermakern
• schwarzes X	• beide weibliche Heterosomen bzw. das X-Heterosom des Mannes
• rotes X	• defektes X-Chromosom der Frau, das die Anlagen für Hämophilie trägt
• schwarzes Y	• Y-Heterosom des Mannes
• Bechergläser	• Zellkern während der Meiose
• Schütteln der Bechergläser	• Zufallsverteilung der Heterosomen-Partner während der Metaphase der Reduktionsteilung

XI Kritik

Veranschaulichung durch den Modellversuch	Grenzen des Modellversuchs
• Zufallsverteilung der mütterlichen und väterlichen Heterosomen	• Fehlen jeglicher Rahmenbedingungen von Meiose und Befruchtung • keine Berücksichtigung eines möglichen Crossing-overs • Zellkern kein abgeschlossener Körper • Zufallsverteilung erfolgt nicht mechanisch • Polygenie bzgl. der Hämophilie-Gene wird nicht deutlich • Geschlechtszellen werden nicht zu ihrem Ursprungsort zurückgeführt • keine Mehrfachverwendung von bereits zur Befruchtung gelangten Geschlechtszellen

Evolution
29 Die Entstehung von Fossilien

Arbeitsmaterial

Fossilien sind Zeitzeugen der Evolution, denn sie ermöglichen es den Paläontologen, die Entwicklungsgeschichte von bestimmten Arten und Lebensgemeinschaften in der Evolution zu rekonstruieren. Ihre Arbeit gleicht der von Kriminologen, denn noch so winzige Spuren im Gestein können ihnen wertvolle Puzzlesteine liefern. Man muss nicht unbedingt ein Naturkundemuseum besuchen, um solche Evolutionsbelege zu „erleben“, sondern kann auch eindrucksvolle Beispielbilder unter www.google.de, Suchwort „Fossilien“ abrufen: *Donnerkeile, Ammoniten, versteinerte Baumstämme, Einschlüsse in Bernstein, Abdrücke von Pflanzenteilen* und – natürlich – *Mumien.*

Die Abbildung zeigt ein allgemeines Schema, wie ein Fossil entstehen kann.

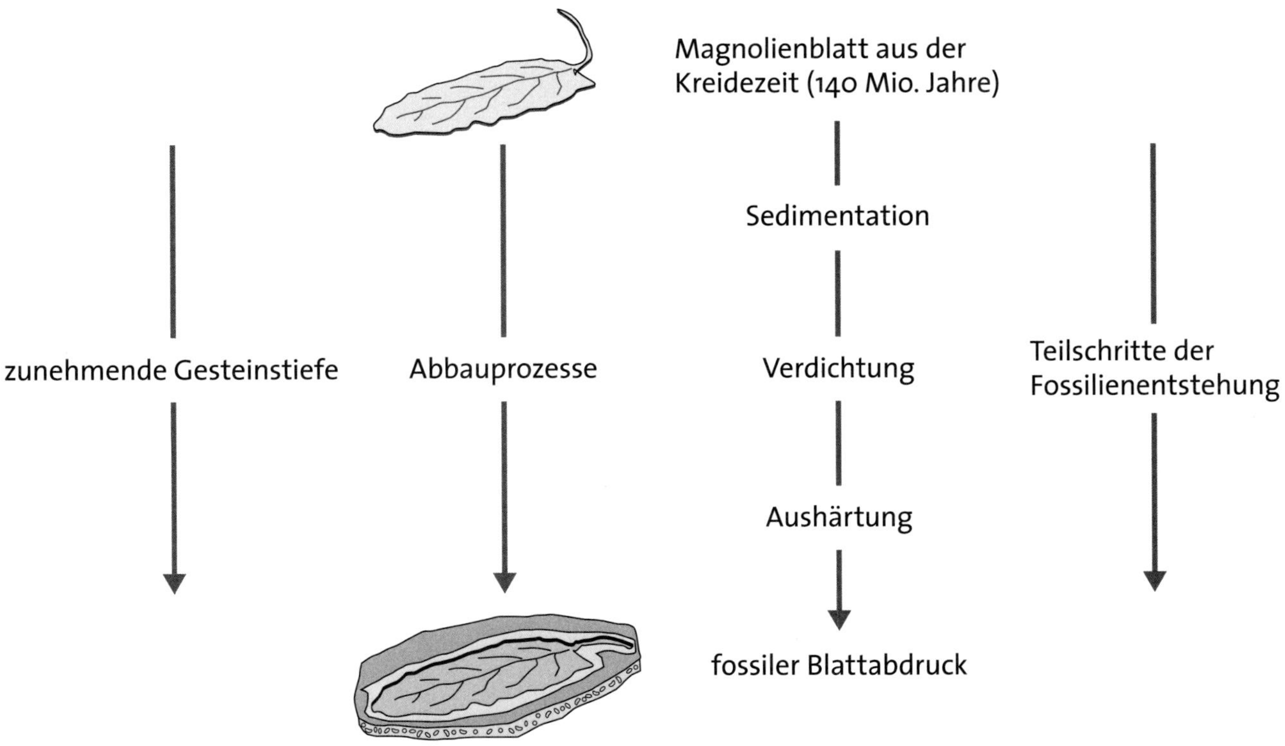

Aufgaben

1. Recherchiere im Internet und in deinem Biologiebuch, wie die im Text aufgeführten Fossilientypen entstanden sind und schreibe dazu jeweils einen Satz auf.
2. Erläutere die Abbildung zur Fossilienentstehung und begründe, warum ein Laubblatt „nur“ als Abdruck, jedoch nicht wie eine Muschel oder Schnecke als räumliches Körperfossil erhalten bleiben konnte.
3. Versetze dich in die Rolle eines Paläontologen und präpariere in einem Modellexperiment die eingeschlossenen Gegenstände aus dem Gelatineblock heraus. Suche dir selbst dafür geeignete Präparationswerkzeuge.
4. Stelle in einer Tabelle die Versuchsteile, deine Vorgehensweise und eine echte Präparation einander gegenüber, ebenso, was das Modellexperiment veranschaulichen kann und wo seine Grenzen („Schwächen“) sind.

29 Die Entstehung von Fossilien

I Lernvoraussetzungen

- Grundlagen der Evolution als „Entwicklung des Lebens" (zeitlicher Überblick über die Reihenfolge der Artenentstehung)
- Bedeutung und Entstehung von Fossilien
- Begriffe „Sediment", „Sedimentation"

II Erwartete Leistungen

1. *Donnerkeile* sind die Hartteile des Innenskeletts von ausgestorbenen Tintenfischarten. Als *Ammoniten* werden die von innen mit Sedimenten ausgegossenen und dann ausgehärteten Körperhöhlungen von bestimmten ausgestorbenen Kopffüßerarten bezeichnet. *Versteinerte Baumstämme* entstehen, wenn bestimmte Minerallösungen in das Gewebe eines abgestorbenen Baumes eindringen und die ausgehärteten Mineralien schließlich das weiche Gewebe ersetzen. *Einschlüsse in Bernstein* sind das Ergebnis von ausgehärteten fossilen Baumharzen, die kleine Tiere (Insekten, Käfer u. ä.) umflossen und eingeschlossen haben. *Abdrücke* von Pflanzenteilen kommen dadurch zustande, dass Pflanzenteile von Sedimenten „plattgedrückt" werden und später nur noch als Abdruck erhalten sind. *Mumien* sind tierische und menschliche Körper, die durch lang anhaltende, starke Trockenheit durch Austrocknung konserviert wurden.
2. Ein Laubblatt wird von anfangs flüssigem Sediment bedeckt. Während der nun folgenden Abbauprozesse, die ohne Anwesenheit von Luft (Sauerstoff) ablaufen, verdichtet sich das Sediment und härtet nach einer gewissen Zeit vollständig aus. Dabei gelangen die Blattreste in immer tiefere Gesteinsschichten. Zum Schluss ist nur noch das „Blattgerippe" als fossiler Blattabdruck in der untersten Gesteinsschicht vorhanden.
Bei den Abbauprozessen werden ausschließlich die Weichteile eines Lebewesens chemisch zerlegt, sodass die holzigen Blattadern übrig bleiben. Nur das eigentliche Blattgewebe wird also abgebaut. Da Laubblätter anders als Muscheln und Schnecken keine feste Kalkschale besitzen, in der die Weichteile zu Lebzeiten des Organismus eingeschlossen waren, kann es kein räumliches Körperfossil geben, sondern nur einen „Stempelabdruck" der nicht zerstörten Blattbestandteile.
3. Als Präparationswerkzeuge können je nach Einschlussobjekten Schälmesser, Pinzetten, kleine Löffel, Spatel, Pinsel u. ä. verwendet werden. Die Gelatine wird schichtweise abgetragen, bis zum Schluss das Objekt herausgehoben und von anhaftenden Gelatineresten befreit wird.
4.

Versuchsteile/Vorgehensweise	Wirklichkeit
• Gelatine • Dellen und Hügel in der Gelatinemasse • verdichtete Bereiche, Sandkörner etc. in der Gelatine • kleiner Gegenstand in der Gelatine • Petrischale • eigene Präparationswerkzeuge • langsames Entfernen der Gelatineschichten • Herausheben des Objektes • Entfernung von Gelatineresten	• Gestein, in das ein Objekt eingeschlossen ist • Oberflächenstruktur des Einschlussgesteins • Schmutzpartikel u. ä. (Artefakte) • eingeschlossenes Fossil • gesamte Gesteinsschicht • Präparationswerkzeuge eines Paläontologen • Entfernen des anhaftenden Gesteins • Herausnehmen des Fossils • Entfernung letzter Gesteinsreste

Veranschaulichungsmöglichkeiten	Grenzen/„Schwächen"
• Einschluss von Fossilen in Gesteinsschichten • schichtweises Abtragen des Einschlussmaterials • Erhaltungszustand des Fossils mit klaren Konturen • Umgang mit Präparationswerkzeugen erfordert Geschicklichkeit	• Gestein ist fest, nicht „glibberig" wie Gelatine • Gesteinsreste müssten eventuell abgeschabt werden, Entfernung schwieriger als bei Gelatine • Objekt nicht immer vollständig erhalten • Objekt nicht in rundem Umgebungsgestein eingebettet bzw. kein runder Block • keine Unterscheidung zwischen verschiedenen Einbettungssedimenten • Präparationswerkzeuge wohl kaum die eines Paläontologen

Anleitung zum Modellexperiment

III Einsatzmöglichkeiten

Zumeist kennen Schüler/-innen Fossilien nur als „tote, langweilige Ausstellungsstücke eines Naturkundemuseums". Diesem Vorurteil wirkt die Begegnung mit den Objekten im Unterricht entgegen, wobei die Bedeutung als Evolutionsindiz und die Vielfalt eine gewisse Motivationshaltung erzeugen. Um die Vielfalt an Fossiltypen zu erleben, recherchieren die Schüler/-innen zunächst weitere Objekte im Internet und erstellen dann eine eigenständige erläuternde Differenzierung bzgl. ihrer Entstehung. Sie schlüpfen hier bereits in die Rolle eines Evolutionsforschers, die sie bis hin zur praktischen Arbeit im Modellexperiment führt. Da die Präparationstechnik sehr stark reduziert ist im Vergleich zur präparatorischen Vorgehensweise, sollten Analogisierung und Kritik als eigenständige Aufgaben bearbeitet werden.
Bei dieser Schülertätigkeit ist neben Kreativität (Auswahl der „Präparationsgeräte") manuelle Geschicklichkeit gefragt, sodass hier die wissenschaftliche Arbeitstechnik modellhaft veranschaulicht und nachvollzogen wird. Eine Beobachtung und Auswertung erübrigen sich somit.

IV Thema des Modellexperiments

Entstehung und Präparation von Fossilen

V Vorbereitungszeit

ca. 1 Stunde

VI Material und Geräte

pro zwei Petrischalen:

- 9 g gemahlene Gelatine (farblos oder rot)
- 150 ml Wasser
- kleiner Kochtopf
- Kochplatte, Gasherd o. ä.
- Teelöffel
- kleine Einschlussobjekte: Münzen, Gewürznelken, Nudeln, Perlen etc.
- „Störobjekte" wie Sandkörner, Holz-, Eisenspäne
- Präparationsschale oder Unterlage zum Präparieren (Klarsichthülle, Aluminiumfolie u. ä.)

VII Durchführung

Die Gelatine wird nach Packungsanweisung in 150 ml nicht siedendem Wasser aufgelöst und so lange in den Kühlschrank gestellt, bis sie gelartig von einem Löffel tropft. Mit dem Gel füllt man jeweils eine Petrischale zur Hälfte und legt kleine Objekte sowie Sandkörner, Holz- oder Metallspäne hinein. Dann kommt eine weitere Gelatine-

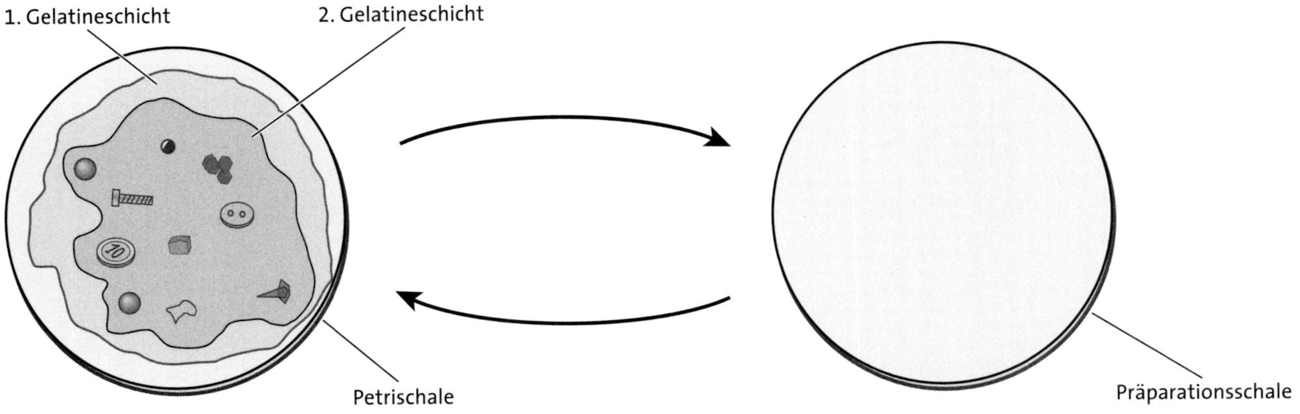

schicht auf die Masse. Im Kühlschrank verfestigt sich das Material endgültig. Die ausgehärtete Gelatine kann von den Schüler/-innen bei der Präparation aus der Petrischale genommen und in der Präparationsschale bearbeitet werden. Im Kühlschrank halten sich vorbereitete Präparier-Proben über einen längeren Zeitraum und können gut auf Vorrat hergestellt werden.

VIII Beobachtung

keine

IX Auswertung

keine

X Analogisierung

Vergleiche Lösung zu Aufgabe 4.

XI Kritik

Vergleiche Lösung zu Aufgabe 4.

Tipp für den Unterricht
In Högermann, C., Kricke, W.: Modelle für den Biologieunterricht Sek. I (Aulis Verlag, 2012, S. 228) wird ein einfaches Modell zur Herstellung „fossiler Blattabdrücke“ vorgestellt.

Evolution
30 Evolutionsfaktor Gendrift

Arbeitsmaterial

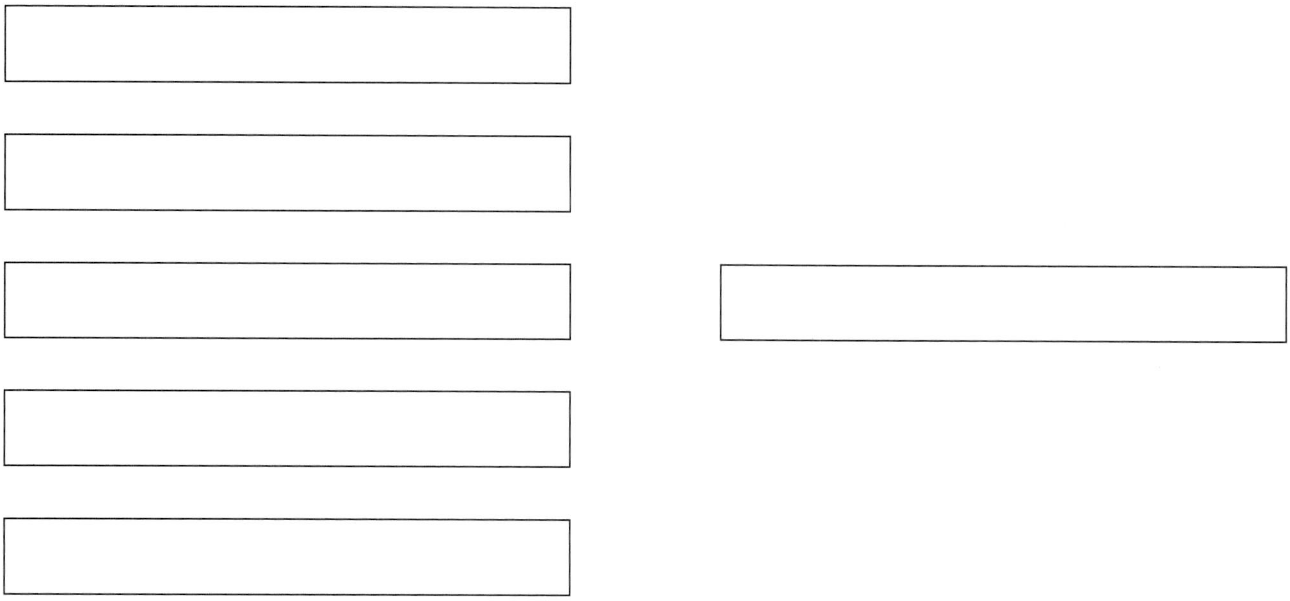

Abb. 1

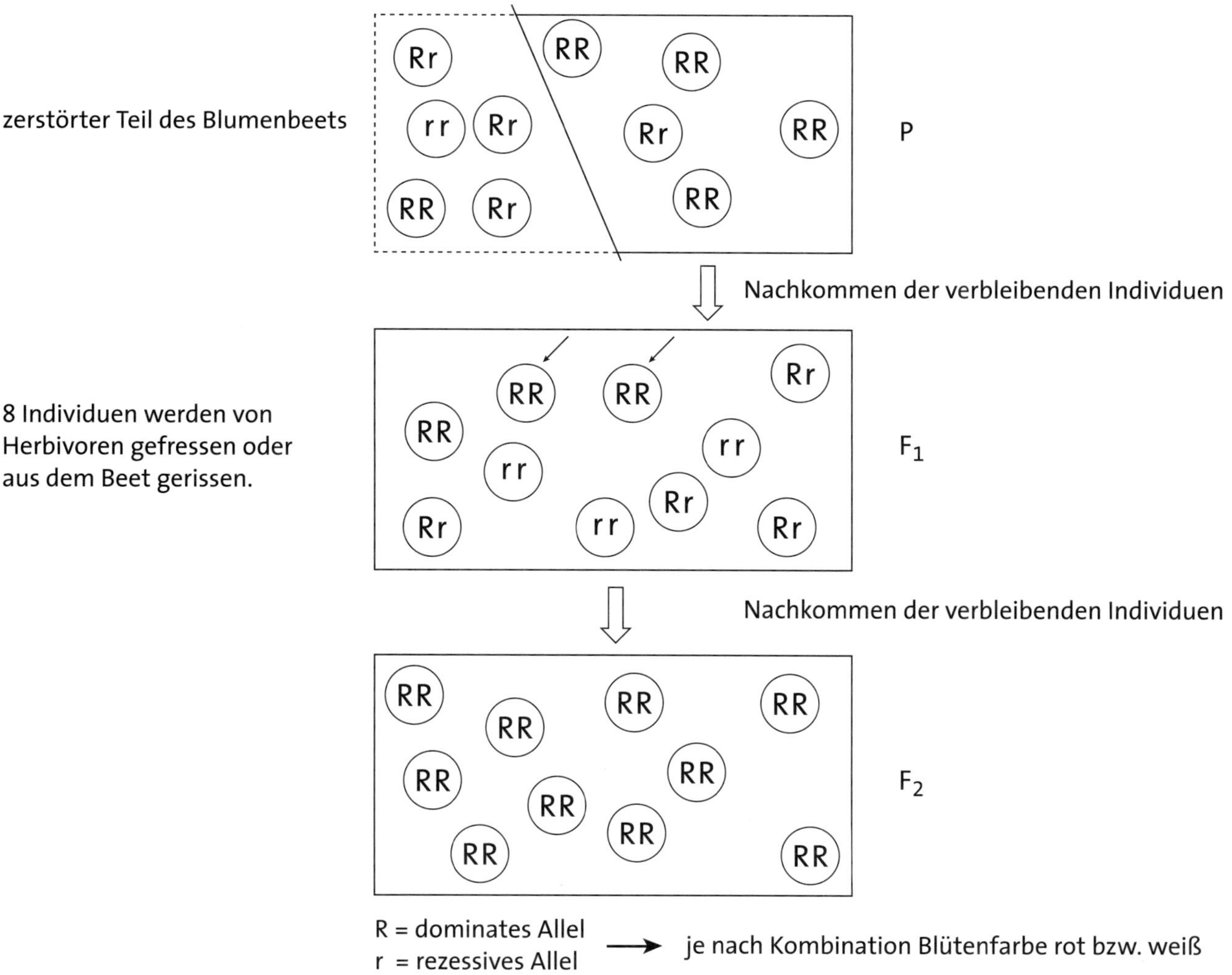

Abb. 2

Evolution
30 Evolutionsfaktor Gendrift

Aufgaben

1. Tragen Sie in Abbildung 1 die Evolutionsfaktoren *Selektion, Rekombination, Mutation, Gendrift, Migration, Isolation* in der Reihenfolge ihrer Wichtigkeit für evolutive Vorgänge ein. Begründen Sie Ihre Entscheidung.
2. Erläutern Sie die in Abbildung 2 vorgestellten Auswirkungen einer Gendrift auf eine Pflanzenpopulation. Leiten Sie daraus die allgemeinen Merkmale einer genetischen Drift ab.
3. Entwickeln Sie in Partnerarbeit einen Modellversuch zur Gendrift mit folgenden Materialien: je 10 gleichgroße Holzperlen in 5 verschiedenen Farben, Becherglas, Augenbinde. Die Farbe der Perlen soll für die Merkmale der Individuen einer Population, die Anzahl der Perlen für die Anzahl an artgleichen Merkmalsträgern in einem Ökosystem stehen. Vorgabe: Jeweils 10 (größere Population) und 5 Merkmalsträger (relativ kleinere Population) sollen eliminiert werden.
4. Führen Sie den Versuch durch, protokollieren Sie das Ergebnis und stellen Sie es als Säulendiagramm dar. Überprüfen Sie daraufhin Ihre Zusammenfassung zur Gendrift aus Aufgabe 2.

I Lernvoraussetzungen

- Nomenklatur und Bedeutung dominanter und rezessiver Allele in einem dominant-rezessiven Erbgang
- Wirkungsweise und evolutiver Stellenwert von Rekombination (ggf. intra- und extrachromosomal), Mutation, Selektion, Migration, Isolation, Gendrift (ggf. mit Gründer- und Flaschenhalseffekt)

II Erwartete Leistungen

1. Reihenfolge und Begründung: *Rekombination* (findet bei der Meiose und sexuellen Fortpflanzung regelmäßig statt und sorgt für die Durchmischung der Allele, was die Erhöhung der Variabilität zur Folge hat), *Mutation* (erfolgt ungerichtet, regelmäßig, bleibt in den meisten Fällen „stumm", liefert genetisches Material für die Ausbildung veränderter Phänotypen, trägt zur Erhöhung der Variabilität bei), *Migration* (bei Tieren ein regelmäßig ablaufender Vorgang, der fremde Allele in einen Genpool einbringt bzw. daraus welche entfernt), *Isolation* (kommt im Vergleich zu den bisher genannten Evolutionsfaktoren relativ weniger häufig vor und kann zur Umbildung sowie Neubildung von Arten beitragen), *Gendrift* ist der am seltensten wirksam werdende Evolutionsfaktor, durch den ungerichtet ohne Selektionswirkung Allele im Genpool eliminiert werden bzw. allgemein eine Änderung der Allelfrequenz eintritt, *Selektion* im rechts außen stehenden Kasten, da durch sie zwar immer die Angepasstheit der Individuen geprüft wird, sie aber im Gegensatz zu den anderen Faktoren nicht am Genotyp, sondern am Phänotyp ansetzt.
2. Durch die zufällige Abtrennung eines Teils des Blumenbeetes mit den dort stehenden Pflanzen wird auch deren genetisches Material aus dem Genpool der Pflanzenpopulation entfernt. Zufällig sind überwiegend Träger betroffen, die in ihrer Allelkombination „r", also das rezessive Allel, aufweisen. Wenn nun von dem verbleibenden Teil der Population wegen des erhöhten Aufkommens von Fressfeinden diese Zufallswirkung voranschreitet und nur zwei Individuen zur Fortpflanzung gelangen, die beide homozygot für das dominante Allel „R" sind, ist „r" bereits nach der ersten Filialgeneration aus dem Genpool verschwunden. Alle weiteren Nachkommen tragen folglich „RR" und sind rotblühend.
Allgemeine Aussage zur Gendrift: Durch zufällige Ereignisse werden, ohne dass Selektionsmechanismen beteiligt sind, über die Vernichtung von Individuen Gene im Genpool gelöscht. Dabei ist dieser Effekt in kleineren Populationen relativ ausgeprägter als in größeren. Grundsätzlich führt eine Gendrift zur Veränderung der Genfrequenz.
3. In dem Gefäß werden die 50 Perlen gemischt. Dann werden von einem Partner „blind" in 10 Durchgängen jeweils 10 und dann in weiteren 10 Durchgängen jeweils 5 Perlen gezogen und deren Farbe im Protokoll festgehalten. Die 10-malige Durchführung ist minimal notwendig, da ansonsten eine statistische Aussage keinen Sinn machen würde.

1. Ziehung:
n = Entnahme von 10 Perlen pro Farbe

Ziehung	rote Perle	blaue Perle	gelbe Perle	grüne Perle	schwarze Perle
1–10					
Mittelwert					
Anzahl					
Mittelwert %					

2. Ziehung:
n = Entnahme von 10 Perlen pro Farbe
Aufbau der Tabelle s. o.

4. Beispiel für ein Versuchsprotokoll und ein Säulendiagramm:

Versuch 1: n = 10 Perlen/Farbe						**Versuch 2: n = 5 Perlen/Farbe**					
Ziehung	rot	blau	gelb	grün	schwarz	Ziehung	rot	blau	gelb	grün	schwarz
1	2	—	2	3	3	1	1	1	3	4	1
2	1	4	2	2	1	2	3	1	3	2	1
3	3	1	2	2	2	3	3	2	1	3	1
4	3	—	2	2	3	4	2	1	4	1	2
5	3	1	—	4	2	5	3	1	4	2	—
6	2	2	4	2	—	6	2	3	2	—	3
7	1	1	1	4	3	7	3	2	2	2	1
8	2	1	3	3	1	8	1	2	1	2	4
9	5	—	1	2	2	9	1	2	2	2	3
10	2	1	4	2	1	10	1	2	1	4	2
Ø	2,4	1,1	2,1	2,6	1,8	Ø	2,0	1,7	2,3	2,2	1,8
%	24	11	21	26	18	%	40	34	46	44	36

Die Zusammenfassung aus Aufgabe 2 hat sich bestätigt: Das Zufallsereignis wurde durch das „blinde" Ziehen der Perlen nachvollzogen. Dabei wurde der relativ höhere prozentuale Anteil an eliminierten gleichen Merkmalsträgern, also auch dem Verlust ihrer Gene, in einer kleineren Population bei nur 5 Perlen/Farbe (5 Merkmalsträger mit derselben genetischen Ausstattung) deutlich. Des Weiteren ist bestätigt, dass genetische Drift immer Auswirkungen auf die Allelfrequenz in einem Genpool hat.

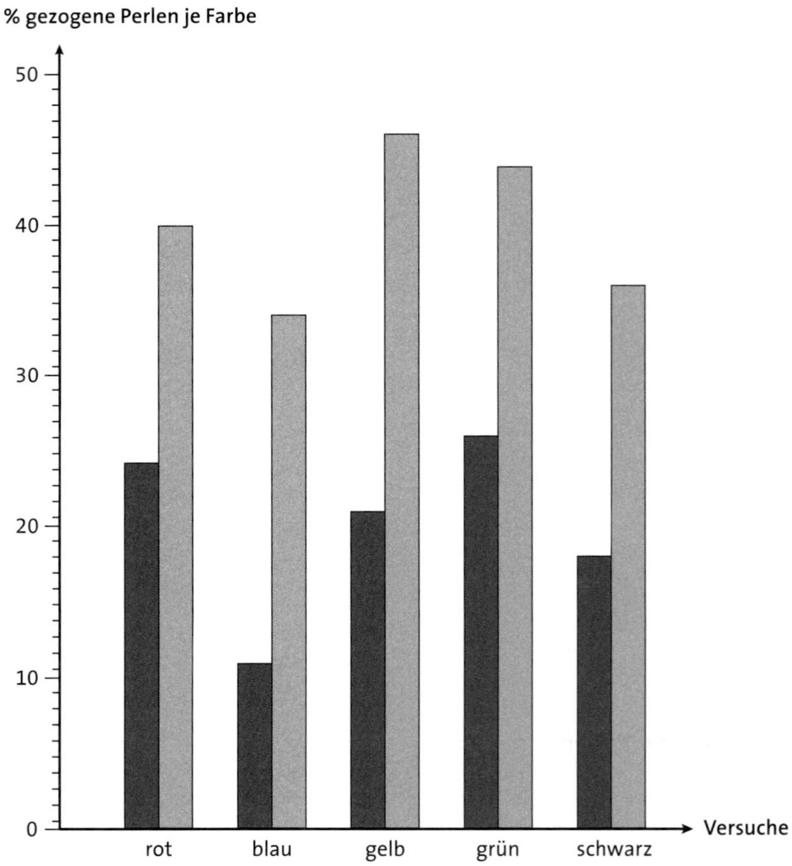

Versuchsergebnisse in Versuch 1 (Vollton) und 2 (Grauwert)

Anleitung zum Modellexperiment

III Einsatzmöglichkeiten

Nachdem die Schüler/-innen in Aufgabe 1 ihr Gesamtverständnis zu Wirkung und evolutiver Bedeutung aller Evolutionsfaktoren reorganisieren bzw. überprüfen können, erfolgt eine Fokussierung auf die Gendrift, die über das zu interpretierende Arbeitsmaterial zum eigenständig entwickelten und durchgeführten Versuch führt. Sofern die

Schüler/-innen bei der Partnerarbeit zu keinem sinnvollen Modellversuch kommen, kann hier eine Hilfestellung des Lehrers erfolgen, sodass die Bearbeitung der Aufgabe 4 gewährleistet ist.
Als vertiefende Hausaufgabe bietet sich neben einer tabellarischen Analogisierung und Kritik zum Modellexperiment folgende Aufgabe an: 3. Grenzen Sie den *Gründereffekt* und den *Flaschenhalseffekt* gegen die *Gendrift* (Abb. 2) ab.

IV Thema des Modellexperiments

Evolutionsfaktor Gendrift

V Vorbereitungszeit

ca. 5 Minuten

VI Material und Geräte

- pro Schülerpaar je 10 Holzperlen gleicher Größe in 5 Farben (z. B. rot, blau, gelb, grün, schwarz), alternativ entsprechene „Flohspielplättchen"
- Gefäß zum Mischen der Perlen (z. B. Trinkbecher aus Kunststoff)
- Augenbinde o. ä.

VII Durchführung

Die Perlen werden in das Mischgefäß gegeben und gut geschüttelt. Dem Partner, der die Perlen zieht, werden die Augen verbunden. Er zieht zehnmal (V. 1) bzw. fünfmal (V. 2) je eine Perle aus dem Gefäß. Die Farbe wird durch ein Kreuz in der Tabelle vom Mitschüler vermerkt. Nach jedem Durchgang wird neu gemischt.

VIII Beobachtung

Bei 10 Ziehungen ist der prozentuale Anteil gleichfarbiger Perlen relativ geringer als bei nur 5 Durchgängen.

IX Auswertung

Das prozentuale Ergebnis von V. 1 und V. 2 ist ein Indiz dafür, dass in kleineren Populationen die Chance für die relativ stärkere Eliminierung eines Genotyps größer ist als in Populationen mit mehr Merkmalsträgern.

X Analogisierung

Versuchselemente	Realität
• jede Farbe	• Merkmal eines Individuums in einer beliebigen Population
• Anzahl der Perlen	• Anzahl artgleicher Individuen in einem Ökosystem
• 10 Ziehungen	• Eliminierung von 10 Individuen in einer relativ großen Population
• 5 Ziehungen	• Eliminierung von 5 Individuen in einer relativ kleinen Population
• „blindes" Ziehen	• Zufallswirkung

XI Kritik

Veranschaulichung durch den Modellversuch	Grenzen des Modellversuchs
• Folgen der Zufallswirkung in größeren und kleineren Populationen bzgl. des Verlusts von gleichen Genotypen/Allelen • Verringerung der Genfrequenz im Genpool durch Gendrift	• Artgleiche Individuen in einem Ökosystem dürften in keinem abgeschlossenen Raum sein (offene Ökosysteme). • Gleichsetzung Individuenanzahl – Eliminierung von Individuen zur Unterscheidung große – kleine Population • keine Differenzierung zwischen Merkmal und Merkmalsausprägung • Ausschaltung aller übrigen Evolutionsfaktoren und abiotischen Bedingungen

Ökologie
31 Lotuseffekt

Arbeitsmaterial

Die indische Lotusblume *(Nelumbo nucifera., Nelumbomaceae* – Lotusgewächse) ist nicht nur wegen ihrer attraktiven, auf der Wasseroberfläche aufliegenden Blüten eine Besonderheit unter den Wasserpflanzen, sondern sie nimmt auch in der indischen Mythologie, insbesondere im Buddhismus, eine traditionelle Rolle ein. Die besonderen Eigenschaften ihrer Blätter, der sogenannte Lotuseffekt, stehen seit langem im Interesse der Bioniker. Sie versuchen, dem natürlichen Vorbild gemäß möglichst ressourcenschonende Oberflächenmaterialien bei Textil- und Kunststoffen sowie Lackfarben zu entwickeln.
(nach: Hill, B., Hrsg.: Bionik – Lernen von der Natur. Duden Paetec Berlin 2006, S. 40)

Monografische Angaben:
„Fossilfunde zeigen, dass Lotus in der Kreidezeit vor etwa 100 Millionen Jahren in Nordamerika, Europa und Asien vorkam. Noch im Zeitalter des Tertiärs vor etwa 30 Millionen Jahren wuchsen auch im damals tropisch warmen Deutschland Lotuspflanzen. Erst mit den Eiszeiten verschwanden sie aus Europa. In Nordamerika und Asien konnten sie vor dem aus Norden heranrückenden Eis „fliehen" und sich später wieder nach Norden ausbreiten. Heute findet man den amerikanischen Lotus von der kanadischen Grenze bis nach Mexiko. In Asien kommt Lotus vom russischen Amurgebiet bis zum tropischen Australien vor.
[...] Nachdem im Spätherbst die Blätter abgestorben sind, überdauert ein Wurzelstock am Grund des Gewässers und treibt im Frühjahr wieder aus. Dann erheben sich die Blätter makellos sauber aus dem Uferschlamm.
[...] Schön und trickreich locken die Blüten zur Bestäubung Insekten an. Sie heizen sich durch besondere Stoffwechselvorgänge auf und sind bis zu 100 °C wärmer als die Umgebung. Dadurch werden die Duftstoffe noch besser verbreitet und vor allem Käfer angelockt. Diese verbringen im warmen Innern der Blüten oft die Nacht und fliegen am anderen Morgen weiter, um den Pollen zu verbreiten. [...]"
(aus: Hill, B., Hrsg.: Bionik – Lernen von der Natur. Duden Paetec Berlin 2006, S. 40)

Ökologie
31 Lotuseffekt

Aufgaben

1. Analysieren Sie den Text zu *Nelumbo nucifera* unter den darin angesprochenen evolutiven und ökologischen Aspekten. Drei Textstellen sind fachsprachlich kritikwürdig. Finden und korrigieren Sie diese.
2. Was versteht man unter dem *Lotuseffekt* und wodurch wird er bewirkt? Führen Sie dazu folgenden Versuch durch:

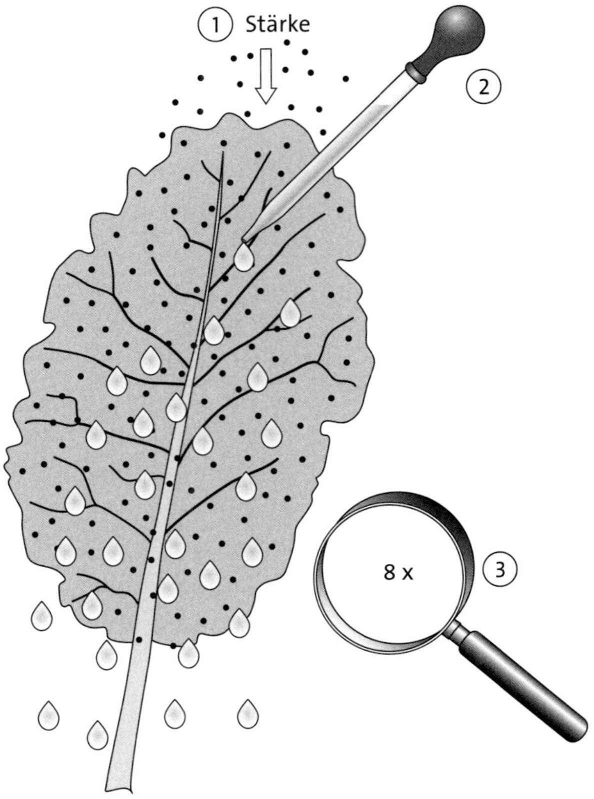

Betrachten Sie zunächst die Blattoberfläche mit der Lupe. Bestäuben Sie anschließend die Oberfläche eines Kohlrabiblattes mit Stärke und lassen Sie Wassertropfen darüberlaufen. Danach untersuchen Sie die Oberfläche erneut mit der Lupe. Beschreiben Sie die Ergebnisse der Lupenbetrachtungen und der Wassertropfenbewegung und leiten Sie daraus eine Antwort auf die Fragestellungen zum Versuch ab.
3. Mithilfe eines rußgeschwärzten Deckglases und eines darüber rollenden Wassertropfens lässt sich in einem Modellexperiment entsprechend dem Realexperiment der Lotuseffekt veranschaulichen. Bereiten Sie das Deckglas vor, indem Sie einen Objektträger vorsichtig über einer Kerzenflamme hin- und herbewegen. Führen Sie auch dieses Experiment durch und stellen Sie die Entsprechungen zum realen Effekt tabellarisch dar. Beachten Sie, dass bei der Vorbereitung des Objektträgers Wachs verbrennt.
4. Recherchieren Sie die physikalischen Hintergründe des Lotuseffekts (Internet, Literatur zur Bionik).

I Lernvoraussetzungen

- „lebende Fossilien“
- Wurzelstock als Überdauerungsorgan
- Symbiose
- Konkurrenzverminderung
- Fachsprache: keine Aktiv- und Final-Formulierung sowie menschliche Wertungen verwenden

II Erwartete Leistungen

1. *Evolutive Aspekte:* Lotus ist ein „lebendes Fossil“, was aus der im Text dokumentierten langen Überdauerungszeit hervorgeht. Zum einen ist die Pflanzenart sehr anpassungsfähig (s. Besiedlung verschiedener Lebensräume, Wurzelstock als Überdauerungsorgan im Winter), zum anderen scheinen sich diese Lebensräume, also die ökologische Nische, bzgl. der Selektionsbedingungen in den vergangenen Epochen nur minimal verändert zu haben, sodass der Selektionsdruck für Lotus gering war.
Ökologische Aspekte: Die durch die besondere Technik der Duftstoffverbreitung garantierte enge Bindung an die bestäubenden Käfer sowie deren Aufenthalt in der angewärmten Blüte zeugen von einer obligaten Symbiose und Konkurrenzverminderung innerhalb beider beteiligter Arten.
Fachsprache: Der Rückzug aus dem Eiszeitgebiet geschah nicht aktiv, ebensowenig die Wiederausbreitung nach Norden. Beides ist Folge des Zusammenspiels von evolutiven und ökologischen Faktoren. Das Anlocken der Bestäuber kann nicht von den Pflanzen zielgerichtet gesteuert werden. Die Begriffe „schön“, „trickreich“ entstammen einer menschlichen, interpretierenden Sichtweise. „Um zu“ als Final-Formulierung widerspricht der fachlichen Sachlage. Die Käfer verhalten sich nicht „mit Absicht und vorausschauend“ so.
2. Beobachtung: Die Blattoberfläche weist neben weißlich glänzenden Härchen kleine Noppen auf. Das Wasser perlt ab und entfernt dabei die Stärkepartikel von der Blattoberfläche, wie die zweite Untersuchung mit der Lupe beweist. Der Lotuseffekt beschreibt demnach das durch die Blattoberflächenstruktur bedingte Abrollen von Wassertropfen, durch die Schmutzpartikel mit entfernt werden.
3.

Kohlrabiblatt	**rußgeschwärztes Deckglas**
• Noppen auf der Blattoberfläche	• erhabene schwarze Stellen (nicht verbrannte Wachspartikel)
• glatte Bereiche zwischen den Noppen	• flache Bereiche (verbranntes Wachs)
• Abperlen des Wassers an den erhöhten Stellen	• Überrollen der erhalten gebliebenen Wachspartikel durch das Wasser
• Stärke als Verschmutzungsfaktor, der durch das ablaufende Wasser entfernt wird	• Stärke als Verschmutzungsfaktor, der durch das ablaufende Wasser entfernt wird

4. Physikalische Hintergründe: Die Noppen auf der Blattoberfläche der Lotusblätter sind Wachsröhren. Sie reduzieren die Kontaktfläche für Schmutzpartikel und Wasser. Die wachsartige Oberfläche ist hydrophob. Je feiner die Erhöhungen sind, desto kleiner werden auch die sich bildenden Wassertropfen. Da die Wassermoleküle der Kohäsionskraft unterliegen, reißen sie nicht auseinander, sondern rollen als Ganzes über die Noppen und reißen dabei Schmutzpartikel mit. Noppengröße und Kohäsion zusammen führen dazu, dass die Wassertropfen vom Lotusblatt halbkugelförmig abrollen. Durch die Form und die geringe Kontaktfläche werden zudem die Adhäsion der Wassermoleküle an der Oberfläche und der Reibungswiderstand herabgesetzt.

Anleitung zum Modellexperiment

III Einsatzmöglichkeiten

Das Material hat vor dem Hintergrund aktueller Bestrebungen zu nachhaltigen, ressourcenschonenden Produktionstechniken für die Schüler/-innen einen aktuellen Alltagsbezug. Die Wiederholungs- und Festigungsaufgabe, die sich zunächst nur auf die Monografie von *Nelumbo nucifera* bezieht, dürfte in sich schon einen gewissen Reiz haben, da sie in einem für die Schüler/-innen neuen Kontext „spielt“, mit dem sie sich dann experimentell genauer befassen

dürfen. Beide Experimente sind so einfach gestaltet, dass die Schüler/-innen sie eigenständig durchführen und die dazugehörigen Aufgaben lösen können. Auch als Hausaufgabe sind die Experimente geeignet. Alternativ bietet sich Partner- oder Gruppenarbeit als adressatengerechte Sozialform an.
Ein für die Internetrecherche geeignetes Suchwort, gegebenenfalls als Hilfestellung für die Schüler/-innen, ist „Wilhelm Barthlott".

IV Thema des Modellexperiments

Lotuseffekt bei *Nelumbo nucifera*

V Vorbereitungszeit

Die Zusammenstellung der Versuchsmaterialien für die Schüler/-innen sowie die Schwärzung der Objektträger nimmt nur wenige Minuten in Anspruch. Der Zeitaufwand richtet sich jedoch danach, ob jeder einzelne Material bekommt oder die Aufgaben in Kleingruppen bzw. Partnerarbeit bearbeitet werden.

VI Material und Geräte

Realversuch:

- Kohlrabiblatt
- Stärke
- Wasser
- Pipette
- Lupe (8 x)

Modellversuch:

- Stärke
- Wasser
- Kerze
- Zündhölzer
- Objektträger
- Pipette
- Lupe (8 x)

VII Durchführung

Realversuch:
Vergleiche Arbeitsmaterial.
Die Oberfläche des Kohlrabiblatts wird mit der Lupe betrachtet, bevor man dessen Oberfläche mit einem feinen Stärkeüberzug versieht. Anschließend lässt man mit der Pipette Wasser auftropfen und beobachtet die Wasserbewegung sowie die Blattoberfläche erneut mit der Lupe.

Modellversuch:
Zunächst wird der Objektträger vorbereitet. Dazu schiebt man ihn vorsichtig über einer brennenden Kerze hin und her, bis er eine einheitliche Verrußung an der Unterseite aufweist. Nachdem das Glas abgekühlt ist, werden auch hier nacheinander Stärke und Wassertropfen aufgebracht. Zu Beginn und am Ende erfolgt eine Untersuchung mit der Lupe.

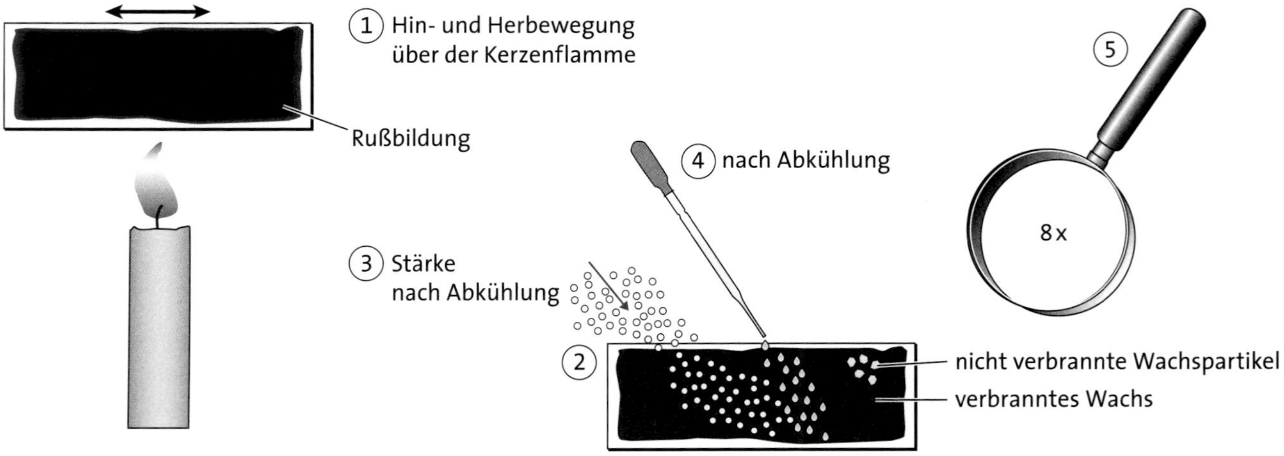

VIII Beobachtung

Zum Realexperiment vergleiche Lösung zu Aufgabe 2.
Beim verrußten Objektträger zeigen sich bei beiden Lupenuntersuchungen nicht verbrannte Wachspartikel als Erhöhungen. Verbranntes Wachs hinterlässt eine glatte Fläche. Das Wasser rollt über die Noppen und spült dabei die Stärke weg. Die Oberfläche des Objektträgers sieht danach wieder so aus wie zu Beginn.

IX Auswertung

Vergleiche Lösung zu Aufgabe 4.

X Analogisierung

Versuchselemente	Realität
• Objektträger • Wachsnoppen • Stärke • aufgetropftes Wasser	• Lotusblatt • Wachsröhren auf der Blattoberfläche • natürlich vorkommende Verschmutzungspartikel • Niederschlagswasser

XI Kritik

Veranschaulichung durch den Modellversuch	Grenzen des Modellversuchs
• Selbstreinigungskraft der Laubblätter von *Nelumbo nucifera* • Reduzierung der Anhaftungsfläche für Schmutzpartikel und Wasser auf der Blattoberseite von *Nelumbo nucifera* • Wasser als Transportmittel der Schmutzpartikel • Kohäsion von Wassermolekülen • Adhäsion von Schmutzpartikeln und Wassermolekülen	• künstliche Herstellung der Noppen • keine anderen Verschmutzungsfaktoren berücksichtigt • Form und Struktur der Glasplatte gibt nicht die Blatttextur wieder • kein kontrolliertes Auftreffen von Wasser • weitere Umweltbedingungen fehlen, ebenso die Einbindung in den Gesamtorganismus

Literaturhinweise:
Hill, B., Hrsg.: Bionik – Lernen von der Natur. Duden Paetec Berlin 2006
Nachtigall, W/Wisser, A.: Bionik in Beispielen – 250 illustrierte Ansätze. Springer Spektrum 2013

Evolution
32 Optimierung als Evolutionsprinzip

Arbeitsmaterial

Die Flügelaufspreizung bei Vogelflügeln ermöglicht eine nur minimale Bildung von Randwirbeln an den Flügelenden. Die Überwindung der Wirbel kostet wegen der Bildung eines Strömungswiderstands Energie. Für die Flugzeugtechnik ist die Konstruktion einer idealen Flugzeugtragfläche mit möglichst geringem Strömungswiderstand eine entscheidende Zielvorstellung. Im Rahmen entsprechender Forschungen der Bionik wurde die Evolution des Vogelflügels im Windkanal nachgestellt.

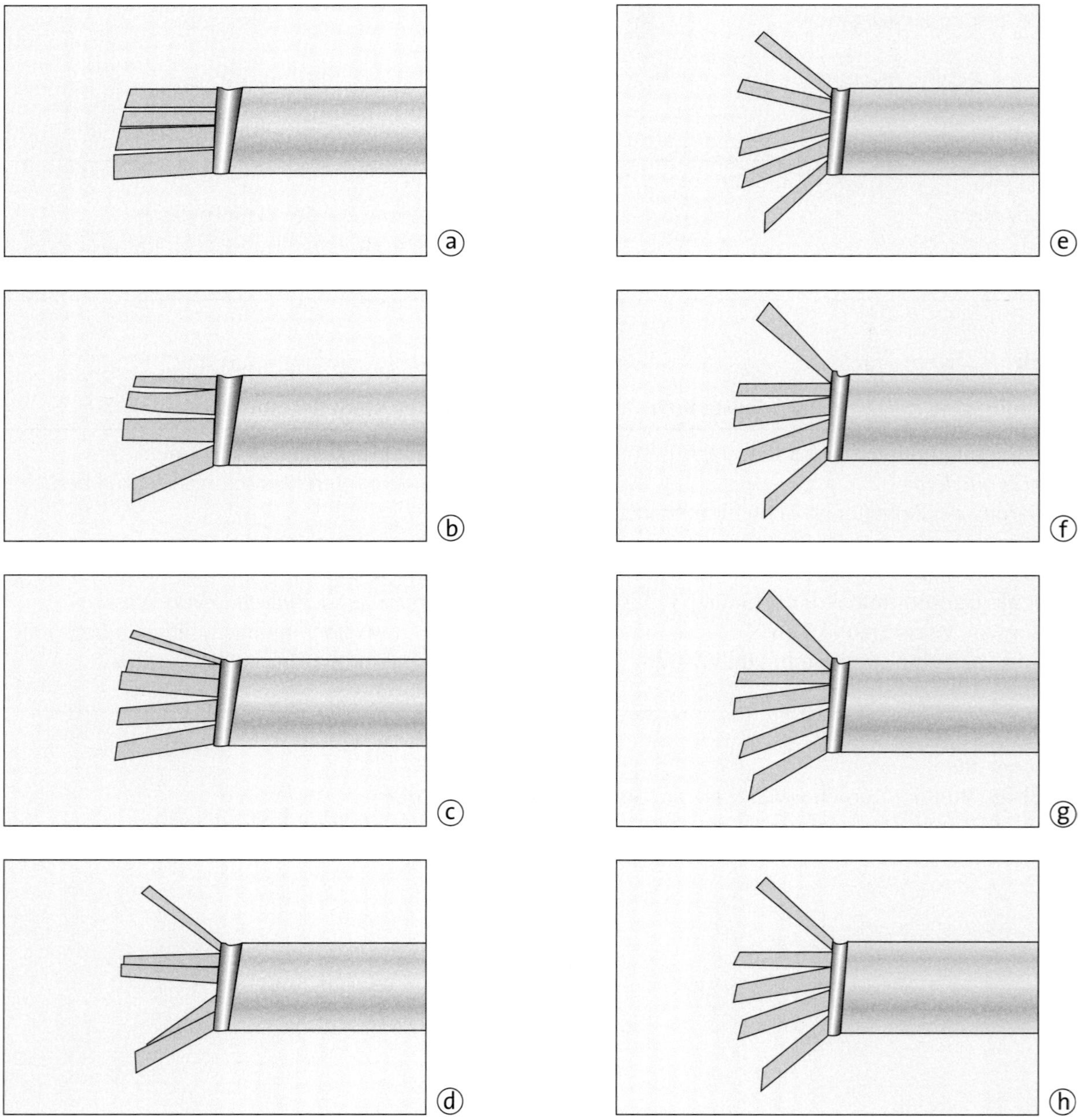

Abb. 1

a)–h): abnehmender Strömungswiderstand

Evolution
32 Optimierung als Evolutionsprinzip

In Abb. 2 ist eine Grafik zu einer idealen Mutationsrate für evolutive Optimierungsprozesse dargestellt.

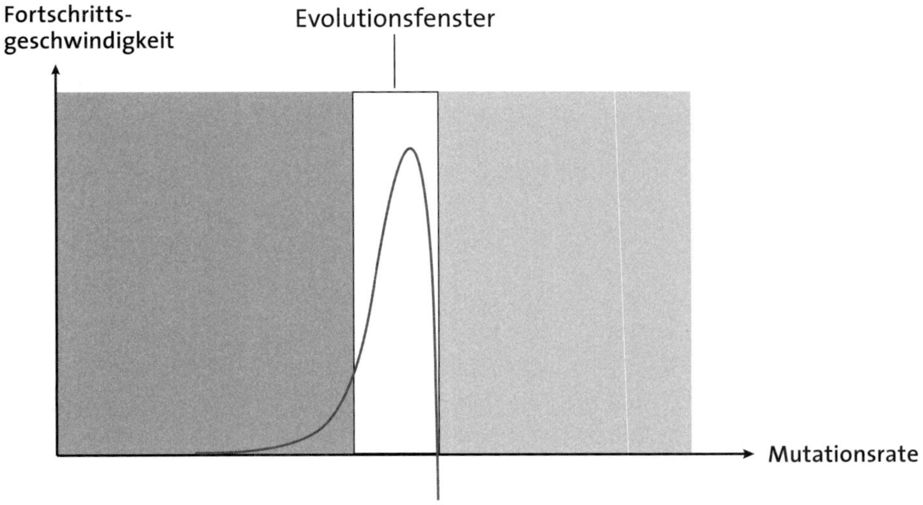

Abb. 2

Aufgaben

1. Formulieren Sie die Aussage der Abb.1 und vollziehen Sie den Evolutionsprozess bzgl. der beteiligten Evolutionsfaktoren nach.
2. Häufig werden anstatt der Verwendung von gegenständlichen Modellen wie in Abb. 1 Computersimulationen zu derartigen Optimierungsprozessen durchgeführt. Nennen Sie die Vorteile des Computereinsatzes in einem solchen Zusammenhang.
3. Werten Sie Abb. 2 aus, die exemplarisch die Mutation als Evolutionsfaktor zeigt.
4. Besonders beim Landeanflug kommt der Flügelstellung große Bedeutung zu. Beobachten Sie zum Beispiel Greifvögel bei der Landung (alternativ Fotos im Internet oder in der Literatur). Bauen Sie anschließend mit einem Mitschüler/einer Mitschülerin zusammen zwei Modelle entsprechend der in Abb. 1 verwendeten Materialien (Abb. a) und h)) und nutzen Sie Ihre Modelle so, dass Sie die Landetechnik vergleichend nachvollziehen können. Leiten Sie die hier erfolgte Optimierung ab und stellen Sie diese der Aussage von Abb. 1 gegenüber. Fassen Sie nun die Funktionen des Vogelflügels (Abb. 1 und Modellexperiment) zusammen.

I Lernvoraussetzungen

- Zusammenspiel der Evolutionsfaktoren Rekombination, Mutation, Selektion
- Optimierungsprinzip als Evolutionsmechanismus

II Erwartete Leistungen

1. *Aussage:* Im Vergleich zu einer nicht aufgespreizten Form (Abb. a)) besitzt die am weitesten aufgespreizte Röhre (Abb. h)) den geringsten Strömungswiderstand. Dieser hat sich sukzessive mit dem Grad der Aufspreizung verringert. Beteiligt sind die Evolutionsfaktoren Rekombination, Mutation und Selektion. Durch Rekombination wird das elterliche genetische Material nach dem Zufallsprinzip neu kombiniert, wodurch die genetische Variabilität erhöht wird. Auch Mutationen, die in kleinen Schritten ständig ablaufen, tragen zur Erhöhung der Vielfalt bei. Je größer die Variationsbreite des genetischen Materials, desto größer ist die Chance des Individuums auf wechselnde Umweltbedingungen zu reagieren (Angepasstheit). Während Rekombination und Mutation den Genotyp verändern, setzt die Selektion am Phänotyp an und prüft die Tauglichkeit der jeweiligen Erscheinungsform unter den aktuellen Umweltbedingungen. Nicht angepasste Genotypen werden eliminiert, angepasste können ihr Erbmaterial in den Genpool der Folgegeneration einbringen.
2. Computersimulationen haben den Vorteil, dass sich die Bedingungen leicht ändern lassen und das entsprechende Resultat gemessen und zu den bisherigen Ergebnissen in Beziehung gesetzt werden kann. Dabei wird der jeweilige Fortschritt oder Nachteil ermittelt und nur die optimierte Variante weiterverwendet, sodass am Ende eine ideale Konstruktion herauskommt. Zudem können alle Ergebnisse gespeichert und logistisch variabel werden.
3. Die Fortschrittsgeschwindigkeit hat ihr Optimum im Mittelbereich der Mutationsrate, dem Evolutionsfenster. Sie ist dann erreicht, wenn die Mutationsrate weder zu niedrig noch zu hoch ist (zu geringe Mutationsrate – wenig Fortschritt, zu große Mutationsrate – kein Fortschritt mehr). Mit einer zu geringen Mutationsrate ist kaum eine Erhöhung der genetischen Variabilität verbunden, eine zu große bringt so viele Veränderungen im genetischen Material mit sich, dass Selektion kaum optimierend bzgl. der positiven Auslese wirksam werden kann.
4. Vergleiche Durchführung und Beobachtung. Beide Schüler lassen ihre Modelle zeitgleich aus der gleichen Höhe fallen (ggf. aus größerer Höhe von einem Stuhl aus). Die Röhre mit angelegten Papierstreifen fällt vergleichsweise schneller zu Boden als die mit abgespreizten Streifen, die schwebend sinkt und sanft (zumeist auf den „Stelzen") landet. Auch beim Landeanflug werden die Flügel gespreizt. Dadurch wird der Fall gebremst und der Vogel kann sicher auf dem Boden aufkommen. Die Optimierung besteht also darin, dass eine möglichst große Oberfläche vorhanden ist. Die technische Gestaltung des Vogelflügels hat somit zwei wesentliche Funktionen: beim Flug Verringerung des Strömungswiderstandes, bei der Landung Abbremsen des Falls.

Anleitung zum Modellexperiment

III Einsatzmöglichkeiten

Während die Abbildungsreihe die sukzessive Veränderung eines Parameters als Modellvorstellung für Evolutionsschritte zeigt, bezieht sich das Modellexperiment auf die nur einmalige Variation des betreffenden Parameters und endet im Idealergebnis, hier die sanfte Landung. Damit ist ein Selektionsvorteil veranschaulicht. Zugleich erkennen die Schüler/-innen die Mehrfachfunktion der abgespreizten Flügelenden. Der Anspruch des einfachen Modellexperiments besteht in der eigenständigen Herstellung und Entwicklung sowie in der zu erkennenden Doppelfunktion der Abspreizung.
Wiederholende und festigende Elemente, die je nach Unterrichtsgestaltung zum Teil in den Transferbereich gehen (Aufgabe 3), runden das Material ab und können auch, z. B. in Klausuren, unabhängig vom Experiment eingesetzt werden.

IV Thema des Modellexperiments

Optimierungsprinzip der Evolution

V Vorbereitungszeit

Keine

VI Material und Geräte

- 2 DIN-A4-Bögen
- Schere
- Klebestift

VII Durchführung

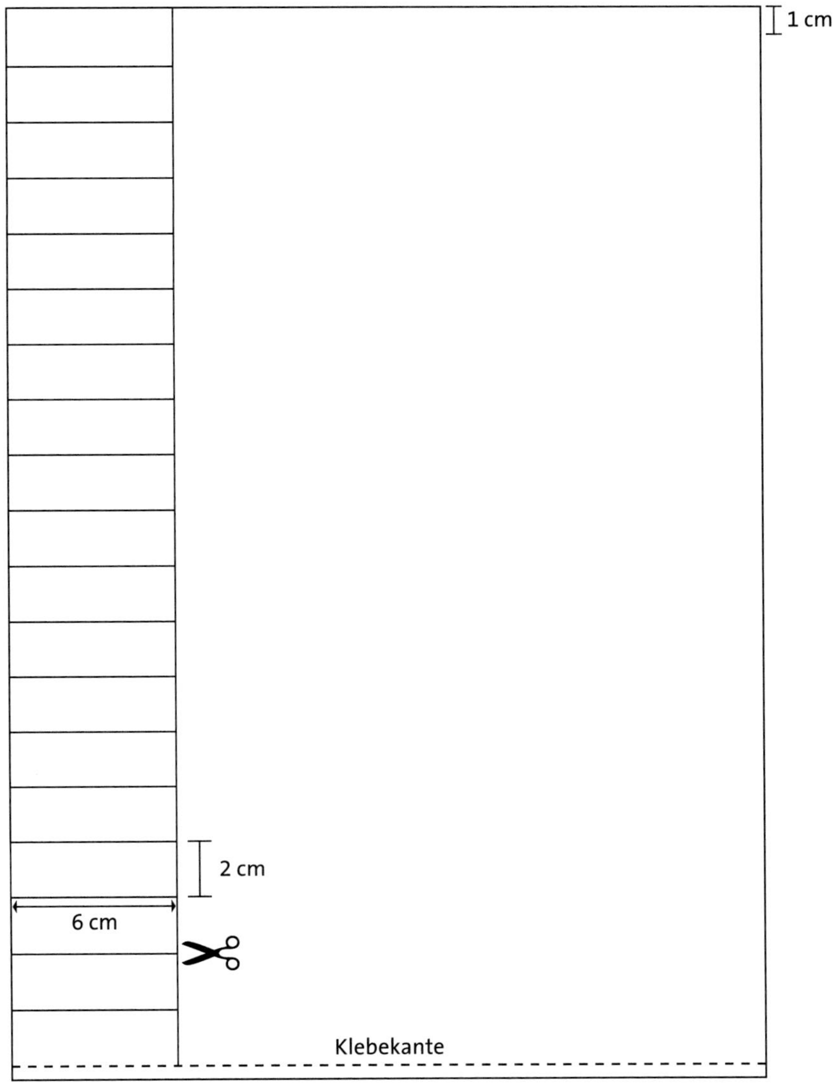

Die Abbildung wird auf DIN-A4-Papier kopiert und die Streifen werden gemäß der Vorlage eingeschnitten. An der Klebefalz klebt man die Röhre zusammen. Bei einem Modell werden die Streifen abgespreizt, das andere bleibt unverändert. Die beiden Schüler lassen die Modelle zeitgleich aus gleicher Höhe fallen und beobachten Flug und Landung.

VIII Beobachtung

Die glatte Röhre fällt relativ schnell trudelnd zu Boden, während die mit den abgespreizten Streifen langsam sinkt und sanft auf dem Boden aufkommt, zumeist auf den Enden der Streifen.

IX Auswertung

Die bloße Röhre weist keine Schwebefortsätze (abgespreizte Streifen), also keine die Oberfläche vergrößernden Strukturen auf. Deswegen fällt sie relativ schnell, so, als wenn ein Vogel mit angelegten Flügeln herunterkäme.

Demgegenüber besitzt das zweite Modell diese Mechanismen zur Oberflächenvergrößerung. Dadurch erhöht sich der Luftwiderstand und der Fall wird deutlich abgebremst, ähnlich wie durch einen Fallschirm.

X Analogisierung

Versuchselemente	Realität
• Papierröhre	• Vogel
• Abschnitt oberhalb der eingeschnittenen Streifen	• Vogelkörper ohne Flügel
• nicht abgespreizte Streifen	• angelegte Flügel
• abgespreizte Streifen	• ausgebreitete Flügel
• Fallenlassen der Modelle	• Landeanflug des Vogels
• Auftreffen der Modelle auf dem Boden	• Landung

XI Kritik

Veranschaulichung durch den Modellversuch	Grenzen des Modellversuchs
• Verringerung der Fallgeschwindigkeit durch abgespreizte Vogelflügel • abgespreizte Flügel bei der Landung als ideale Konstruktion bei der Landung	• Vogelflügel sind nicht rund. • Federn sind keine glatten Streifen. • Fehlen jeglicher weiterer Bewegungsabläufe bei Anflug und Landung • keine Zwischenschritte bis hin zur Idealkonstruktion • keine Tauglichkeitsprüfung der Zwischenergebnisse • Rekombination und Mutation beim Optimierungsprozess nicht berücksichtigt

Literaturhinweise:

Hill, B., Hrsg.: Bionik – Lernen von der Natur. Duden Paetec Berlin 2006
Nachtigall, W/Wisser, A.: Bionik in Beispielen – 250 illustrierte Ansätze. Springer Spektrum 2013

Evolution
33 „Schrumpelfinger“ nach längerem Wasserkontakt

Arbeitsmaterial

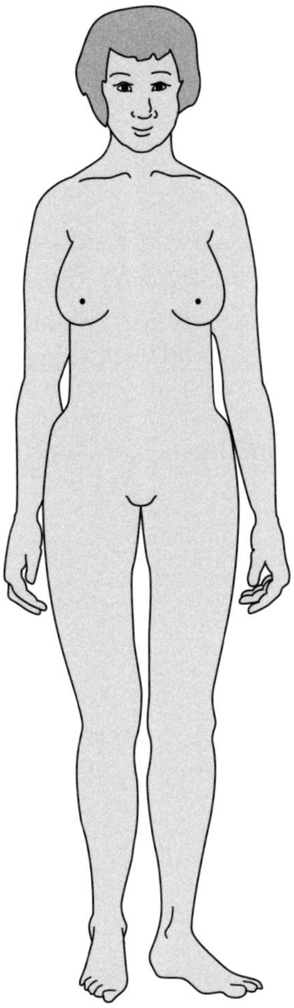

Abb. 1

„Schrumpelfinger“ greifen besser
Von Cornelia-Dick-Pfaff

Faltige, aufgeweichte Haut an den Fingerspitzen erhöht die Geschicklichkeit beim Hantieren mit nassen Gegenständen
Newcastle upon Tyne (Großbritannien) – Ob beim langen Baden, Schwimmen oder Spülen – der ausgiebige Kontakt mit Wasser lässt die Haut der Fingerkuppen schrumpelig und faltig werden. Was wohl die Wenigsten als wirklich angenehm empfinden, hat aber durchaus einen Sinn: Die Schrumpelfinger machen geschickter und schneller im Umgang mit nassen Objekten. Diese Hypothese konnten britische Forscher in Experimenten bestätigen, über die sie im Fachblatt „Biology Letters" berichten. [...]. Außerdem stellt sich die Frage, warum Menschen nicht permanent schrumpelige Fingerspitzen haben. Da sich im Umgang mit trockenen Gegenständen keine Vorteile zeigten, gehen die Wissenschaftler davon aus, dass es eindeutige Nachteile geben muss [...]. Diesen noch offenen Fragen wollen die Forscher in weiteren Experimenten auf den Grund gehen.“

Evolution
33 „Schrumpelfinger“ nach längerem Wasserkontakt

Dazu machten Tom V. Smulders und seine Mitarbeiter ein Experiment:
„Dieser Hypothese gingen sie auf den Grund, indem sie zwanzig Versuchpersonen im Alter von 21 bis 34 Jahren vor eine kleine Geschicklichkeitsaufgabe stellten. Sie sollten 39 Glasmurmeln unterschiedlichen Durchmessers sowie 6 Anglergewichte aus einem Gefäß in ein anderes bringen. Es galt dabei, die kleinen Objekte mit Daumen und Zeigefinger zu packen, durch ein 5 mal 5 Zentimeter großes Loch von einer Hand in die andere zu reichen und schließlich durch ein ebenso großes Loch in der Zielbox abzulegen. Dabei waren die Gegenstände entweder aus einer trockenen Box zu nehmen oder aber mussten aus einem mit Wasser gefüllten Gefäß gefischt und somit nass gehandhabt werden. Ging ein Objekt unterwegs verloren, musste es wieder in die Start-Box zurück. Diesen kleinen Geschicklichkeits-Parcours bewältigten die Probanden zwei Mal: einmal mit normalen Fingern und ein weiteres Mal mit schrumpligen Fingern, die sie vor dem Durchlauf 30 Minuten in etwa 40 Grad warmem Wasser gebadet hatten.

aus: „Water-induced finger wrinkles improve handling of wet objects", Tom V. Smulders et al.; Biology Letters, http://dx.doi.org/10.1098/rsbl.2012.0999

Aufgaben

1. Markieren Sie in der Abbildung 1 alle Bereiche, aus der sich die evolutive Sonderstellung des Menschen sowie Rudimente im menschlichen Körper ergeben und erläutern Sie den jeweiligen Aspekt vor evolutionsbiologischem Hintergrund.
2. Im Text wird ein weiteres besonderes Merkmal des Menschen beschrieben. Formulieren Sie Vorteile der „Schrumpelfinger“ und mögliche Nachteile der nicht dauerhaft vorhandenen Hautfalten an den Fingern.
3. Stellen Sie begründete Vermutungen zum Ausgang des Experiments von Smulders an.
4. Stellen Sie eine Hypothese zur Entstehung der faltigen, aufgeweichten Fingerspitzen auf. Überprüfen Sie diese anschließend unter www.scienceticker.info/2013/01/09/mehr-griff-mit-schrumpelfingern/ und fassen Sie die möglichen Erklärungsversuche zusammen.
5. Entwickeln Sie einen einfachen Modellversuch, mit dem Sie Ihre Vermutungen zum unterstrichenen Versuchsteil überprüfen können. Ihnen stehen zur Verfügung: 2 Holzspatel, Klebeband, Schere, Gummiringe, je eine große und kleine Glasmurmel, mit Wasser gefüllte Schale. Protokollieren Sie jeweils 10 Durchgänge und analogisieren Sie die Modellexperimentelemente, beides tabellarisch.

33 „Schrumpelfinger“ nach längerem Wasserkontakt

I Lernvoraussetzungen

- Merkmale zur Sonderstellung des Menschen
- Rudimente des Menschen
- Osmose, Diffusion

II Erwartete Leistungen

1.

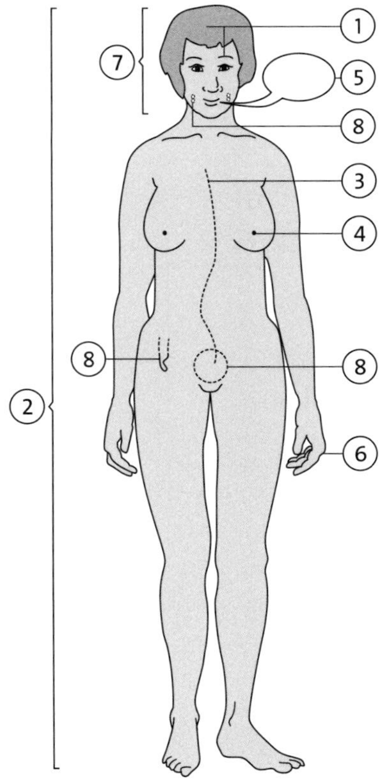

- (1) nur noch rudimentäre Körperbehaarung: Bis auf das Kopfhaar (Schutz gegen Kälte und hohe Sonneneinstrahlung) und die Augenbrauen (Schutz gegen Schweißeintritt in die Augen) ist kaum noch Körperbehaarung vorhanden. Der Mensch schützt sich gegen Kälte mit Kleidung. Durch die nur noch geringe Behaarung werden Material und Energie gespart.
- (2) Bipedie: Der aufrechte Gang ermöglicht eine bessere Umweltwahrnehmung.
- (3) Doppel-S-Form der Wirbelsäule: Mit der Bipedie ist eine starke Belastung der Wirbelsäule verbunden, die durch die Federwirkung der Wirbelsäule weitestgehend aufgefangen wird.
- (4) nur noch 2 Brustwarzen: Frauen gebären in der Regel nur ein Kind zur gleichen Zeit. Mehrlingsgeburten sind selten. Mehrere Brustwarzen wären ebenfalls Material- und Energieverschwendung. Der Verbleib von nur zweien hat sich als ausreichend (Selektionsvorteil) zur Versorgung des Säuglings/der Säuglinge erwiesen.
- (5) Sprache: Mit der Sprachentwicklung gingen eine sehr variable Kommunikationsmöglichkeit und die kulturelle Evolution einher.
- (6) Greifhand mit oponierbarem Daumen: Dieses Greifwerkzeug ermöglicht die Nutzung vieler Gegenstände des täglichen Lebens und deren Herstellung, ebenfalls ein Beitrag zur kulturellen Evolution.
- (7) Cerebralisation (Größenzunahme, Komplexitäts-, Leistungssteigerung): Dadurch ist die geistige Entwicklung des Menschen bedingt, was auch Bedingung der kulturellen Evolution ist.
- (8) rudimentäre Organe (Steißbein, Weisheitszähne, Wurmfortsatz): Das sind ehemals lebensnotwendige Merkmale stammesgeschichtlicher Vorfahren, die dem Jetztmenschen keinen Selektionsvorteil mehr bieten, zudem Material-, Energieeinsparung. Eine Besonderheit dabei ist der Wurmfortsatz, der als sekundäres lymphatisches Organ wirkt.

2. Durch faltige, aufgeweichte Haut an den Fingerspitzen wird das Greifen glatter Gegenstände mit den Händen im feuchten Milieu erleichtert. Wenn die Hände auch im trockenen Umfeld derartige Falten hätten, wäre dadurch vermutlich der Tastsinn gestört und diese erhabenen Stellen wären eventuell gegen Verletzung durch spitze Gegenstände anfälliger.

3. Grundsätzlich müsste der Transport der trockenen Gegenstände schneller gehen. Im feuchten Milieu dürfte er mit Schrumpelfingern effektiver sein als mit trockenen. Bei der Handhabung der trockenen Glasmurmeln war vermutlich kein zeitlicher Unterschied zwischen glatten und faltigen Fingerspitzen zu beobachten. (Details vergleiche aus: „Water-induced finger wrinkles improve handling of wet objects", Tom V. Smulders et al.; Biology Letters, http://dx.doi.org/10.1098/rsbl.2012.0999.)

4. Vermutlich sind osmotische Vorgänge die Ursache dafür, dass durch passive Wasseraufnahme aufgrund der höher konzentrierten Flüssigkeit in den Hautzellen Wasser einströmt.
Die wissenschaftlichen Erklärungen lauten:
„Ursprünglich war angenommen worden, dass die Faltenbildung bei langem Kontakt mit Wasser schlicht auf einen passiven Prozess zurückzuführen ist, bei dem Flüssigkeit durch osmotische Mechanismen in die äußersten Hautschichten der Fingerkuppen eindringt. Mittlerweile weiß man allerdings, dass es sich vielmehr um einen aktiven, vom autonomen Nervensystem gesteuerten Vorgang handelt, bei dem sich Gefäße in den Fingerspitzen zusammenziehen. Dieser Teil des Nervensystems steuert unbewusste Prozesse wie etwa Herzschlag und Atmung.

Aufgrund der Tatsache, dass die Faltenbildung aktiv gesteuert wird, vermuteten die Forscher einen unmittelbaren praktischen Nutzen hinter den Schrumpelfingern."
(aus: „Water-induced finger wrinkles improve handling of wet objects", Tom V. Smulders et al.; Biology Letters, http://dx.doi.org/10.1098/rsbl.2012.0999)
„Der wasserbedingte Faltenwurf war lange Zeit als rein physikalisch-chemischer Effekt gedeutet worden, hervorgerufen durch das Aufquellen der äußeren Hornschicht der Haut. Seit einigen Jahren ist jedoch bekannt, dass das vegetative Nervensystem ebenfalls zu dem Phänomen beiträgt: Es veranlasst die Blutgefäße in Finger- und Zehenkuppen, sich zusammenziehen, sodass das Gewebevolumen unter der Hornschicht abnimmt.
(aus: http://www.scienceticker.info/2013/01/09/mehr-griff-mit-schrumpelfingern/)
5. Die beiden Spatel werden mit dem Klebeband so zusammengeklebt, dass sich die abgerundeten Enden als Griffflächen gegenüberliegen. Dann wird versucht mit dieser Greifzange die kleine und große Glasmurmel aus der Wasserschale zu heben. Für den zweiten Versuch umspannt man beide Griffflächen mit dem Gummiring und wiederholt die Greifversuche.

Mögliches Versuchsergebnis:

große Glasmurmel	**ohne Gummi**	**mit Gummi**
1.	–	–
2.	–	+
3.	+	+
4.	–	+
5.	+	+
6.	+	+
7.	–	+
8.	–	+
9.	+	+
10.	+	+

kleine Glasmurmel	**ohne Gummi**	**mit Gummi**
1.	+	+
2.	+	+
3.	+	+
4.	–	+
5.	+	+
6.	+	+
7.	–	+
8.	–	+
9.	+	+
10.	+	+

+ = gelungener Versuch
– = Fehlversuch

Das Greifen ist bei beiden Murmeln leichter mit den umwickelten Spateln und bei der kleinen leichter als bei der großen. Damit ist dasselbe Trendergebnis erzielt worden wie im dazugehörigen Versuchsteil von Smulder.

Versuchselemente	**Realität**
• Holzspatel	• Daumen und Zeigefinger der Greifhand
• glatter Spatel	• Oberflächenstruktur der trockenen Haut
• mit einem Gummiring umwickelter Spatel	• faltige Haut nach längerem Wasserkontakt
• Gummiring	• Hautfalten an den Fingerspitzen
• Wasserbecken	• feuchtes Medium, aus dem ein Gegenstand herausgeholt werden soll
• große Glasmurmel	• großer glatter Gegenstand
• kleine Glasmurmel	• kleiner glatter Gegenstand

Anleitung zum Modellexperiment

III Einsatzmöglichkeiten

Der Schwerpunkt des gesamten Materials liegt auf der Wiederholung und Festigung evolutiv besonderer Merkmale von *Homo sapiens sapiens.* Die Informationen zur recht ungewöhnlichem Erkenntnis und einer möglichen Erklärung der Sinnhaftigkeit von „Schrumpelfingern" zeigt, dass die (Evolutions-)Forschung nicht stillsteht und es auch der wissenschaftlichen Vorgehensweise entspricht, zunächst mit Vermutungen zu arbeiten, die dann im Rahmen weiterer Experimente noch zu überprüfen sind. Die Entwicklung eines Modellexperiments dient dazu, sich mit der von den Wissenschaftlern vorgeschlagenen Hypothese auseinanderzusetzen und einen eigenen Weg zu finden – exemplarisch, durch einen Modellversuch – zu überprüfen. Dabei ist die Tatsache entscheidend, dass keine voreilige Verallgemeinerung von Indizien und plausibel erscheinenden Trends bzw. Schlussfolgerungen erfolgen darf.

IV Thema des Modellexperiments

Modellexperiment zur evolutiven Sinnhaftigkeit aufgeweichter Haut an den Fingerkuppen nach längerem Wasserkontakt

V Vorbereitungszeit

ca. 10 Minuten

VI Material und Geräte

- 2 glatte Holzspatel zur Untersuchung des Rachens von ca. 14 x 1,5 cm (Medizinbedarf)
- Becken mit Wasser gefüllt
- je eine große und kleine Glasmurmel
- 2 Gummiringe
- Klebeband
- Schere

VII Durchführung

Das abgerundete Ende wird bei beiden Spateln auf 1 cm abgeschnitten, die beiden Enden übereinandergelegt und von außen und innen beweglich mit dem Klebeband zu einer Zange verbunden.
Mit der Greifzange wird versucht, die große und kleine Murmel aus dem Wasser zu fischen.
Anschließend umspannt man beide Spatelspitzen auf 3 cm Länge mit je einem Gummiring und wiederholt die Versuche.

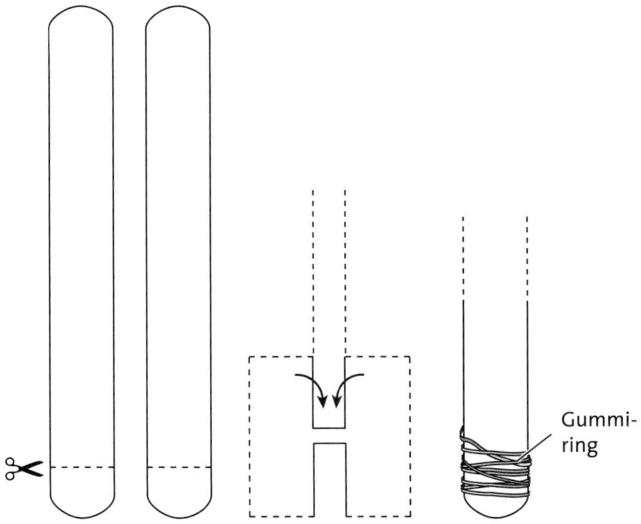

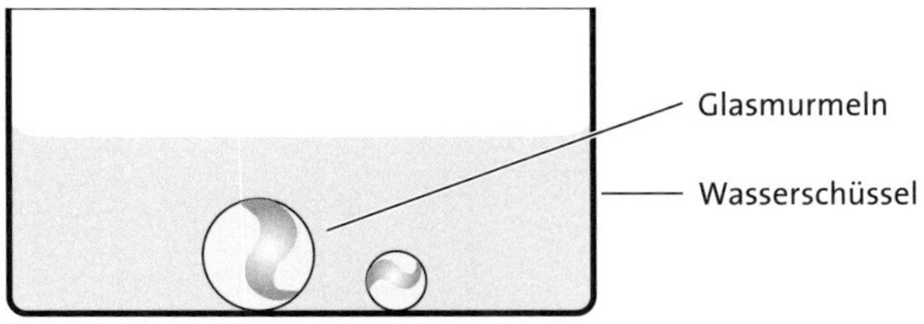

VIII Beobachtung

Vergleiche Erwartete Leistungen zu Aufgabe 5.

Mit einem glatten Greifwerkzeug gibt es mehr Fehlversuche beim Anheben der Murmeln, besonders auffällig bei der großen Murmel. Die kleine Murmel lässt sich gegenüber der großen bei beiden Versuchsreihen leichter aus dem Wasser nehmen.

IX Auswertung

Die Versuchsergebnisse sind ein Indiz dafür, dass bei einer nicht glatten Oberfläche, also faltigen Fingerspitzen, die Aufnahme eines Gegenstandes im feuchten Milieu einfacher ist. Somit ist derselbe Trend zu verzeichnen, den die Wissenschaftler in ihrer Versuchsreihe gefunden haben.

X Analogisierung

Vergleiche Erwartete Leistungen zu Aufgabe 5.

XI Kritik

Veranschaulichung durch den Modellversuch	Grenzen des Modellversuchs
• im feuchten Milieu bessere Anhaftung glatter Gegenstände an gefurchten Oberflächen	• sehr einfache Gestaltung der beteiligten Modellkomponenten • keine Differenzierung zwischen der Anatomie von Daumen und Zeigefinger • keine Berücksichtigung unterschiedlicher Druckausübung mit den Fingern • Gummiringe verursachen keine breiten Falten und Furchen • Veranschaulichung weniger Einzelaspekte • keine Berücksichtigung der Ursachen der Falten- und Furchenbildung

Sinnesorgane
34 Übertragung von Schallwellen

Arbeitsmaterial

Jedes Kind kennt das Stethoskop als wichtiges Utensil des Arztes.
Mit diesem Werkzeug werden Töne und Geräusche beurteilt, die im Zusammenhang mit der Funktionsweise des Herzens, den Lungen und des Darmes stehen. Entwickelt wurde es 1816 von dem Franzosen Laennec. Da er nicht mehr – wie damals üblich – sein Ohr direkt auf die Brust des Patienten legen wollte, benutzte er eine Papierrolle als Hörrohr. Als er feststellte, dass er damit sogar besser hören konnte, entwarf er ein hölzernes Hörrohr, das später den Namen Stethoskop erhielt.

Abbildung 1: Hörrohr von Laennec

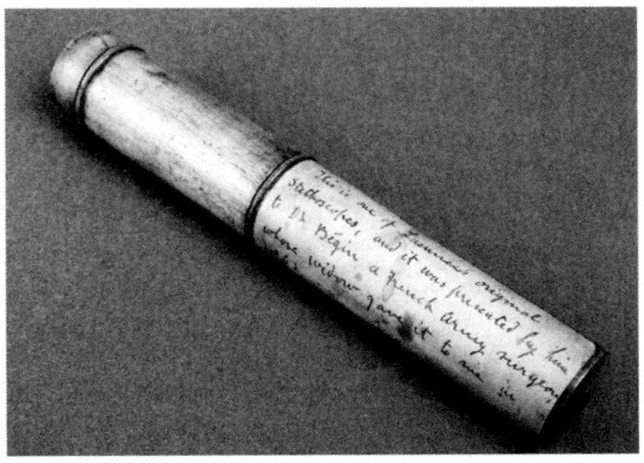

Abbildung 2: Stethoskop

Aufgaben

Die Aufgaben 1 bis 4 werden in Partnerarbeit durchgeführt.

1. Ordnet den Zahlen in Abbildung 4, die den schematischen Aufbau des Ohrs zeigen, die richtigen Begriffe zu.
2. Eure Aufgabe besteht darin, ein Modellexperiment zur Funktionsweise des Stethoskops zu planen und durchzuführen. Dafür stehen euch folgende Materialien zur Verfügung: Plastiktrichter, Schlauchstücke mit einem dünnen und einem dickeren Durchmesser, Laborhandschuh, Gummiband, eine feuerfeste Unterlage, Streichhölzer und ein Teelicht. Fertigt eine beschriftete Zeichnung von eurem Versuchsaufbau an, führt das Modellexperiment durch und notiert eure Beobachtung.
3. Erklärt anhand der Beobachtung aus dem Modellexperiment die Funktionsweise des Stethoskops. Benutzt dafür Material 1 und Abbildung 3.
4. Ließe sich das Modellexperiment auch im Weltall durchführen? Begründet eure Antwort.
5. Führe zu Hause folgendes Experiment durch: Schneide ein etwa 60 cm langes Stück von einem Geschenkband ab und knote einen Esslöffel in der Mitte fest. Nimm die Enden des Geschenkbandes und wickele diese jeweils um einen Finger der rechten und linken Hand. Verschließe deine Ohren mit den Fingern. Beuge dich nun so vor, dass der Esslöffel frei schwingen kann und schlage den Löffelstiel an eine Stuhlkante. Was stellst du fest? Wiederhole den Versuch mit einem Teelöffel und vergleiche die Töne bezüglich Tonhöhe und Klangfarbe.

Sinnesorgane
34 Übertragung von Schallwellen

Material 1

Was ist Schall?

Bei der Erzeugung von Schall werden die Moleküle in der Luft in Schwingung versetzt. Durch die Anregung der Luftmoleküle entstehen Bereiche mit Teilchenverdichtung (Wellenberg) und mit Teilchenverdünnung (Wellental). Sie folgen aufeinander und breiten sich wellenförmig im Raum aus. Man nennt sie Schallwellen. Die Teilchenverdichtung verursacht einen Luftdruckanstieg, die Teilchenverdünnung hingegen eine Verringerung des Luftdrucks gegenüber dem vorhandenen atmosphärischen Luftdruck. Je höher diese Luftdruckschwankungen sind, umso höher ist der Schalldruck.

Abbildung 3: Die Entstehung des Schalls

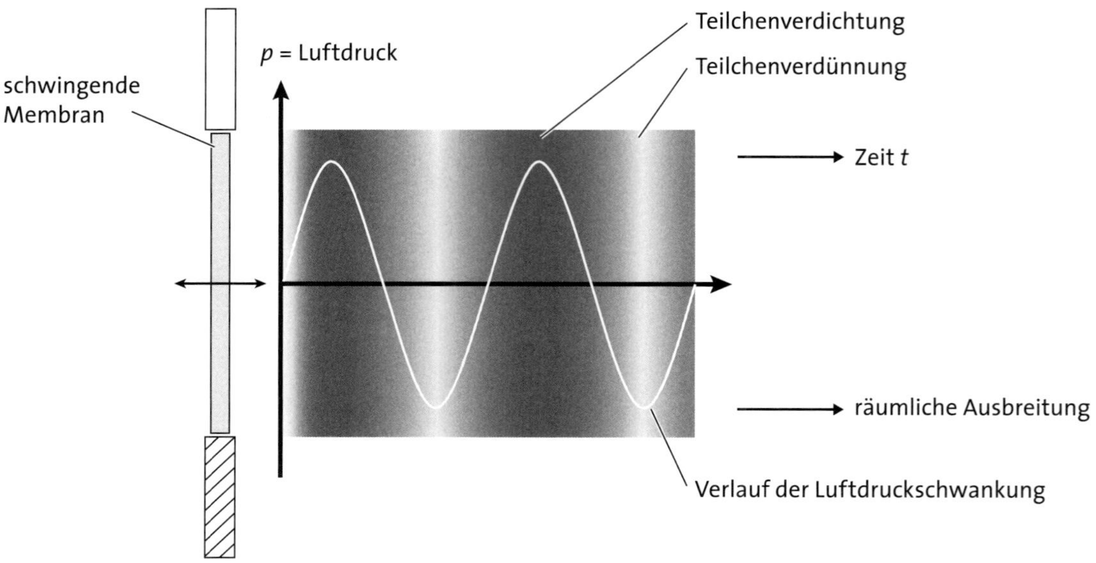

Abbildung 4: Schematischer Längsschnitt des Ohres

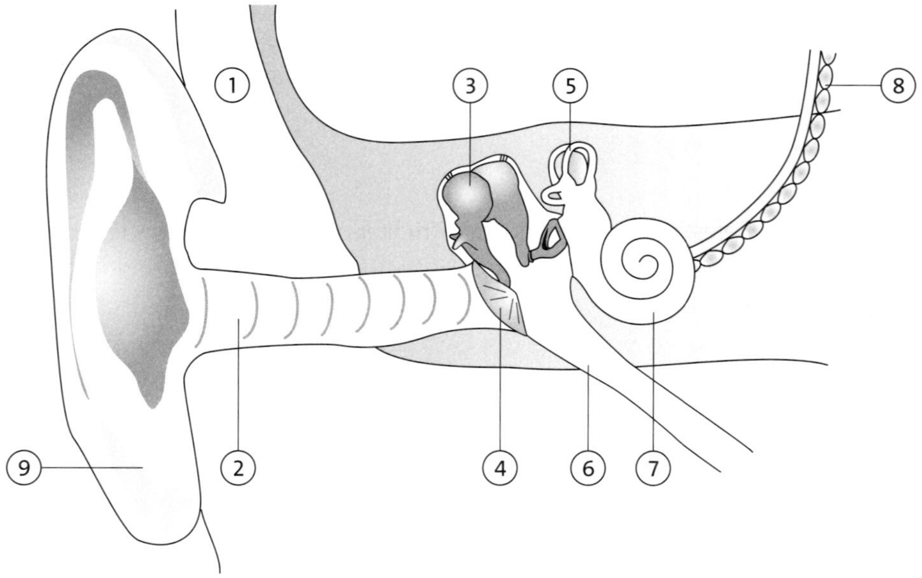

Begriffe: Schnecke, Gehörknöchelchen, Hörnerv, Trommelfell, Ohrtrompete, Gehörgang, Schädelknochen, Bogengänge und Ohrmuschel

I Lernvoraussetzungen

Aufbau des Ohres

II Erwartete Leistungen

1. 1 Schädelknochen, 2 Gehörgang, 3 Gehörknöchelchen mit Hammer, Amboß und Steigbügel, 4 Trommelfell, 5 Bogengänge, 6 Eustachische Röhre, 7 Schnecke, 8 Hörnerv, 9 Ohrmuschel
2. Siehe VII, Durchführung, Versuchsaufbau
Beobachtung: Die Teelichtflamme erlischt sofort.
3. Die Membran, die sich im Bruststück des Stethoskops befindet, nimmt die akustischen Wellen des untersuchten Organs auf, gerät dabei selbst in Schwingung und leitet diese Schwingungen an die Luftmoleküle im Schlauch bis zum Ohrbügel weiter. Diese Luftdruckschwankungen werden auf das Trommelfell transferiert. Die Ohroliven dichten die Gehörgänge ab, damit keine Schallwellen aus dem Stethoskopschlauch verloren gehen.
4. Da das Weltall luftleer ist, ist die Übertragung von Schallwellen nicht möglich.
5. Man hört einen lauten Ton, der sich wie eine dumpfe Kirchturmglocke anhört (niedrige Frequenz/niedrige Anzahl von Schwingungen pro Sekunde). Der Teelöffel liefert zudem einen höheren Ton (hohe Frequenz/hohe Anzahl von Schwingungen pro Sekunde). Durch das Anschlagen des Löffels gerät das um den Finger gewickelte Geschenkband in Schwingung. Die Schwingungen werden direkt über das Band und den Finger auf das Trommelfell übertragen.

Anleitung zum Modellexperiment

III Einsatzmöglichkeiten

An die Erarbeitung der wesentlichen Bestandteile des Ohrs schließt sich das Modellexperiment an. Im Vordergrund stehen hierbei das eigenständige Experimentieren, die Planung und das gemeinsame Entwickeln eines Modellexperiments, das zur Erklärung eines Phänomens herangezogen wird. Diese Fähigkeiten fördern die Kreativität und die Kommunikation der Schüler/-innen im Team. Das Modellexperiment ist einfach und lässt sich problemlos und schnell durchführen.

IV Thema des Modellexperiments

Übertragung von Schallwellen

V Vorbereitungszeit

ca. 3 Minuten

VI Material und Geräte

- Plastiktrichter
- passendes Schlauchstück zum Befestigen an den Stiel des Trichters (ca. 10 cm lang), kurzes Schlauchstück (ca. 5 cm lang) mit kleinerem Innendurchmesser (ca. 5 mm)
- Laborhandschuh
- Gummiband
- Teelicht/Feuerzeug
- feuerfeste Unterlage

VII Durchführung

Die Trichteröffnung wird mit dem Laborhandschuh verschlossen und mittels eines Gummibandes straff umwickelt. Über den Stiel des Plastiktrichters steckt man das Schlauchstück mit dem breiteren Durchmesser, darüber das Stück mit dem kleineren Durchmesser.

Nach Entzünden des Teelichtes auf der feuerfesten Unterlage, hält man dieses in einem 2-cm-Abstand von der Flamme und klopft einmal kräftig gegen den Laborhandschuh.
Versuchsaufbau:

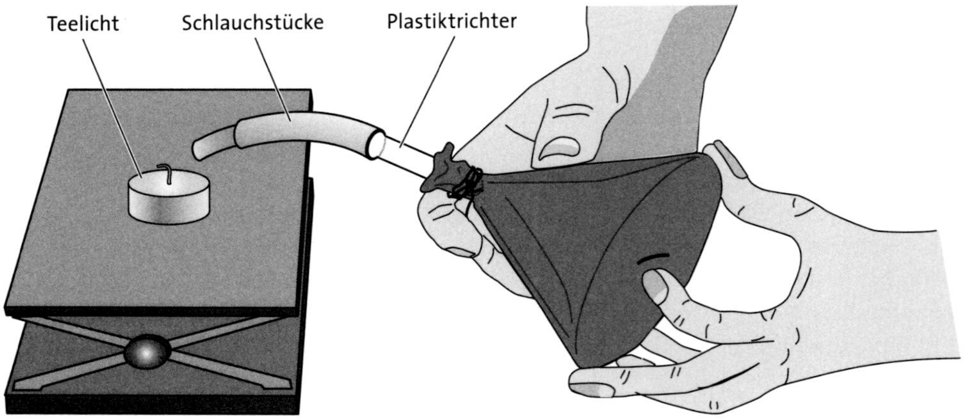

VIII Beobachtung

Die Flamme der Kerze erlischt sofort.

IX Auswertung

Durch das Klopfen gegen den straffen Laborhandschuh entsteht im Trichter eine Schallwelle, die über das Medium Luft zur Austrittsöffnung transportiert wird. Durch die schmale Öffnung wird der Schalldruck verstärkt. Die austretende Schallwelle führt dann zum sofortigen Löschen der Teelichtflamme.

X Analogisierung

Versuchselemente	Realität
• Plastiktrichter	• Aufnahme und Weiterleitung von Schallwellen: Ohrmuschel und Gehörgang
• Eindrücken des Laborhandschuhs	• Initiierung der Schwingungen der Schallquelle
• Trichterstiel mit Endschlauchstück (kleiner Innendurchmesser)	• Bündelung und Weiterleitung der Schallwellen als Druckschwankungen in Richtung Trommelfell
• Erlöschen der Kerzenflamme	• Auswirkung der erhöhten Luftdruckschwankungen: Auslenkung des Trommelfells

XI Kritik

Veranschaulichung durch den Modellversuch	Grenzen des Modellversuchs
• Aufnahme, Weiterleitung und Ausgabe von Schallwellen: Übertragung der Schallwellen über das Medium Luft • Weiterleitung der Schwingungen der Schallquelle als Luftdruckschwankungen • Trichterfunktion der Ohrmuschel zur Bündelung der Schallwellen	• keine Knochenleitung • keine Übertragung der Schallwellen auf das Trommelfell, somit keine Übertragung der Schallwellen auf das Innenohr • Funktion der Gehörknöchelchen fehlt • kein Druckausgleich über die Eustachische Röhre

Register